水利工程监理
实施细则范本

水利部建设管理与质量安全中心　编著

中国水利水电出版社
www.waterpub.com.cn
·北京·

内 容 提 要

本书以国家现行施工质量验收系列规范为标准，以《水利工程施工监理规范》（SL 288—2014）为依据，在充分借鉴国内先进的水利工程管理经验的基础上，凝聚经验丰富专家的集体智慧编写而成。本书共有 10 项重要、常见的水利工程监理实施细则示范文本，其中专业工程 7 项、专业工作 2 项、安全监理 1 项，内容包括监理工作的控制要点、措施和方法等，全方位、多角度地为监理单位系统化、精细化地实施监理工作提供参考。

本书可供水利工程监理和建设管理人员使用，也可供相关专业高校师生参考。

图书在版编目（CIP）数据

水利工程监理实施细则范本 / 水利部建设管理与质量安全中心编著. -- 北京 : 中国水利水电出版社，2025. 3. -- ISBN 978-7-5226-3314-5

Ⅰ. TV523

中国国家版本馆CIP数据核字第20254RR257号

书　　名	水利工程监理实施细则范本 SHUILI GONGCHENG JIANLI SHISHI XIZE FANBEN
作　　者	水利部建设管理与质量安全中心　编著
出版发行	中国水利水电出版社 （北京市海淀区玉渊潭南路 1 号 D 座　100038） 网址：www.waterpub.com.cn E-mail：sales@mwr.gov.cn 电话：（010）68545888（营销中心）
经　　售	北京科水图书销售有限公司 电话：（010）68545874、63202643 全国各地新华书店和相关出版物销售网点
排　　版	中国水利水电出版社微机排版中心
印　　刷	天津嘉恒印务有限公司
规　　格	184mm×260mm　16 开本　14.5 印张　353 千字
版　　次	2025 年 3 月第 1 版　2025 年 3 月第 1 次印刷
印　　数	0001—2000 册
定　　价	**80.00 元**

前　言

　　大中型水利工程具有生产规模大、施工条件复杂、施工周期长、施工难度大、失事后果严重、对国民经济影响大等特点，其施工质量关系到国家利益和人民生命财产安全，确保水利工程的质量安全至关重要。监理工作对水利工程全过程建设管理影响重大，从近4年的重大水利工程稽察发现问题情况看，监理工作不规范是涉及监理单位问题的最多类型，也是稽察发现的高频问题之一。监理实施细则是影响监理工作质量的重要一环，虽然《水利工程施工监理规范》（SL 288—2014）规定了施工监理实施细则编制的主要内容和要求，实际工作中水利工程施工监理实施细则针对性、实用性不强情况较为普遍，影响了监理对工程的管理和控制。

　　为进一步促进监理工作标准化、规范化，按照实用、可操作、普遍适用、内容完整的原则，水利部建设管理与质量安全中心（以下简称"建安中心"）组织编制了10项重要、常见的水利工程监理实施细则范本（以下简称"范本"），其中专业工程7项、专业工作2项、安全监理1项，供监理单位参考使用。监理实施细则范本按照《水利工程施工监理规范》（SL 288—2014）的相关规定，较为详细列出了监理工作的控制要点、措施和方法等监理工作的流程、内容、方法，为监理人员提供明确的操作指南，确保监理工作有章可循、有据可依。

　　在编制过程中，我们充分借鉴了国内先进的水利工程管理经验，凝聚了经验丰富专家的集体智慧，结合我国水利工程建设的实际情况，力求使文本内容既符合法律法规的要求，又贴近工程实际的需要，全方位、多角度地为监理单位系统化、精细化地实施监理工作提供参考。

　　本范本内容较为全面，适用于大中型水利工程，小型工程可参照使用。具体的专业工程监理实施细则应结合建设单位的具体要求和工程的实际情况，灵活调整和完善相关内容，确保监理实施细则的针对性和实用性。本范本对专业工程监理实施细则中涉及的专业工作仅作简要描述，具体按相关专业工作监理实施细则执行。

　　水利工程的特点对监理工作提出了更高的要求，范本的编制难免存在不足之处。在借鉴和应用本范本时，恳请业界同仁提出宝贵意见和建议，以便我们不断完善和提高。同时，我们也希望监理单位能够积极运用本范本，共同提升水利工程建设管理的规范化、科学化水平，为工程顺利实施提供有力保障。

作　者

2024 年 10 月

目　　录

岩石地基开挖工程监理
实施细则

××××××工程
岩石地基开挖工程监理实施细则

审　批：×××

审　核：×××（监理证书号：×××××）

编　制：×××（监理证书号：×××××）

编制单位（机构）名称：×××××××

编制日期：××××年××月

《岩石地基开挖工程监理实施细则》编制目录

1 适 用 范 围

本细则适用于工程施工监理合同文件中各类水工建筑物，如坝（堰）基、溢洪道、进水口、引水（导流）明渠、地面厂房、地面变电站、泵房和涵闸等的岩石高边坡、岩石深基坑、岩石地基开挖的监理工作。

［《水工建筑物岩石地基开挖施工技术规范》（SL 47—2020）第 1.0.2 条。］

2 编 制 依 据

2.1 有关现行法律法规

(1)《中华人民共和国建筑法》。

(2)《中华人民共和国安全生产法》。

(3)《建设工程质量管理条例》（国务院令第 279 号，2019 年国务院令第 714 号修改）。

(4)《建设工程安全生产管理条例》（国务院令第 393 号）。

2.2 部门规章、规范性文件

(1)《水利工程建设项目验收管理规定》（水利部令第 30 号）。

(2)《水利工程建设安全生产管理规定》（水利部令第 50 号）。

(3)《水利工程质量管理规定》（水利部令第 52 号）。

(4)《危险性较大的分部分项工程安全管理规定》（住房和城乡建设部令第 37 号，2018 年 6 月 1 日；住房和城乡建设部令第 47 号，2019 年 3 月 13 日，第一次修改）。

(5)《住房和城乡建设部办公厅关于实施〈危险性较大的分部分项工程安全管理规定〉有关问题的通知》（建小质〔2018〕31 号）。

2.3 技术标准

(1)《水利水电工程施工质量检验与评定规程》（SL 176—2007）。

(2)《水利水电建设工程验收规程》（SL 223—2008）。

(3)《水利工程建设标准强制性条文》（2020 版）。

(4)《水利水电工程标准施工招标文件技术标准和要求（合同技术条款)》（2009 年版）。

(5)《爆破安全规程》（GB 6722—2014）。

(6)《建筑地基基础工程施工质量验收标准》（GB 50202—2018）。

(7)《建筑边坡工程技术规范》（GB 50330—2013）。

(8)《建筑基坑工程监测技术标准》（GB 50497—2019）。

(9)《建筑基坑支护技术规程》（JGJ 120—2012）。

(10)《水利水电工程施工测量规范》)（SL 52—2015）。

(11)《水工建筑物岩石地基开挖施工技术规范》（SL 47—2020）。

(12)《水工建筑物地下开挖工程施工规范》（SL 378—2007）。

(13)《水利水电工程锚喷支护技术规范》（SL 377—2007）。

(14)《水利水电工程单元工程施工质量验收评定标准——土石方工程》（SL 631—

2012）。

　　（15）《水利水电工程施工通用安全技术规程》（SL 398—2007）。

　　（16）《水利水电工程土建施工安全技术规程》（SL 399—2007）。

　　（17）《水利水电工程施工安全管理导则》（SL 721—2015）。

　　（18）《水利水电工程施工安全防护设施技术规范》（SL 714—2015）。

　　（19）《混凝土坝安全监测技术规范》（SL 601—2013）。

　　（20）《水电水利工程爆破安全监测规程》（DL/T 5333—2021）。

　　（21）《水利水电工程安全监测设计规范》（SL 725—2016）。

　　（22）《水利工程施工监理规范》（SL 288—2014）。

　　（23）《水利水电工程单元工程施工质量验收评定表及填表说明》（2016 年水利部建设与管理司编著）。

　　（24）《爆破作业单位资质条件和管理要求》（GA 990—2012）。

　　（25）《爆破作业项目管理要求》（GA 991—2012）。

2.4　经批准的勘测设计文件（报告、图纸、技术要求）、签订的合同文件

　　（1）监理合同文件。

　　（2）施工合同文件（包括合同技术条款）。

　　（3）建设勘察初步设计报告、设计文件与施工图纸、技术说明、技术要求。

2.5　经批准的监理规划、施工相关文件和方案

　　（1）监理规划。

　　（2）施工组织设计、专项施工方案、施工工艺试验方案。

　　（3）施工措施计划、安全技术措施、施工总进度计划、施工度汛方案。

3　专 业 工 程 特 点

　　水工建筑物岩石地基开挖工程的主要特点包括施工条件复杂、技术要求高、施工难度大、安全风险高以及施工过程中的不确定性。根据水工建筑物所处的地理位置不同、地质条件和水文条件不同以及周边施工环境不同，存在出现不同的工程实际情况，如通常情况下的水工建筑物岩石地基开挖、水工建筑物特殊位置情况下的岩石高边坡开挖或单一专项的岩石高边坡开挖、水工建筑物结构或地基承载力要求下的岩石深基坑开挖。因此，水工建筑物在不同工程情况下的岩石开挖，其表现的工程特点、重点、难点和关键点均有所不同。

3.1　岩石地基开挖特点、重点、难点和关键点

　　（1）通常情况下的岩石地基开挖主要特点包括施工条件复杂、技术要求高以及施工过程中的不确定性。

　　1）施工条件复杂。岩石地基开挖通常在露天、自然条件下进行，受到地区、气候、水文和地质条件的影响。这些因素增加了施工的复杂性和难度，依据设计图纸和技术要求，需要详细的地质调查和编制合理、切实可行的施工方案。

　　2）技术要求高。由于不同建筑物基础岩石的物理性质差异大，施工过程中需要采用

不同的控制爆破技术或非爆破开挖方法及安全监测等，确保施工的安全性和稳定性以及建基面的开挖质量。

3）施工过程中的不确定性。岩石地基开挖过程中，由于地质条件的复杂性和不确定性，施工过程中可能会遇到周围邻近建筑物、水文、地质条件等预料之外的技术难题和安全问题。这种不确定性不仅要求施工人员具备高度的技术能力和安全意识，还需要在复杂的自然条件下实施精细的施工组织和计划。同时也要求监理人员具备高度的应变能力和安全意识。

（2）岩石地基开挖重点、难点、关键点：重点是采用的爆破或非爆破开挖方法和开挖顺序。难点是受水文地质条件和复杂施工条件及周边环境因素的影响，采取相应的施工措施和施工安全措施。关键点是工程测量、控制爆破、建基面开挖、地基处理、安全监测、质量验收、现场施工安全。

3.2 岩石高边坡开挖特点、重点、难点和关键点

（1）岩石高边坡开挖具有地质条件复杂、技术要求高、施工难度大、安全风险高的危险性较大工程特点，需要综合考虑地质条件、水文环境、施工环境等影响因素，编制专项岩石高边坡开挖方案，包括采用控制爆破技术或非爆破开挖方法、开挖顺序、安全措施等；对于超过一定规模的高边坡开挖专项方案应经过专家论证和审批。通过采取科学、可行、安全、合理的施工爆破开挖方法和施工技术措施，确保高边坡开挖施工安全和高边坡稳定及高边坡工程开挖质量。

1）地质条件复杂。岩石高边坡具有"陡""高"的主要形态特征，高边坡的特点是坡度小、高度高、石方开挖体积大，可能存在地质缺陷部位或滑坡地段。在开挖过程中，极易发生滑坡、崩塌、坍塌等地质灾害，严重影响工程的施工安全和边坡的稳定性。

2）技术要求高。由于不同地理位置的高边坡岩石的物理性质差异大，施工过程中需要采用不同的施工控制爆破技术或非爆破方法，自上而下的开挖顺序、开挖方法，采取相应的高边坡支护措施（如锚喷加固、预应力锚索加固、钢筋挂网等），采取有效的安全监测技术确保施工的安全性和高边坡的稳定性及高边坡开挖质量。

3）施工难度大。由于高边坡的位置通常较为偏远，且地形陡峭、施工道路艰难、开挖工作面狭窄、施工机械设备不易操作、施工条件困难等，造成高边坡开挖施工难度大，应采取合理的施工方案和科学的施工方法，避免采取大开挖或大爆破施工，否则会破坏岩体的完整性，进一步加剧边坡的不稳定性。

4）安全风险高。高边坡稳定性受到地层岩性、地质构造、坡体结构等多种因素的影响。这些因素在自然条件下已经较为复杂，而人为的开挖活动进一步改变了原有边坡岩体的应力状态，增加了边坡的不稳定性。因此，岩石高边坡开挖具有渐变性、失稳性、突变性，以及安全风险高的危险性较大工程特点，在高边坡开挖过程中，需要加强安全监测和预警，及时发现和处理坡体的变形或失稳，才能有效地保障工程施工顺利进行和施工安全。

（2）岩石高边坡开挖重点、难点、关键点：重点是高边坡爆破开挖方法和高边坡的稳定性。难点是受地质条件和施工条件复杂的影响，施工困难，应布置好施工道路，配备相适应的施工开挖机械设备，有地质灾害或失稳的高边坡应采取边开挖边支护。关键点是工

程测量、控制爆破、高边坡开挖、高边坡支护、地质缺陷或滑坡段处理、高边坡安全监测、质量验收、现场施工安全。

3.3　岩石深基坑开挖特点、重点、难点和关键点

（1）岩石深基坑开挖具有地质条件复杂、技术要求高、施工成本高、施工周期长、安全风险高的危险性较大工程特点，需要综合考虑地质条件和施工条件、地面雨水和地下水、周边建筑物等影响因素，编制专项岩石深基坑开挖方案，包括爆破方法、开挖方法、开挖顺序、深基坑支护、施工期排（降）水、安全措施等；对于超过一定规模的岩石深基坑开挖专项方案应经过专家论证和审批。通过采取科学、可行、合理的施工爆破开挖方法或非爆破的机械开挖方式和施工技术措施，确保岩石深基坑施工安全和基坑的稳定性以及建基面开挖质量。

1）地质和水文条件复杂。由于岩石深基坑的地质结构和类型会随着基坑深度的增加而发生变化，需要及时调整爆破开挖施工方案和支护方案。岩石中可能存在裂隙和节理，会影响基坑的稳定性，需要采用适当的支护方式进行处理。地下水位的高低直接影响基坑的开挖和支护工作，需要采取相应的排水、防水、降水措施。

2）技术要求高。由于基坑的深度和规模使开挖受到一定的限制，岩石深基坑工程施工需要具备较高的技术水平。深基坑地质情况的不确定性，给基坑的开挖和支护带来了较大的困难，需要采用钻孔爆破或非爆破机械开挖等方法进行分层开挖作业，以确保开挖的顺利进行。通过地质缺陷处理，对基坑进行整体的平整和清理工作，确保建基面开挖质量。

3）施工周期长。在岩石地质条件下进行基坑开挖需要更多的时间，施工周期会相对较长。

4）施工成本高。由于岩石深基坑工程施工需要采用更先进的开挖机械设备和更有效的施工方法，施工成本比普通基坑工程施工要高出许多。

5）安全风险高。岩石深基坑工程在开挖完成后，根据深基坑工程地质情况需要对基坑进行支护工作，常见的支护方式包括喷射混凝土、锚杆等。在岩石深基坑开挖过程中，需要加强安全监测和预警，及时排除深基坑险情，以确保深基坑的稳定性和安全性。

（2）岩石深基坑开挖重点、难点、关键点：重点是深基坑爆破开挖和深基坑的安全性和稳定性。难点是受地质条件、地面雨水、地下水位变化、施工条件复杂的影响，施工困难，应采取相应的施工排水、降水和防水措施，配备相适应施工开挖机械设备，对深基坑有可能存在岩石裂隙和节理的部位，采用适当的支护方式进行处理。关键点是工程测量、控制爆破、深基坑开挖、深基坑支护、施工排（降）水、建基面开挖、地基处理、深基坑安全监测、质量验收、现场施工安全。

4　专业工程开工条件检查

4.1　检查发包人应提供的施工条件

监理机构需在岩石地基开挖工程开工前，对发包人应提供的施工条件完成情况进行检查，对可能影响承包人按时进场和工程按期开工的问题提请发包人尽快采取有效措施予以

解决。

（1）开工项目施工图纸的提供。岩石地基开挖工程开工前，监理机构应按照合同约定及承包人用图计划申请，及时协调发包人提供施工图纸，经专业监理工程师审查、总监理工程师签章后提供给承包人。

（2）测量基准点的移交。监理机构按照合同约定协调发包人及时提供测量基准点，并与承包人复核测量基准点的准确性。

（3）现场征地、拆迁。监理机构按照合同约定协助发包人进行现场征地、拆迁工作，及时向承包人提供施工场地。

（4）监理机构协调发包人按照施工合同约定，提供由发包人负责的道路、供电、供水、通信及其他条件和资源。

[《水利工程施工监理规范》（SL 288—2014）第5.2.1条。]

4.2 检查承包人的施工准备情况

（1）监理机构应对承包人项目组织机构及主要人员检查审核。检查承包人派驻现场的主要管理人员、技术人员及特种作业人员是否与施工合同文件一致，以及上述现场施工人员持证资格、安排和到岗情况。如有变化，应重新审查并报发包人认可。对无证上岗、不称职或违章、违规人员，可要求承包人暂停或禁止其在本工程中工作。

主要管理人员、技术人员指项目经理、技术负责人、施工现场负责人及造价、地质、测量、检测、安全、机电设备、电气等人员。特种作业人员主要包括电工、电焊工、架子工、塔吊司机、塔吊司索工、塔吊信号工、爆破工等。

[《水利工程质量管理规定》（水利部令第52号）第三十三条，《水利工程建设安全生产管理规定》（水利部令第50号）第二十二条，《水利工程施工监理规范》（SL 288—2014）条文说明第5.2.2条第1款。]

（2）施工设备进场报验。监理机构应检查承包人进场施工设备的数量、规格和性能、生产能力是否符合施工合同约定，是否按照施工组织设计和施工方案确定的施工设备进场，进场时间和计划是否满足开工及施工进度的要求。对存在严重问题或隐患的施工设备，要及时书面督促承包人限时更换。量测类仪器仪表还应提供有效期内的检定或校准证书。具体施工设备的检查报验内容可参照《施工设备进场核验和验收监理实施细则》执行。未经监理机构检查批准的施工设备不得在工程中使用。未经监理机构的书面批准，施工设备不得撤离施工现场。

[《水利工程施工监理规范》（SL 288—2014）条文说明第5.2.2条第2款、第6.2.3条、第6.2.7条。]

（3）施工材料进场报验。监理机构应检查承包人进场的水泥、砂、骨料、钢筋、外加剂、火工品（爆破材料）等工程原材料、中间产品的质量合格证明文件及相应检测报告等。对每批进场的原材料、中间产品的质量、规格是否符合施工合同约定，原材料的储存量及供应计划是否满足开工及施工进度的需要进行检查。具体检查内容可按照《原材料、中间产品报验和检验监理实施细则》执行。承包人进场的每批原材料、中间产品均应向监理机构填报进场报验单。未经报验或者检验不合格的原材料、中间产品，不得在工程中使用。

〔《水利工程质量管理规定》（水利部令第 52 号）第三十五条，《水利工程施工监理规范》（SL 288—2014）第 5.2.2 条第 3 款、第 6.2.3 条、第 6.2.6 条第 1～4 款。〕

检查承包人使用的爆破材料是否符合国家规定的技术标准，每批爆破材料使用前应进行有关的性能检验。爆破材料的运输、储存、加工、现场装药、起爆及哑炮处理，应遵守《爆破安全规程》（GB 6722—2014）相关条款的规定。

〔《水工建筑物地下开挖工程施工规范》（SL 378—2007）第 13.2.1 条、第 13.2.2 条。〕

（4）监理机构应对承包人的检测条件或委托的检测机构是否符合施工合同约定及有关规定进行审查。主要包括以下内容：

1）检测机构的资质等级和试验范围的证明文件。

2）法定计量部门对检测仪器、仪表和设备的计量检定证书、设备率定证明文件。

3）检测人员的资格证书。

4）检测仪器的数量及种类。

〔《水利工程施工监理规范》（SL 288—2014）条文说明第 5.2.2 条第 4 款。〕

（5）监理机构应检查承包人对发包人提供的测量基准点复核。监理机构应对承包人在此基础上完成施工测量控制网的布设及施工区原始地形图的测绘情况进行复核。按规定对承包人的测量方案、成果进行批准和实地复核。施工测量放样成果复核内容包括施测位置、工程或部位名称、放样内容及测量成果等。

〔《水利工程施工监理规范》（SL 288—2014）第 5.2.2 条第 5 款。〕

（6）监理机构应检查承包人提供的砂石料系统、混凝土拌和系统或商品混凝土供应方案以及场内道路、供水、供电及其他施工辅助加工厂、设施的准备情况。

〔《水利工程施工监理规范》（SL 288—2014）第 5.2.2 条第 6 款。〕

（7）监理机构应对承包人的质量保证措施落实情况进行检查、记录，对存在的问题进行督促、落实整改。检查承包人质量保证措施的主要内容包括：质量保证体系的建立、质检机构的组织和岗位责任、质检人员的组成、质量检验制度和质量检测手段等。

〔《水利工程施工监理规范》（SL 288—2014）第 5.2.2 条第 7 款。〕

（8）监理机构应对承包人的安全保证措施落实情况进行检查、记录，对存在的问题进行督促、落实整改。主要检查内容包括安全生产管理机构、安全生产人员组成、安全生产岗位责任、安全生产制度和施工安全措施文件等。

〔《水利工程施工监理规范》（SL 288—2014）第 5.2.2 条第 8 款。〕

4.3 检查其他施工条件准备工作情况

4.3.1 专业工程爆破分包审批（若有）

工程开工前，监理机构应对承包人将其所承包的本专业工程中部分工程爆破分包情况进行审查，并报发包人批准。审查爆破分包单位应符合下列规定：

（1）爆破分包单位必须取得《爆破作业单位许可证》，其资质等级应满足本专业工程要求。

（2）现场主要管理人员数量、资格以及施工设备应满足施工需要。

（3）从事爆破作业人员应持有《爆破工程技术人员安全作业证》。

[《水利工程合同监督检查办法（试行）》第十四条，《爆破作业单位资质条件和管理要求》（GA 990—2012），《爆破作业项目管理要求》（GA 991—2012），《爆破安全规程》（GB 6722—2014）第5.3.3条，《水利水电工程施工安全管理导则》（SL 721—2015）第10.3.4条。]

4.3.2 岩石地基开挖施工方案审批

工程开工前，监理机构应对承包人根据合同约定、合同技术条款以及设计文件、施工图纸、规程规范，结合本专业工程地质条件、水文气象、施工环境等因素，提交的岩石地基开挖施工方案进行审批。审查应包括（但不限于）下列内容：

（1）工程概况。

（2）岩石地基开挖施工平面布置图及剖面图（若有边坡或基坑，应包含）。

（3）岩石地基开挖施工方法、程序和爆破设计参数选定（若有非爆破开挖方法应包含）。

（4）施工设备配置和主要管理人员、技术人员、特种作业人员配置等。

（5）主要材料供应及劳动力安排。

（6）施工排水或降低水位措施（若有边坡、基坑，应包含）。

（7）建基面开挖保护措施。

（8）地基处理。

（9）出渣、弃渣措施及石方利用平衡。

（10）质量和爆破安全监测、施工安全及环境保护措施。

（11）施工进度计划等。

（12）附件：爆破试验成果报告。

[《水利工程施工监理规范》（SL 288—2014）第5.2.2条第8款、第9款，《水利工程质量管理规定》（水利部令第52号）第四十四条。]

4.3.3 爆破试验方案和爆破设计审批

1. 爆破试验方案审批

钻孔爆破施工前或施工中（有合同约定或设计要求，按合同约定或设计要求执行）应进行爆破试验，爆破试验可结合生产进行。监理机构应检查承包人爆破试验工作是否按照合同约定和施工图纸要求开展相应的岩石地基爆破试验、岩石高边坡爆破试验和岩石深基坑爆破试验。监理机构应对承包人根据合同技术条款和工程技术要求提交的爆破试验方案进行审批。审查承包人爆破试验方案是否按照工程技术要求，是否选择地质条件有代表性的区域进行，试验区域的选择是否进行爆破安全论证；审查承包人是否根据工程等级和爆破复杂程度，确定爆破试验的项目、爆破试验内容和爆破试验参数。审查爆破试验方案应包括下列内容：

（1）试验项目（若有高边坡或深基坑）。

（2）爆破器材性能试验。

（3）爆破参数试验。

（4）起爆网路试验。

（5）爆破影响范围（含保护层）测试。

（6）爆破振动效应测试。

[《水利水电工程标准施工招标文件技术标准和要求（合同技术条款）》（2009 年版）第 7.1.2 条（4），《水工建筑物岩石地基开挖施工技术规范》（SL 47—2020）第 8.2.1 条、第 8.2.3 条、第 8.2.4 条，《水利工程施工监理规范》（SL 288—2014）第 6.2.9 条。]

2. 爆破试验成果确认

在完成岩石地基爆破试验、岩石高边坡爆破试验和岩石深基坑爆破试验方案实施结束后，监理机构应对承包人通过专项爆破试验提交的预裂爆破、梯段爆破、台阶爆破和特殊部位的爆破所用的参数和装药量试验成果和爆破监测成果进行审查确认。审查爆破试验成果应包括下列内容：

（1）试验项目和内容。

（2）试验地点和部位的选择。

（3）试验参数选择（含造孔方式；孔位布置；孔径、深度、角度；装药量及装药结构、炮孔堵塞方式、起爆方法和顺序；爆破网络敷设；爆破后应达到质量标准）。

（4）爆破监测布置、方法、内容和仪器设备。

（5）安全防护措施。

[《水利水电工程标准施工招标文件技术标准和要求（合同技术条款）》（2009 年版）第 7.2.2 条、第 7.2.3 条，《水利工程施工监理规范》（SL 288—2014）第 6.2.9 条，《水利水电工程施工安全管理导则》（SL 721—2015）第 10.3.4 条。]

3. 爆破设计审批

监理机构应对承包人根据工程设计要求、地形地质情况、爆破试验成果和爆破监测成果、爆破器材性能及施工机械等确定后，提交的爆破设计进行审批。审查爆破设计应包括下列内容：

（1）工程概况。

（2）工程地质及水文地质条件。

（3）孔网参数。

（4）炸药品种、用量及装药结构。

（5）起爆网路。

（6）爆破安全控制及防护措施。

（7）爆破对环境影响的安全评估。

（8）爆破安全监测。

（9）应绘制的相关图表。

[《水工建筑物岩石地基开挖施工技术规范》（SL 47—2020）第 8.3.1 条，《水利工程施工监理规范》（SL 288—2014）第 6.2.9 条，《水利水电工程施工安全管理导则》（SL 721—2015）第 10.3.4 条。]

4.3.4 非爆破开挖试验方案审批（若有）

本专业工程若涉及安全及环境保护有特殊要求时，可采用非爆破开挖方法。非爆破开挖施工前或施工中（有合同约定或设计要求，按合同约定或设计要求执行），针对具体开挖方法应开展现场试验。监理机构应对承包人根据合同技术条款和工程技术要求及施工图纸提交的非爆破开挖试验方案进行审批。确认承包人通过非爆破开挖试验方案采用合理的开挖程序、施工参数、施工机械配套效率；审查承包人根据工程设计要求、地形地质条件、现场试验成果和施工机械配套效率等进行非爆破开挖设计。设计内容应包括工程概况、工程地质及水文地质条件、开挖方案、孔网参数或机械工作参数、安全控制及防护措施、环境影响评估等。

［《水工建筑物岩石地基开挖施工技术规范》（SL 47—2020）第10.1.1条、第10.1.4条、第10.1.5条，《水利工程施工监理规范》（SL 288—2014）第6.2.9条。］

4.3.5 危险性较大的深基坑、高边坡开挖单项工程专项施工方案审批

1. 本专业工程涉及的危险性较大的单项工程规定

（1）达到一定规模的危险性较大的基坑单项工程（编制专项施工方案，但不需要专家论证）。

基坑工程：开挖深度达到3（含）～5m或虽未超过3m，但地质条件和周边环境复杂的基坑（槽）支护、降水工程；开挖深度达到3（含）～5m的基坑（槽）的土方和石方开挖工程。

［《水利水电工程施工安全管理导则》（SL 721—2015）附录A第A.0.1条，《住房和城乡建设部办公厅关于实施〈危险性较大的分部分项工程安全管理规定〉有关问题的通知》（建办质〔2018〕31号）附件1、附件2。］

（2）超过一定规模的危险性较大的深基坑单项工程（编制专项施工方案，需要专家论证）。

深基坑工程：开挖深度超过5m（含）的基坑（槽）的土方开挖、支护、降水工程。开挖深度虽未超过5m，但地质条件、周围环境和地下管线复杂，或影响毗邻建（构）筑物安全的基坑（槽）的土方开挖、支护、降水工程。

［《水利水电工程施工安全管理导则》（SL 721—2015）附录A第A.0.2条，《住房和城乡建设部办公厅关于实施〈危险性较大的分部分项工程安全管理规定〉有关问题的通知》（建办质〔2018〕31号）附件1、附件2。］

（3）对下列达到一定规模的危险性较大的工程应当编制专项施工方案，并附安全验算结果，经承包人的技术负责人签字以及总监理工程师核签后实施，由专职安全生产管理人员进行现场监督：

1）基坑支护与降水工程。

2）土方和石方开挖工程。

3）模板工程。

4）起重吊装工程。

5）脚手架工程。

6）拆除、爆破工程。

7）围堰工程。

8）其他危险性较大的工程。

对前款所列工程中涉及高边坡（开挖边坡高度不小于50m的边坡）、深基坑、地下暗挖工程、高大模板工程的专项施工方案，承包人还应当组织专家进行论证、审查。

［《水利工程建设安全生产管理规定》（水利部令第50号）第二十三条，《水利水电工

程土建施工安全技术规程》（SL 399—2007）第 2.0.2 条。]

2. 危险性较大的高边坡、深基坑单项工程专项施工方案审查

监理机构应根据合同约定和设计文件及施工图纸要求，在岩石地基开挖施工前，检查承包人是否按照《水利工程建设安全生产管理规定》（水利部令第 50 号）、《危险性较大的分部分项工程安全管理规定》（住房和城乡建设部令第 37 号，2018 年 6 月 1 日；住房和城乡建设部令第 47 号，2019 年 3 月 13 日，第一次修改）和《水利水电工程施工安全管理导则》（SL 721—2015）的规定，编制危险性较大的岩石高边坡开挖单项工程和岩石深基坑开挖单项工程专项施工方案；检查专项施工方案完整性、可行性、安全性；检查专项施工方案的质量、安全标准是否符合水利工程建设标准强制性条文规定；检查承包人对于超过一定规模的危险性较大的岩石高边坡（边坡高度不小于 50m）开挖单项工程、岩石深基坑[开挖深度超过 5m（含）或开挖深度虽未超过 5m，但地质条件、周围环境和地下管线复杂或影响毗邻建（构）筑物安全]开挖单项工程，是否组织专家对该专项施工方案进行审查论证。对承包人提交的超过一定规模危险性较大的岩石高边坡开挖工程和岩石深基坑开挖工程专项施工方案的内容、审批程序、论证报告开展审查，重点审查承包人编制的专项施工方案内容。专项施工方案应当包括以下内容：

（1）工程概况。包括危险性较大的单项工程概况、施工平面布置、施工要求和技术保证条件。

（2）编制依据。包括相关法律法规、规范性文件、标准、规范及图纸（国标图集）、施工组织设计等。

（3）施工计划。包括施工进度计划、材料与设备计划。

（4）施工工艺技术。包括技术参数、工艺流程、施工方法、检查验收等。

（5）施工安全保证措施。包括组织保障、技术措施、应急预案、监测监控等。

（6）劳动力计划。包括专职安全生产管理人员、特种作业人员等。

（7）设计计算书及相关图纸。

（8）附设计计算书。

[《水利工程建设安全生产管理规定》（水利部令第 50 号）第二十三条，《危险性较大的分部分项工程安全管理规定》（住房和城乡建设部令第 37 号）第三章专项施工方案，《水利水电工程施工安全管理导则》（SL 721—2015）第 7.3.1 条、附录 A，《水利工程施工监理规范》（SL 288—2014）附录 B.2.3 条。]

3. 危险性较大的高边坡、深基坑单项工程专项施工方案批准

经审查后，监理机构应对承包人编制的危险性较大的高边坡、深基坑开挖单项工程专项施工方案进行批准。专项施工方案审签批准应符合下列规定：

（1）由承包人技术负责人组织施工技术、安全、质量等部门的专业技术人员进行审核。经审核合格的，应由承包人技术负责人签字确认。实行分包的，应由承包人和分包单位技术负责人共同签字确认。

（2）不需专家论证的达到一定规模的基坑或边坡开挖单项工程专项施工方案，经承包人审核合格后应报监理机构，由项目总监理工程师审核签字，并报发包人备案。

（3）需要专家论证的高边坡、深基坑单项工程专项施工方案，监理机构应检查督促承

包人根据审查论证报告修改完善该专项施工方案，经承包人的技术负责人、总监理工程师、发包人的单位负责人审核签字后，方可组织实施。

　　［《水利工程建设安全生产管理规定》（水利部令第 50 号）第二十三条，《水利水电工程施工安全管理导则》（SL 721—2015）第 7.3.3 条、第 7.3.8 条。］

4.3.6　施工措施计划和钻爆作业措施计划审批

　　1. 施工措施计划

　　工程开工前，监理机构应对承包人按照合同约定、合同技术条款以及设计和施工图纸的要求，结合爆破试验方案和爆破设计编制的施工措施计划进行审批。审查施工措施计划应包括下列内容：

　　（1）施工开挖布置图。

　　（2）钻孔和爆破的方法和程序（若有非爆破开挖方法，应包含）。

　　（3）施工设备配置和劳动力安排。

　　（4）出渣、弃渣和石料的利用措施。

　　（5）高边坡和深基坑的保护加固和排（降）水措施。

　　（6）质量与安全保护措施。

　　（7）主要开挖工程施工进度计划等。

　　［《水利水电工程标准施工招标文件技术标准和要求（合同技术条款）》（2009 年版）第 7.1.3 条（1），《水利工程施工监理规范》（SL 288—2014）第 5.2.2 条（9）。］

　　2. 钻爆作业措施计划

　　工程开工前，监理机构应对承包人按照合同约定、合同技术条款以及设计和施工图纸的要求，结合爆破试验方案和爆破设计编制的钻爆作业措施计划进行审批。审查钻爆作业措施计划应包括下列内容：

　　（1）爆破孔的孔径、孔排距、孔深和倾角。

　　（2）炸药类型、单位耗药量和装药结构，单响药量和总装药量。

　　（3）延时顺序、雷管型号和起爆方式。

　　（4）承包人拟采用的任何特殊钻孔和爆破作业方法的说明。

　　（5）爆破参数试验成果。

　　［《水利水电工程标准施工招标文件技术标准和要求（合同技术条款）》（2009 年版）第 7.1.3 条（3），《水利工程施工监理规范》（SL 288—2014）第 5.2.2 条（9）。］

4.3.7　施工技术交底和安全交底

　　若水工建筑物岩石地基开挖或岩石高边坡开挖或岩石深基坑开挖单项工程为经批准的合同项目划分中的分部工程，分部工程开工前，监理机构应检查承包人施工技术交底和安全交底情况。

　　1. 施工技术交底

　　分部工程开工前，检查承包人施工技术交底情况。施工技术交底由承包人组织交底人员按照施工技术交底文件清单（国家法律法规、工程建设标准强制性条文、合同文件、施工组织设计及施工措施计划等），向施工人员详细说明专项施工方案、施工方法、施工措施、施工计划、安全措施、质量要求等技术问题，形成施工技术交底记录，由交底人和参加施工技术交底的与会人员签字，以确保工程施工安全、质量和进度。施工技术交底的内容主要包括专项施工方案交底、设计要求和质量标准交底、作业指导书交底等。检查施工技术交底应包括以下内容：

（1）专项施工方案。明确专项施工方案的设计要求、技术要求、技术路线。施工措施，确保按照专项施工方案实施。

（2）作业指导书。明确施工方法、施工顺序、施工要点等，确保施工有条不紊，高效有序。

（3）质量要求。明确施工质量标准、验收标准、检测方法等，确保施工质量符合规定。

（4）施工计划。详细说明施工进度、里程碑节点、分项工程进度计划等，包括施工的时间、地点、内容、进度等，确保施工进度控制合理。

（5）安全措施。明确施工现场的安全管理措施、施工临时用电措施、应急预案、事故处理办法等，确保施工安全。

（6）设备使用和维护。详细说明施工需要使用的设备和机械的名称、型号、技术参数、安全操作规程、维护保养方法等，确保设备正常运行。

（7）现场管理。详细说明现场人员的职责分工、协调关系、工地卫生环境等问题，确保现场管理有序。

［《水利工程施工监理规范》（SL 288—2014）附录E　CB15 分部工程开工申请表、CB15 附件2 工程施工技术交底记录。］

2．施工安全交底

（1）检查发包人施工安全交底情况。分部工程开工前，监理机构应检查发包人是否组织各参建单位就落实保证安全生产的措施方案进行全面系统的布置，明确各参建单位的安全生产责任，并形成会议纪要；同时组织设计单位就工程的外部环境、工程地质、水文条件对工程施工安全可能构成的影响，工程施工对当地环境安全可能造成的影响，以及工程主体结构和关键部位的施工安全注意事项等进行设计交底。

［《水利水电工程施工安全管理导则》（SL 721—2015）第7.6.1条。］

（2）检查承包人施工安全交底情况。

1）单项工程开工前，监理机构应检查承包人是否组织技术负责人就工程概况、施工方法、施工工艺、施工程序、安全技术措施和专项施工方案，向施工现场管理人员、施工作业队（区）负责人、工长、班组长和作业人员进行施工安全交底。

2）专项施工方案施工前，监理机构应检查承包人的技术负责人是否向施工现场管理人员进行专项施工方案交底；施工现场管理人员是否应向施工作业队（区）负责人、工长、班组长和作业人员进行全面详细的专项施工方案安全技术交底。

［《危险性较大的分部分项工程安全管理规定》（住房和城乡建设部令第37号）第十五条，《水利水电工程施工安全管理导则》（SL 721—2015）第7.6.2条、第7.6.3条。］

（3）施工安全技术交底应填写施工安全交底记录，由交底人与被交底人签字确认。

［《水利水电工程施工安全管理导则》（SL 721—2015）第7.6.8条。］

4.4 专业工程开工条件批准

应按照监理合同工程开工前经批准的合同工程项目划分，确定本专业工程为分部工程或单元工程。

（1）分部工程开工。分部工程开工前，承包人向监理机构报送分部工程开工申请表，经监理机构检查各项条件满足分部工程开工条件后，批复承包人的分部工程开工申请，方可开工。

［《水利工程施工监理规范》（SL 288—2014）第 6.1.2 条。］

（2）单元工程开工。第一个单元工程应在分部工程开工批准后开工，后续单元工程凭监理工程师签认的上一单元工程施工质量合格文件方可开工。

［《水利工程施工监理规范》（SL 288—2014）第 6.1.3 条。］

5 现场监理工作内容、程序和控制要点

5.1 岩石地基、高边坡、深基坑开挖监理工作内容

根据《水利工程施工监理规范》（SL 288—2014）"6 施工实施阶段的监理工作"要求，监理机构应结合水工建筑物岩石地基开挖、岩石高边坡开挖、岩石深基坑开挖的实际工程情况，在监理合同和监理规划以及监理规范规定的监理工作范围内开展现场监理工作。涉及其他专业工程或专业工作（测量、检测试验、支护工程、施工安全、金属结构机电安装、安全监测、施工进度、计量支付、验收等）的，专业监理工程师向总监理工程师汇报，由总监理工程师协调其他专业工程或专业工作，相互配合共同完成本专业工程的实施。本专业工程主要包括以下现场监理工作内容：

（1）监理机构应核查岩石地基开挖工程的开工准备情况。（具体核查内容同"4 专业工程开工条件检查"。）

［《水利工程施工监理规范》（SL 288—2014）第 5.2.1 条、第 5.2.2 条。］

（2）监理机构应对承包人投入本专业工程涉及的水泥、砂、骨料、钢筋、外加剂、火工品（爆破材料）等原材料、中间产品在进场使用前，核验质量证明文件和检测检验报告，核查承包人报送的进场报验单，经监理机构核验合格并在进场报验单签字确认后，方可用于工程施工。监理机构应按照监理合同约定对需要平行检测的原材料、中间产品开展平行检测；同时对涉及工程结构安全的试块、试件及有关材料，应实行见证取样。监理机构应定期或不定期对承包人原材料、中间产品进行巡视检查。具体原材料、中间产品跟踪检测、平行检测项目和数量及检测频次，按照《原材料、中间产品进场报验和检验专业工作监理实施细则》以及《监理跟踪检测和平行检测专业工作监理实施细则》执行。

［《水利工程施工监理规范》（SL 288—2014）第 6.2.6 条、第 6.2.10 条。］

（3）监理机构应对承包人投入本专业工程的施工机械设备（含爆破器材）等在进场使用前，进行合格性证明材料核查，经监理机构核验合格后，方可投入使用。监理机构应监督承包人按照施工合同约定安排施工设备及时进场，在施工过程中，监理机构应监督承包人对施工设备及时进行补充、维修和维护，以满足施工需要。定期或不定期巡视、检查承包人施工机械设备安全管理制度执行情况，施工机械设备使用情况，施工机械操作人员、

特种设备作业人员持证情况，确认特种设备作业人员证件的有效性，并经监理机构审核后报发包人备案。对施工机械设备、特种设备作业人员的规范管理按照《工程施工机械设备进场核验和验收专业工作监理实施细则》执行。

[《水利工程施工监理规范》（SL 288—2014）第 6.2.5 条、第 6.2.7 条、第 6.2.10 条，《水利水电工程施工安全管理导则》（SL 721—2015）第 9.1.4 条、第 9.1.7 条、第 9.1.8 条。]

（4）监理机构应对承包人在本专业工程涉及的岩石地基开挖、岩石高边坡开挖、岩石深基坑开挖编制的施工控制网施测方案进行审批，并对承包人施测过程进行监督，批复承包人的施工控制网资料。对承包人编制的原始地形施测方案进行审批，可通过监督、复测、抽样复测或与承包人联合测量等方法，复核承包人的原始地形测量成果。监理机构可通过现场监督、抽样复测等方法，复核承包人的施工放样成果。在施工过程中，应按照《测量专业工作监理实施细则》，督促承包人及时检查开挖断面及开挖面高程，及时绘制开挖前后的地形、断面资料，如原始地面、开挖施工场地布置、土方分界、竣工建基面实测平面和剖面图。为确保放样质量，必要时，监理机构可要求承包人在测量监理工程师直接监督下进行对照检查与校测，但监理机构所进行的任何对照检查和校测，并不免除承包人对保证放样质量所应负的合同责任。岩石地基和岸坡开挖完成后，监理机构应审核承包人完成施工区域的完工测量成果。依照合同文件规定，为设计单位地质编录、现场测试等工作创造工作环境。

[《水利工程施工监理规范》（SL 288—2014）第 6.2.8 条，《水利水电工程施工测量规范》（SL 52—2015）第 1.0.3 条。]

（5）监理机构应监督承包人在本专业工程涉及的岩石地基开挖、岩石高边坡开挖、岩石深基坑开挖过程中，严格按照经监理审批的爆破试验方案或非爆破开挖试验方案实施。审查承包人提交施工措施计划和钻爆作业措施计划中的钻孔爆破施工工艺或非爆破开挖施工工艺。施工过程中，监理机构应定期或不定期对承包人的钻孔爆破施工工艺或非爆破开挖施工工艺、施工方法等进行巡视、检查，并监督其实施。

[《水利工程施工监理规范》（SL 288—2014）第 6.2.9 条、第 6.2.10 条。]

（6）监理机构对本专业工程涉及的超过一定规模的危险性较大的岩石高边坡开挖、岩石深基坑开挖等单项工程，应当结合危险性较大工程专项施工方案编制安全监理实施细则，并对危险性较大工程施工实施专项巡视检查，检查施工过程中危险性较大工程的施工作业情况，督促和检查承包人严格按照专项施工方案组织施工，不得擅自修改、调整专项施工方案。如因设计结构、外部环境等因素发生变化确需修改的，修改后的专项施工方案应当重新审核，对于超过一定规模的危险性较大的单项工程专项施工方案，承包人应重新组织专家进行论证。

监理机构应安排监理人员对岩石高边坡开挖、岩石深基坑开挖专项施工方案实施情况进行旁站监理，督促承包人对作业人员进行安全交底，检查承包人安全技术措施的落实情况，及时制止违规施工作业。发现承包人未按安全技术措施施工的，应要求其立即整改；存在危及人身安全紧急情况的，应立即通知承包人组织作业人员撤离危险区域。总监理工程师、承包人技术负责人应定期对专项施工方案实施情况进行巡查、检查。

监理机构发现承包人未按专项施工方案实施的，应责令整改；承包人拒不整改的，应及时向发包人报告；如有必要，可直接向有关主管部门报告。发包人接到监理机构报告后，应立即责令承包人停工整改；承包人仍不停工整改的，发包人应及时向有关主管部门和安全生产监督机构报告。

[《水利工程施工监理规范》（SL 288—2014）第 6.5.5 条，《水利水电工程施工安全管理导则》（SL 721—2015）第 7.3.9 条、第 7.3.10 条、第 7.3.12 条、第 7.3.13 条。]

（7）对于按照规定需要验收的深基坑开挖危险性较大工程，监理机构和承包人应当组织相关人员进行验收。检查验收的内容应按照《水利水电工程施工安全管理导则》（SL 721—2015）附录中表 E.0.3-36 执行。验收合格并经承包人项目技术负责人及总监理工程师签字确认后，方可进入下一道工序。深基坑开挖危险性较大工程验收合格后，承包人应当在施工现场明显位置设置验收标识牌，公示验收时间及责任人员。在深基坑、高边坡开挖施工过程中，监理机构应通过专项巡视检查危险性较大工程的施工情况，及时发现现场存在的安全隐患；当发生险情或者事故时，应当及时通知承包人立即采取应急处置措施，并报告工程所在地水行政主管部门。各相关责任单位应当配合承包人开展应急抢险工作。深基坑、高边坡危险性较大工程应急抢险结束后，发包人应当组织勘察、设计、施工、监理等单位制定工程恢复方案，并对应急抢险工作进行后评估。监理机构应督促检查承包人建立深基坑、高边坡危险性较大工程安全管理档案，将专项施工方案及审核、专家论证、交底、现场检查、验收及整改等相关资料纳入档案管理。监理机构应当将监理实施细则、专项施工方案审查、专项巡视检查、验收及整改等相关资料纳入档案管理。

[《危险性较大的分部分项工程安全管理规定》（住房和城乡建设部令第37号）第二十一条、第二十二条、第二十三条、第二十四条，《水利工程施工监理规范》（SL 288—2014）第 6.5.5 条，《水利水电工程施工安全管理导则》（SL 721—2015）附录 E 第 E.0.3-36 表。]

（8）监理机构应对本专业工程涉及工程安全和环境保护进行的施工期爆破安全监测和工程安全监测开展监理检查工作。监理机构应编制安全监测监理实施细则。按照合同约定需要进行第三方监测的高边坡和深基坑开挖危险性较大工程，监理机构应对发包人委托的具有相应勘察资质的安全监测单位进行审查。审查监测单位根据开挖规模、施工区的环境条件、地质条件、工程特点等编制的高边坡和深基坑开挖爆破安全监测和工程安全监测方案，监测方案由监测单位技术负责人审核签字并加盖单位公章，报送监理机构批准后方可实施。监理机构应通过定期或不定期巡视检查的方式，检查监测单位按照监测方案开展监测。在施工期爆破安全监测和工程安全监测过程中，发现异常情况（超过安全预警值）时，监测单位应及时向发包人、承包人、监理机构、设计单位报告，发包人应当立即组织相关单位采取处置措施，必要时采取终止作业，以确保工程安全。

[《水利工程施工监理规范》（SL 288—2014）第 6.5.2 条、第 6.5.3 条、第 6.5.5 条，《危险性较大的分部分项工程安全管理规定》（住房和城乡建设部令第37号）第二十条，《水工建筑物岩石地基开挖施工技术规范》（SL 47—2020）第 9.0.1 条、第 9.0.3 条、第 9.0.8 条。]

（9）在高边坡或深基坑作业时，监理机构应检查、督促承包人按照设计图纸和《水利工程建设标准强制性条文》规定，高边坡开挖应自上而下进行，深基坑开挖应分层进行，某些部位如需上、下同时开挖，应制定专项安全技术措施。严格遵循边开挖、边支护的施工技术要求，并按设计图纸及时完成开挖坡面支护和基坑支护施工。支护工程监理按照《支护工程监理实施细则》执行；高边坡、深基坑垂直交叉作业时，监理机构应检查、督促承包人采取隔离防护措施或错开作业时间，并安排专人巡视检查；高边坡、深基坑若采用非爆破开挖作业时，监理机构应检查、督促承包人按批准的非爆破开挖方案实施，保证施工质量和安全，控制施工环境影响；监理机构应检查、监督施工作业人员上下高边坡、深基坑时，走专用通道，高处作业人员应同时系挂安全带和安全绳，以保证高边坡、深基坑开挖作业施工安全。

未经安全技术论证和监理机构批准，高边坡严禁采用自下而上造成岩体倒悬的开挖方式。承包人在开挖过程中，发现可能的边坡或基坑滑塌，或安全监测表明边坡或基坑处于危险状态时，应及时向监理机构报告并采取相应防范措施，同时会同监理和设计单位查明原因后，提出处理措施报监理机构批准后实施，以保证高边坡和深基坑工程安全与稳定。

［《水利工程施工监理规范》（SL 288—2014）第6.5.5条，《水利水电工程施工安全管理导则》（SL 721—2015）第10.3.3条，《水工建筑物岩石地基开挖施工技术规范》（SL 47—2020）第5.0.3条、第5.0.4条，《水利水电工程施工通用安全技术规程》（SL 398—2007）第1.0.12条。］

（10）监理机构应检查承包人按合同约定及有关规定对工程质量进行自检，合格后方可报监理机构复核。应定期或不定期对承包人的工程质量等进行巡视、检查，督促承包人严格按照"三检"制的要求，对钻孔爆破、边坡开挖、岩石地基开挖等工序和单元工程进行全过程的施工质量检查评定与验收。定期对承包人边坡开挖过程的检查，检查开挖剖面规格和边坡软弱岩层及破碎带等不稳定岩体的处理质量，经监理机构检查确认安全后，才能继续开挖。监理机构发现承包人使用的原材料、中间产品、工程设备以及施工设备或其他原因可能导致工程质量不合格或造成质量问题时，应及时发出指示，要求承包人立即采取措施纠正；必要时，责令其停工整改。监理机构应对承包人纠正问题的处理结果进行复查，并形成复查记录，确认问题已经解决。监理机构对承包人经自检合格后报送的单元工程（工序）质量评定表和有关资料，应按有关技术标准和施工合同约定的要求进行复核。复核合格后方可签认。监理机构可采用跟踪检测监督承包人的自检工作，并可通过平行检测核验承包人的检测试验结果。若本专业工程项目划分确定岩石地基开挖为重要隐蔽单元工程，应按有关规定组成联合验收小组共同检查并核定其质量等级，监理工程师应在质量等级签证表上签字。若本专业工程是一个完整的分部工程，监理机构需复核其质量等级，在发包人认定后报质量监督机构核备，核定质量等级。具体本专业工程工序和单元工程的施工质量评定验收按照《工程验收专业工作监理实施细则》执行。

［《水利工程施工监理规范》（SL 288—2014）第6.2.10条、第6.2.12条、第6.9.1条，《水利水电工程标准施工招标文件技术标准和要求（合同技术条款）》（2009年版）第7.7.1条，《水利水电工程施工质量检验与评定规程》（SL 176—2007）第4.1.12条，《水利水电工程单元工程施工质量验收评定标准——土石方工程》（SL 631—2012）第3.2.4条。］

（11）施工进度检查。监理机构应对承包人按施工合同约定的内容、工期编制的本专业工程施工总进度计划，分年度编制的该专业工程年度施工进度计划进行审批。监理机构应检查本专业工程施工进度是否满足批准的合同工期和批复的总进度计划要求，当跟踪检查发现实际施工进度滞后于施工进度计划时，应分析实际施工进度与施工进度计划的偏差，重点分析关键路线的进展情况和进度延误的影响因素，并采取相应的监理措施。对于承包人的原因造成施工进度延误，可能致使工程不能按合同工期完工的，监理机构应指示承包人采取赶工纠偏措施，编制并报审赶工措施报告，并修订施工进度计划报监理机构审批。监理机构应审阅承包人按施工合同约定提交的施工月报、施工年报，并报送发包人。监理机构应在监理月报中对施工进度进行分析，必要时提交进度专题报告。具体本专业工程施工进度检查按照《进度控制专业工作监理实施细则》执行。

[《水利工程施工监理规范》（SL 288—2014）第 6.3.1 条、第 6.3.2 条、第 6.3.3 条、第 6.3.4 条、第 6.3.11 条、第 6.3.13 条、第 6.3.14 条。]

（12）核实工程计量成果。监理机构应对承包人按照合同工程量清单中的项目，或发包人同意的变更项目以及计日工所涉及的每一道工序或每一个单元工程的完成工程量，经验收合格后，及时对工程量进行量测、计算和签认，确保工程计量成果真实、准确。具体本专业工程计量按照《计量支付专业工作监理实施细则》执行。

[《水利工程施工监理规范》（SL 288—2014）第 6.4.3 条。]

（13）检查现场施工安全、环境保护及文明施工情况。

1）检查现场施工安全情况。督促承包人对作业人员进行安全交底，检查承包人按照批准的专项施工方案组织施工，检查承包人安全技术措施的落实情况，及时制止违规施工作业。检查承包人的用电安全、消防措施、危险品管理和场内交通管理等情况。检查承包人的度汛方案中对洪水、暴雨、台风等自然灾害的防护措施和应急措施。检查施工现场各种安全标志和安全防护措施是否符合工程建设标准强制性条文（水利工程部分）及相关规定的要求。监理机构发现施工存在安全隐患时，应要求承包人立即整改；必要时，可指示承包人暂停施工，并及时向发包人报告。监理机构应检查承包人将列入合同安全施工措施的费用按照合同约定专款专用，并在监理月报中记录安全措施费投入及使用情况。

[《水利工程施工监理规范》（SL 288—2014）第 6.5 条，《水利水电工程施工安全管理导则》（SL 721—2015）第 7.6.10 条、第 4.3.1 条、第 6.2.8 条。]

2）检查环境保护及文明施工情况。监理机构依据施工合同约定，审核承包人的环境保护和文明施工组织机构和技术措施；检查承包人环境保护和文明施工的执行情况，并监督承包人通过自查和改进，落实环境保护措施，完善文明施工管理；督促承包人开展文明施工的宣传和教育工作，积极配合当地政府和居民共建和谐建设环境。

[《水利工程施工监理规范》（SL 288—2014）第 6.6 节。]

（14）监理机构应定期检查承包人的内业资料及时性、完整性、准确性并进行监理抽检工作，填写抽检记录。检查承包人的施工日志、现场记录及工程资料整理情况，检查相关记录是否真实、完整，包括施工内容、人员设备情况、材料使用情况、检测试验情况、"三检"制资料、验收报验资料、质量评定资料、质量安全检查资料等。

[《水利工程施工监理规范》（SL 288—2014）第 3.3.7 条第 9、10 款。]

（15）监理工作交底。主要是监理实施细则交底。监理实施细则是在施工措施计划批准后、专业工程施工前或专业工作开始前，由专业监理工程师及相关监理人员编制，并报总监理工程师批准，主要用于指导现场监理工作。除完成合同约定的监理工作内容外，监理实施细则交底也是一项监理工作内容，需要通过监理实施细则交底（包括监理人员交底、施工人员交底）将监理实施细则执行这个环节得以实现，使得现场参与该专业的监理人员和施工技术人员明白该项专业工程的控制要点。监理实施细则的交底人应为专业监理工程师，被交底人应为参与该专业工程的相关监理人员和施工单位现场负责人（质量、安全部门负责人员）等。涉及危险性较大工程的专业工程，安全监理工程师应参与交底。

〔《水利工程施工监理规范》（SL 288—2014）第4.1.4条。〕

（16）监理机构应按照监理规范要求，安排现场监理人员依据各自的工作分工，及时准确真实填写监理日记和监理日志，编制监理月报，并每月向发包人报送监理月报。

〔《水利工程施工监理规范》（SL 288—2014）第6.8.5条。〕

5.2　岩石地基、高边坡、深基坑开挖监理工作流程图

岩石地基、高边坡、深基坑开挖监理工作流程如图1~图3所示。

〔《水利工程施工监理规范》（SL 288—2014）第4.1.6条，主要监理工作程序可参照附录C执行。〕

5.3　岩石地基、高边坡、深基坑开挖监理控制要点

5.3.1　岩石地基开挖监理控制要点

1. 质量控制要点

（1）测量控制。监理机构可通过监督、复测、抽样复测或与承包人联合测量等方法，对承包人完成的施工控制网施测方案、原始地形施测方案以及水工建筑物岩石地基开挖原始地形测量成果、开挖施工放样测量成果进行复核。测量控制的内容和质量标准如下：

1）建立施工测量控制网点。

2）测绘开挖区原始地形图和原始断面图。

3）在开挖面标示特征桩号、高程及开挖轮廓控制点。

4）开挖轮廓面和开挖断面放样测量。

5）边坡面或建基面开挖断面测量。

6）绘制开挖竣工图，提交中间验收和竣工验收测量资料。

开挖轮廓点的点位中误差应符合《水工建筑物岩石地基开挖施工技术规范》（SL 47—2020）第7.0.2条表7.0.2的规定（表1），设计另有要求时应按设计要求执行。

表1　　　　　　　　　　　　开挖轮廓点的点位中误差

工　程　部　位	点位中误差/mm	
	平面	高程
主体工程部位的地基轮廓点	±50[①]或±100	±100
预裂爆破和光面爆破孔定位点	±10	±10
主体工程部位的坡顶点、中间点、非主体工程部位的地基轮廓	±100	±100
土、砂、石覆盖面开挖轮廓点	±200	±200

注　点位中误差均以相对于邻近控制点或测站点、轴线点确定。

①　±50mm的误差仅指有密集钢筋网的部位。

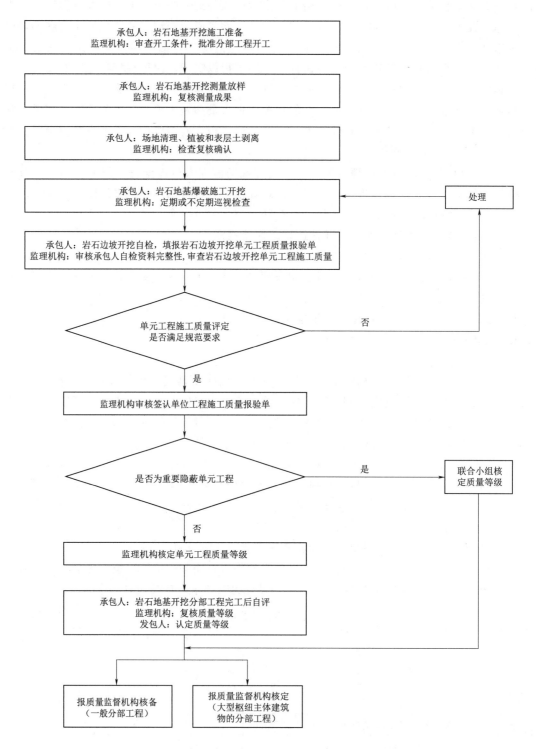

图 1　岩石地基开挖监理工作流程图

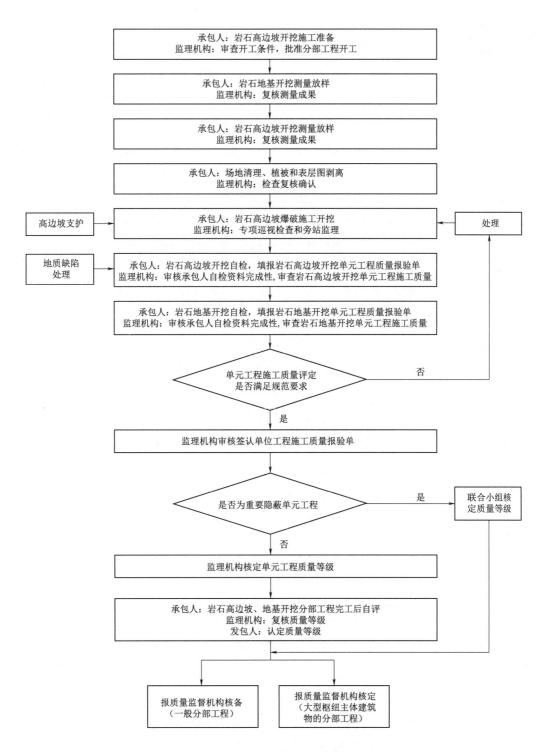

图2 岩石高边坡开挖监理工作流程图

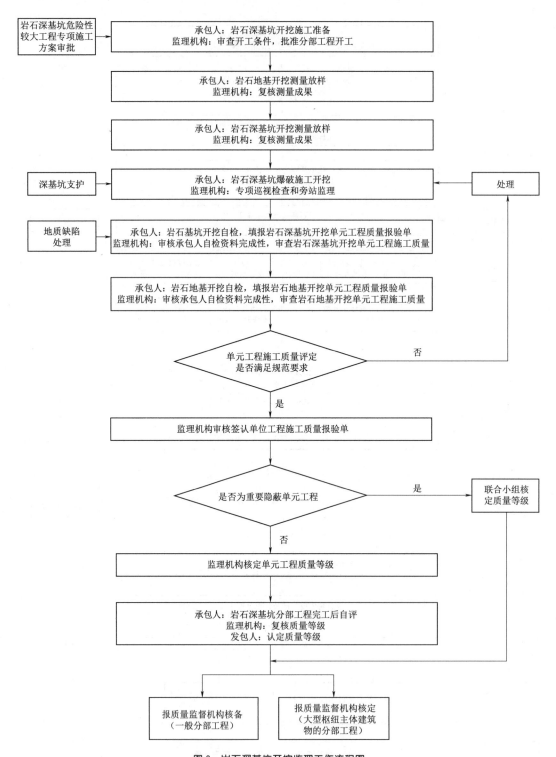

图3 岩石深基坑开挖监理工作流程图

[《水利工程施工监理规范》（SL 288—2014）第6.2.8条，《水工建筑物岩石地基开挖施工技术规范》（SL 47—2020）第7.0.2条。]

（2）钻孔爆破。监理机构应通过现场检查的方法，监督承包人按照经批准的爆破设计实施钻孔爆破施工，并对承包人在开挖作业面完成的钻孔和爆破质量进行检查。

1）钻孔应符合下列规定：

a. 钻孔孔位应根据爆破设计进行放样。

b. 台阶爆破钻孔直径不宜大于150mm；紧邻保护层的台阶爆破、预裂爆破、光面爆破钻孔直径不宜大于110mm。

c. 主炮孔的开孔偏差不宜大于钻头直径；预裂爆破孔和光面爆破孔的开孔偏差应符合 SL 47—2020 表7.0.2 的规定。

d. 主炮孔角度偏差不应大于1°30′；预裂爆破孔和光面爆破孔角度偏差不应大于1°。

e. 主炮孔孔深偏差宜为0～200mm，预裂爆破孔和光面爆破孔孔深偏差宜为±50mm。

f. 已完成的钻孔，孔内岩粉和积水应清理干净，孔口应采取保护措施。因炮孔堵塞无法装药时，应扫孔或重新钻孔。

[《水工建筑物岩石地基开挖施工技术规范》（SL 47—2020）第8.1.1条、第8.4.1条、第8.4.2条。]

2）爆破应符合下列要求：

a. 台阶高度不宜大于15m。台阶爆破的最大单段起爆药量不应大于300kg；邻近设计建基面和设计边坡的台阶爆破以及缓冲爆破的最大单段起爆药量不应大于100kg。设计另有要求的爆破，其最大单段起爆药量应符合设计要求。

[《水工建筑物岩石地基开挖施工技术规范》（SL 47—2020）第8.6.3条。]

b. 预裂爆破或光面爆破的最大单段起爆药量，不宜大于50kg。在开挖轮廓面上，炮孔痕迹应均匀分布。完整岩体半孔率应达到90%以上；较完整、较破碎岩体，半孔率应达到60%以上；破碎岩体，半孔率应达到20%以上。

[《水工建筑物岩石地基开挖施工技术规范》（SL 47—2020）第8.5.1条、第8.5.4条。]

c. 水工建筑物岩石地基开挖，除应按要求控制单段起爆药量外，还应控制一次爆破总装药量和起爆排数。

[《水工建筑物岩石地基开挖施工技术规范》（SL 47—2020）第8.6.5条。]

d. 开挖施工中应及时对钻孔、爆破和支护等相关作业进行检查、处理和验收，并经检查合格后，方可进行下一道工序施工。

[《水工建筑物岩石地基开挖施工技术规范》（SL 47—2020）第3.0.3条。]

e. 承包人在钻爆施工中应不断总结经验，遇地质情况变化较大或与设计不符时应及时修改调整爆破设计，以保证爆破后的开挖面达到设计要求。

[《水工建筑物岩石地基开挖施工技术规范》（SL 47—2020）第8.3.2条。]

（3）建基面开挖。监理机构应按照设计要求和施工图纸，通过现场检查和施测的方法，对承包人完成的水工建筑物建基面开挖质量进行检查。建基面开挖偏差和地质缺陷处理，应满足设计要求。无设计要求时，应按下列要求执行：

1）边坡开挖坡面的平均坡度不陡于设计坡度；坡脚标高允许偏差为±20cm；坡面局部欠挖不大于20cm，超挖不大于30cm。

2）无结构要求或无配筋的基坑：断面长或宽不大于10m时，允许偏差为—10～20cm；长或宽大于10m时，允许偏差为—20～30cm；坑（槽）底部标高允许偏差为—10～20cm；垂直或斜面平整度允许偏差为20cm。

3）有结构要求或有配筋预埋件的基坑：断面长或宽不大于10m时，允许偏差为0～10cm；断面长或宽大于10m时，允许偏差为0～20cm；坑（槽）底部标高允许偏差为0～20cm；垂直或斜面平整度允许偏差为15cm。

［《水工建筑物岩石地基开挖施工技术规范》（SL 47—2020）第3.0.4条，《水利水电工程单元工程施工质量验收评定标准——土石方工程》（SL 631—2012）第4.4.3条。］

（4）地基处理。建基面开挖完成后，监理机构应督促承包人采用宏观调查、地质描述或声波测试法，也可采用设计文件规定的方法与标准，及时对地基进行检查和处理。检查地基处理质量应符合下列要求：

1）地基面有欠挖时，按设计要求进行处理。

2）地基面有尖角岩体（块）时，应处理成钝角或弧形状。

3）地基面上泥土、破碎岩石和松动岩块，以及不符合质量要求的岩体，应清除或处理。

4）地基面范围的地质缺陷、特殊重要部位出露的性状差的地质缺陷，以及遗留的钻孔、平洞、竖井等处理均应符合设计要求。需采用开挖回填处理时，开挖后冲洗干净，经验收合格后回填混凝土。

5）易风化、软化和冻裂的软弱地基面，上部水工建筑物暂不施工覆盖时，处理或防护应符合设计要求。

6）地基处理工作完成后，地基面宜采用高压水（风）枪冲洗，直至满足检验要求。全风化、强风化岩层的边坡坡面清理，宜采用清扫和高压风冲洗相结合的方式。

［《水工建筑物岩石地基开挖施工技术规范》（SL 47—2020）第13.1条。］

（5）安全监测。监理机构应对监测单位根据岩石地基开挖施工的周边环境条件、地质条件、工程特点等编制的施工期爆破安全监测方案进行审查批准。检查爆破安全监测应符合下列要求：

施工期爆破安全监测应包括：开挖爆破作用过程的有害效应、边坡岩体松弛范围和变形、建基面岩体松弛范围、周边建筑物已灌浆部位和已浇混凝土质量等监测和宏观调查。监测项目、安全监测要求及监测仪器校准要求应符合《水电水利工程爆破安全监测规程》（DL/T 5333—2021）、《土石坝安全监测技术规范》（SL 551—2012）和《混凝土坝安全监测技术规范》（SL 601—2013）的规定。施工期爆破安全监测过程中，发现异常情况，监测单位应及时上报，必要时终止作业并采取措施。爆破安全监测允许标准见《水工建筑物岩石地基开挖施工技术规范》（SL 47—2020）附录B爆破振动安全允许标准。

［《水工建筑物岩石地基开挖施工技术规范》（SL 47—2020）第9.0.1条、第9.0.2条、第9.0.3条、第9.0.8条。］

（6）质量验收。监理机构应根据《水利水电工程单元工程施工质量验收评定标准——土石方工程》（SL 631—2012）规范要求，开展对岩石地基开挖重要隐蔽单元工程和关键部位单元工程的质量控制，检查承包人按施工合同约定及工程施工质量验收有关规定对岩石地基开挖单元工程（工序）施工质量进行自检，合格后方可报监理机构复核单元工程（工序）的质量评定，未经监理机构复核或复核不合格，承包人不得开始下一单元工程（工序）的施工。需进行地质编录的工程隐蔽部位，承包人应报请设计单位进行地质编录，并及时告知监理机构。

［《水利工程施工监理规范》（SL 288—2014）第 6.2.10 条。］

2. 施工安全控制要点

（1）施工安全管理检查。监理机构应定期或不定期对承包人的现场施工安全开展检查，检查包括以下内容：

1）检查承包人是否按照批准的岩石地基开挖施工方案组织施工。

［《水利工程质量管理规定》（水利部令第 52 号）第三十二条。］

2）检查安全管理机构设置和专职安全管理人员配备情况、安全管理目标和安全生产管理制度执行情况、安全生产岗位责任制落实情况、施工组织设计中安全技术措施落实情况。

［《水利水电工程施工安全管理导则》（SL 721—2015）第 4.2 条。］

3）检查施工安全技术交底、安全生产教育培训、施工机械设备安全管理和安全生产操作规程、爆破开挖安全作业规定、安全防护用品配备、施工临时用电设施、生产安全事故隐患排查治理与重大危险源管理、应急管理情况等。

［《水利水电工程施工安全管理导则》（SL 721—2015）第 7.6.2 条、第 8.1 条、第 9.1.7 条、第 9.1.8 条、第 11.1 条。］

4）检查持证上岗人员：塔吊司机、卷扬机操作人员、施工电梯司机、起重信号工、登高架设作业人员、爆破作业人员、机械操作人员、电工、焊工、爆破工等。

［《水利水电工程施工安全管理导则》（SL 721—2015）第 10.3.4 条，《水利工程施工监理规范》（SL 288—2014）条文说明第 5.2.2 条第 1 款。］

5）检查现场安全警示标志：现场出入口、起重机械、高处作业、吊装作业、脚手架出入口、电梯井口、孔洞口、基坑边、每个临时用电设施应设置安全警示标志。

［《水利水电工程施工安全管理导则》（SL 721—2015）第 10.1.5 条。］

（2）现场施工安全检查。监理机构应对承包人在岩石地基开挖施工前或施工中，检查施工安全应符合以下要求：

1）施工生产区域宜实行封闭管理，主要进出口处应设有明显的施工警示标志和安全文明生产规定、禁令，与施工无关的人员、设备不应进入封闭作业区。在危险作业场所应设有事故报警及紧急疏散通道设施。

［《水利水电工程施工通用安全技术规程》（SL 398—2007）第 3.1.1 条。］

2）作业区应有满足开挖施工要求的施工道路和施工人员通道。道路纵坡不宜大于8%，进入基坑等特殊部位的个别短距离地段最大纵坡不应超过15%；道路最小转弯半径不应小于路面宽度，不应小于施工车辆宽度的1.5倍，且双车道路面宽度不宜窄于7.0m，单车道不宜窄于 4.0m。单车道应在可视范围内设有会车位置。人行通道宽度不宜小于 1.0m。

[《水利水电工程施工通用安全技术规程》（SL 398—2007）第 3.3.3 条。]

3）临水、临空、临边等部位应设置高度不低于 1.2m 的安全防护栏杆。

[《水利水电工程施工通用安全技术规程》（SL 398—2007）第 3.1.9 条。]

4）施工机械设备颜色鲜明，灯光、制动、作业信号、警示装置齐全可靠。

[《水利水电工程施工安全防护设施技术规范》（SL 714—2015）第 5.1.1 条第 3 款。]

5）凿岩钻孔宜采用湿式作业，若采用干式作业必须有防尘装置。

[《水利水电工程施工安全防护设施技术规范》（SL 714—2015）第 5.1.1 条第 4 款。]

6）供钻孔用的脚手架，必须设置牢固的栏杆，开钻部位的脚手板必须铺满绑牢，架子结构应符合有关规定。

[《水利水电工程施工安全防护设施技术规范》（SL 714—2015）第 5.1.1 条第 5 款。]

7）爆破作业应统一指挥，统一信号，专人警戒并划定安全警戒区，爆破后应经爆破人员检查确认安全后，其他人员方能进入现场。

[《水利水电工程施工通用安全技术规程》（SL 398—2007）第 3.1.12 条。]

8）现场施工临时用电的配电箱、开关箱及漏电保护开关的配置应实行"三级配电，两级保护"，应严格执行"一机一箱一闸一漏"的配电原则，必须安装漏电保护器；配电箱、开关箱应装设在干燥、通风及常温场所，设置防雨、防尘和防砸设施；施工供电线路应架空敷设，其高度不得低于 5.0m，并满足电压等级的安全要求。线路穿越道路或易受机械损伤的场所时必须设有套管防护。管内不得有接头，其管口应密封。

[《水利水电工程施工安全防护设施技术规范》（SL 714—2015）第 3.7.3 条、第 3.7.4 条。]

（3）爆破安全检查。监理机构应检查承包人在岩石深基坑开挖爆破施工中，严格按《爆破安全规程》（GB 6722—2014）规定执行，同时还应符合以下规定：

1）制定严格的爆破作业安全检查制度，设立专职的安全检查人员，一切爆破作业必须经专职安检员检查同意后才能进行爆破。

[《水利水电工程施工通用安全技术规程》（SL 398—2007）第 1.0.12 条、第 8.1.4 条，《水利水电工程施工安全管理导则》（SL 721—2015）第 10.3.4 条。]

2）参加爆破作业的人员，均应按中国民爆行业管理规定进行考试和现场操作考核，合格者方准上岗。

[《水利水电工程施工通用安全技术规程》（SL 398—2007）第 1.0.7 条、第 8.1.3 条，《水利水电工程施工安全管理导则》（SL 721—2015）第 10.3.4 条。]

3）应对爆破器材的采购、验点入库、提领发放、现场使用以及每次爆破后的剩余爆破器材的回库等进行全面监管和清点登记，严格防止爆破材料丢失。

[《水利水电工程施工通用安全技术规程》（SL 398—2007）第 8.3.1 条、第 8.3.4 条。]

4）工程施工爆破作业周围 300m 区域为危险区域，危险区域内不得有非施工生产设施。对危险区域内的生产设施设备应采取有效的防护措施。

[《水利水电工程施工安全防护设施技术规范》（SL 714—2015）第5.1.6条。]

5）爆破危险区域边界的所有通道应设有明显的提示标志或标牌，标明规定的爆破时间和危险区域的范围。

[《水利水电工程施工安全防护设施技术规范》（SL 714—2015）第5.1.6条。]

6）区域内设有有效的音响和视觉警示装置，使危险区内人员都能清楚地听到和看到警示信号。

[《水利水电工程施工安全防护设施技术规范》（SL 714—2015）第5.1.6条。]

5.3.2 岩石高边坡开挖监理控制要点

1. 质量控制要点

（1）测量控制。（同岩石地基开挖"测量控制"质量控制要点。）

（2）钻孔爆破。（同岩石地基开挖"钻孔爆破"质量控制要点。）

（3）高边坡开挖。监理机构应通过现场检查的方法，监督承包人按照经批准的危险性较大的高边坡开挖单项工程专项施工方案实施，并对承包人高边坡开挖作业面进行检查。检查应符合下列要求：

1）边坡开挖应自上而下进行。高度较大的边坡，应采用分层台阶爆破的方法，台阶或分层高度应根据爆破方式、施工机械性能及开挖区布置等因素选定开挖边坡的台阶高度。严禁采取自下而上造成岩体倒悬的开挖方式。

[《水工建筑物岩石地基开挖施工技术规范》（SL 47—2020）第5.0.3条、第5.0.4条。]

2）设计边坡采用钻孔爆破法开挖时，应采用预裂爆破或光面爆破开挖成型。

[《水工建筑物岩石地基开挖施工技术规范》（SL 47—2020）第5.0.5条。]

3）在边坡开挖施工过程中，应根据施工需要在坡顶设置必要的临时排水与截水设施。截水沟距离坡顶安全距离不应小于5m，明沟距道路边坡距离应不小于1m，并按施工图纸要求完成边坡上部永久性山坡截水沟的开挖和衬护。

[《水利水电工程施工通用安全技术规程》（SL 398—2007）第3.8.7条，《水工建筑物岩石地基开挖施工技术规范》（SL 47—2020）第6.0.3条。]

4）台阶爆破高度结合边坡设计高度，不宜大于15m。

[《水工建筑物岩石地基开挖施工技术规范》（SL 47—2020）第8.6.1条。]

5）在开挖边坡的施工台阶逐渐下降过程中，应及时对坡面进行测量检查以防止偏离设计开挖线，避免在形成高边坡后再进行处理。

[《水工建筑物岩石地基开挖施工技术规范》（SL 47—2020）第3.0.4条、第8.5.1条。]

6）边坡开挖坡面的平均坡度不陡于设计坡度；坡脚标高允许偏差为±20cm；坡面局部欠挖不大于20cm，超挖不大于30cm。

[《水工建筑物岩石地基开挖施工技术规范》（SL 47—2020）第3.0.4条第1款。]

（4）高边坡支护。由于地质条件的变化对高边坡开挖影响较大，监理机构应检查、督促承包人按照危险性较大工程高边坡开挖专项施工方案，根据设计要求制定相应的高边坡支护方案。当实际地质情况发生变化时，需要临时支护的边坡，承包人要及时上报，必要时设计单位需对开挖和支护的设计方案进行修改，承包人应根据地质条件、边坡形式、开挖顺序等因素和设计修改进行支护，支护方案报监理机构审批后实施。检查高边坡支护施工及质量控制应符合《水利水电工程锚喷支护技术规范》（SL 377—2007）的相关规定，并按照《支护专业工程监理实施细则》执行。检查边坡开挖支护施工应符合下列规定：

1）开挖边坡的支护应在分层开挖过程中逐层进行，上层的支护应保证下一层的开挖安全。开挖和支护边坡的分层高度应不大于10～15m。

2）Ⅳ类岩体边坡未完成上一层的浅层（挂网喷混凝土、锚杆、排水孔等）支护，严禁进行下一层的开挖。

3）Ⅱ类、Ⅲ类岩体边坡浅层支护（挂网喷混凝土、锚杆、排水孔等）滞后开挖工作面不应大于一个爆破台阶。

4）深层支护（锚筋桩、预应力锚索等）滞后开挖工作面不应大于两个爆破梯段。

5）岩石破碎、开挖后自稳性差的边坡，单级边坡应采用一次预裂、分层爆破、随层支护的开挖方式施工，单级边坡可根据高度分为2～3小层爆破，每小层支护完成后再进行下一层爆破。

［《水工建筑物岩石地基开挖施工技术规范》（SL 47—2020）第3.0.1条、第3.0.6条，《水利水电工程标准施工招标文件技术标准和要求（合同技术条款）》（2009年版）第9.6条，《水利水电工程锚喷支护技术规范》（SL 377—2007）相关条款。］

（5）地质缺陷或滑坡段处理。由于高边坡可能存在地质缺陷部位或滑坡地段，在开挖过程中，极易发生滑坡、崩塌、坍塌等地质灾害，严重影响工程的施工安全和边坡的稳定性。监理机构应加强对承包人危险性较大工程高边坡开挖专项施工方案实施检查，针对地质缺陷部位或滑坡地段制定相应的施工技术处理措施，报监理机构审批后实施。检查地质缺陷处理应符合下列要求：

1）边坡开挖或基岩面出露的断层、夹层、断裂交汇带、裂隙密集带、岩脉、地下水露头或渗水点及其他不稳定岩体等地质缺陷，应根据具体地质情况确定相应的处理措施，一般采用非爆破机械开挖方法和边坡支护或危岩加固的方法处理。处理后的边坡应符合设计要求。

2）永久边坡上出露的地质缺陷或滑坡地段，一般采用锚杆或喷混凝土支护措施处理。必要时也可采用灌浆或开挖回填混凝土的方法处理。处理后的边坡应符合设计要求。

［《水利水电工程单元工程施工质量验收评定标准——土石方工程》（SL 631—2012）第4.4.4条。］

（6）高边坡安全监测。监理机构应对监测单位根据岩石高边坡开挖规模、施工区的环境条件、地质条件、工程特点等编制的施工期爆破安全监测方案和边坡安全监测方案进行审查批准。检查爆破安全监测和边坡安全监测应符合下列要求：

1）施工期爆破安全监测。应包括：开挖爆破作用过程的有害效应、边坡岩体松弛范围和变形、建基面岩体松弛范围、已灌浆部位和已浇混凝土质量等监测和宏观调查。监测项目、安全监测要求及监测仪器校准要求应符合《水电水利工程爆破安全监测规程》（DL/T 5333—2021）、《土石坝安全监测技术规范》（SL 551—2012）和《混凝土坝安全监测技术规范》（SL 601—2013）的规定。施工期爆破安全监测过程中，发现异常情况，监测单位应及时上报，必要时终止作业并采取措施。爆破安全监测允许标准见《水工建筑物岩石地基开挖施工技术规范》（SL 47—2020）附录 B 爆破振动安全允许标准。

[《水工建筑物岩石地基开挖施工技术规范》（SL 47—2020）第 9.0.1 条、第 9.0.2 条、第 9.0.3 条、第 9.0.8 条。]

2）施工期高边坡安全监测。在施工期间直至工程验收，监测单位应对开挖边坡的稳定进行安全监测，监测期间遇到超过安全监测预警值时应及时报警，并采取相应的应急措施保护边坡稳定。边坡安全的监测预警值按照《建筑边坡工程技术规范》（GB 50330—2013）的规定，具体如下：

a. 有软弱外倾结构面的岩土边坡支护结构坡顶有水平位移迹象或支护结构受力裂缝有发展；无外倾结构面的岩质边坡或支护结构构件的最大裂缝宽度达到国家现行相关标准的允许值；土质边坡支护结构坡顶的最大水平位移已大于边坡开挖深度的 1/500 或 20mm，以及其水平位移速度已连续 3d 大于 2mm/d。

b. 土质边坡坡顶邻近建筑物的累计沉降、不均匀沉降或整体倾斜已大于现行国家标准《建筑地基基础设计规范》（GB 50007—2011）规定允许值的 80%，或建筑物的整体倾斜度变化速度已连续 3d 每天大于 0.00008。

[《建筑边坡工程技术规范》（GB 50330—2013）第 19.1.7 条。]

（7）质量验收。监理机构应根据《水利水电工程单元工程施工质量验收评定标准——土石方工程》（SL 631—2012）规范要求，开展对岩石高边坡开挖单元工程的质量控制，检查承包人按施工合同约定及工程施工质量验收有关规定对岩石高边坡开挖单元工程（工序）施工质量进行自检，合格后方可报监理机构复核单元工程（工序）的质量评定，未经监理机构复核或复核不合格，承包人不得开始下一单元工程（工序）的施工。

[《水利工程施工监理规范》（SL 288—2014）第 6.2.10 条。]

2. 施工安全控制要点

（1）施工安全管理检查。监理机构应对承包人在危险性较大工程高边坡开挖施工期间的现场施工安全管理开展专项检查，检查包括以下内容：

1）检查承包人是否按照批准的危险性较大的岩石高边坡开挖单项工程专项施工方案组织施工；检查专项施工方案中的安全技术措施是否符合工程建设强制性标准；检查专项施工方案各项安全措施准备工作是否落实到位。

[《水利水电工程施工安全管理导则》（SL 721—2015）第 7.3.9 条、第 7.3.7 条、第 7.6.1 条。]

2）检查安全管理机构设置和专职安全管理人员配备情况、安全管理目标和安全生产管理制度执行情况、安全生产岗位责任制落实情况、施工组织设计中安全技术措施落实情况。

[《水利水电工程施工安全管理导则》（SL 721—2015）第 4.2 条。]

3）检查针对危险性较大的高边坡开挖专项施工方案进行施工安全技术交底、安全生产教育培训、施工机械设备安全管理和安全生产操作规程、爆破开挖安全作业规定、安全防护用品配备、施工临时用电设施、生产安全事故隐患排查治理与重大危险源管理、应急管理情况等。

[《水利水电工程施工安全管理导则》（SL 721—2015）第7.6.2条、第8.1条、第9.1.7条、第9.1.8条、第11.1条。]

4）检查持证上岗人员：塔吊司机、卷扬机操作人员、施工电梯司机、起重信号工、登高架设作业人员、爆破作业人员、施工机械操作人员、电工、焊工、爆破工等。

[《水利水电工程施工安全管理导则》（SL 721—2015）第10.3.4条，《水利工程施工监理规范》（SL 288—2014）条文说明第5.2.2条第1款。]

5）检查现场安全警示标志：现场出入口、起重机械、高处作业、吊装作业、脚手架出入口、电梯井口、孔洞口、基坑边、每个临时用电设施应设置安全警示标志。

[《水利水电工程施工安全管理导则》（SL 721—2015）第10.1.5条。]

（2）现场施工安全检查。监理机构应对承包人在危险性较大的岩石高边坡开挖施工中，依据设计要求和相关施工规范及安全技术规程开展对现场施工安全专项检查，检查危险性较大工程施工安全应符合以下要求：

1）高边坡开挖严禁采用自下而上造成岩体倒悬的开挖方式。

[《水工建筑物岩石地基开挖施工技术规范》（SL 47—2020）第5.0.3条、第5.0.4条。]

2）高边坡开挖作业面严禁上、下交叉作业。开挖应与装运作业面相互错开，机械作业范围内不得同时人工作业。多台机械同时作业时，各机械应保持安全距离。边坡开挖中如遇地下水涌出，应先排水，后开挖。滑坡地段开挖，必须从两侧向中部自上而下开挖，禁止全面拉槽开挖。弃土下方和有滚石危及的区域，应设警告标志。在道路下方作业时，严禁通行。高边坡开挖作业区应有足够的设备运行场地和施工人员通道。

[《水利水电工程施工通用安全技术规程》（SL 398—2007）第5.2条，《水利水电工程施工安全防护设施技术规范》（SL 714—2015）第5.1.1条第1款，《水利水电工程施工安全管理导则》（SL 721—2015）第10.3.3条。]

3）高边坡开挖时，作业人员要戴安全帽，并安排专职人员对上部边坡进行监视，防止上部塌方和物体坠落。同时，应设置变形监测点，定时监测边坡的稳定性；边坡监测项目应符合设计和规范要求。当施工期边坡变形较大且大于规范、设计允许值时，应采取包括边坡施工期临时加固措施的支护方案。

[《水利水电工程施工通用安全技术规程》（SL 398—2007）第3.9.4条，《水利水电工程施工安全防护设施技术规范》（SL 714—2015）第5.1.2条。]

4）高边坡作业前应处理边坡危石和不稳定体，并应在作业面上方设置防护设施。高处临边、临空作业应设置安全网，安全网距工作面的最大高度不应超过3.0m，水平投影宽度应不小于2.0m。安全网应挂设牢固，随工作面升高而升高。高边坡坡顶应设置安全防护栏或防护网，防护栏高度要达到2.0m以上。

[《水利水电工程施工通用安全技术规程》（SL 398—2007）第3.1.15、第5.1.3条，《水利水电工程施工安全防护设施技术规范》（SL 714—2015）第5.1.4条，《水利水电工程施工安全管理导则》（SL 721—2015）第10.3.3条。]

5）坡顶和坡脚应设置截、排水设施，周边截水沟，一般应在开挖前完成，截水沟深度及底宽不宜小于0.5m。在悬崖、陡坡、陡坎边缘应设有明显警告标志。

[《水利水电工程施工通用安全技术规程》（SL 398—2007）第3.8.8条，《水利水电工程施工安全防护设施技术规范》（SL 714—2015）第5.1.1条第2款。]

6）施工机械设备颜色鲜明，灯光、制动、作业信号、警示装置齐全可靠。

[《水利水电工程施工安全防护设施技术规范》（SL 714—2015）第5.1.1条第3款。]

7）凿岩钻孔宜采用湿式作业，若采用干式作业必须有防捕尘装置。

[《水利水电工程施工安全防护设施技术规范》（SL 714—2015）第5.1.1条第4款。]

8）供钻孔用的脚手架，必须设置牢固的栏杆，开钻部位的脚手板必须铺满绑牢，架子结构应符合有关规定。

[《水利水电工程施工安全防护设施技术规范》（SL 714—2015）第5.1.1条第5款。]

9）爆破作业应统一指挥，统一信号，专人警戒并划定安全警戒区，爆破后应经爆破人员检查确认安全后，其他人员方能进入现场。

[《水利水电工程施工通用安全技术规程》（SL 398—2007）第3.1.12条。]

10）现场施工临时用电的配电箱、开关箱及漏电保护开关的配置应实行"三级配电，两级保护"，应严格执行"一机一箱一闸一漏"的配电原则，必须安装漏电保护器；配电箱、开关箱应装设在干燥、通风及常温场所，设置防雨、防尘和防砸设施；施工供电线路应架空敷设，其高度不得低于5.0m，并满足电压等级的安全要求。线路穿越道路或易受机械损伤的场所时必须设有套管防护。管内不得有接头，其管口应密封。

[《水利水电工程施工安全防护设施技术规范》（SL 714—2015）第3.7.3条、第3.7.4条。]

11）监理机构应指定专人对危险性较大的高边坡开挖专项施工方案实施情况进行旁站监理。发现未按专项施工方案施工的，应要求其立即整改，存在危及人身安全紧急情况的，承包人应立即组织作业人员撤离危险区域。

[《水利水电工程施工安全管理导则》（SL 721—2015）第7.3.10条。]

（3）爆破安全检查。（同岩石地基开挖"爆破安全检查"。）

5.3.3 岩石深基坑开挖监理控制要点

1. 质量控制要点

（1）测量控制。（同岩石地基开挖"测量控制"质量控制要点。）

（2）钻孔爆破。（同岩石地基开挖"钻孔爆破"质量控制要点。）

（3）深基坑开挖。监理机构应通过现场检查的方法，监督承包人按照经批准的危险性较大的深基坑开挖单项工程专项施工方案实施，并对承包人深基坑开挖作业面进行检查。检查应符合下列要求：

1）应按专项施工方案确定的开挖顺序自上而下分层开挖；应采用分层台阶爆破的方法，台阶或分层高度应根据爆破试验、施工机械性能及开挖区布置等因素选定基坑开挖的台阶高度，并遵循"先支护后开挖，分层开挖，严禁超挖"的原则。

[《水工建筑物岩石地基开挖施工技术规范》（SL 47—2020）第5.0.3条，《建筑基坑支护技术规程》（JGJ 120—2012）第8.1.1条。]

2）当支护结构构件强度达到开挖阶段的设计强度时，方可向下开挖；当开挖揭露的实际地质性状或地下水情况与设计依据的勘察资料明显不符，或出现异常现象时，应停止开挖，在采取相应处理措施后方可继续开挖。

［《建筑基坑支护技术规程》（JGJ 120—2012）第8.1.1条。］

3）水平建基面采用钻孔爆破法开挖时，宜采用预留保护层开挖方法；经试验论证，也可采用不留保护层但有特殊措施的台阶爆破法。保护层厚度宜为台阶爆破主炮孔药卷直径的25～40倍。

［《水工建筑物岩石地基开挖施工技术规范》（SL 47—2020）第5.0.6条、第8.7.2条。］

4）紧邻设计边坡、建筑物或防护目标，应采用毫秒延时起爆网络，不应采用大孔径爆破方法。

［《水工建筑物岩石地基开挖施工技术规范》（SL 47—2020）第8.1.2条。］

5）在新浇混凝土、新灌浆区、新喷锚支护区和已建建筑物附近进行爆破，以及在特殊要求部位进行爆破作业时，必须制定专门的爆破措施方案。

［《水工建筑物岩石地基开挖施工技术规范》（SL 47—2020）第3.0.1条。］

（4）深基坑支护。由于深基坑地质条件的变化对开挖影响较大，监理机构应检查、督促承包人按照危险性较大工程深基坑开挖专项施工方案实施。当发生基坑坍塌、滑坡时，采取应急措施，需要临时支护的基坑，承包人要及时上报，必要时设计单位需对开挖和支护的设计方案进行修改，承包人应根据地质条件、基坑开挖等因素和设计修改进行支护，支护方案报监理机构审批后实施。深基坑支护施工及质量控制应符合《水利水电工程锚喷支护技术规范》（SL 377—2007）和《建筑基坑支护技术规程》（JGJ 120—2012）的相关规定，并按照《支护工程监理实施细则》执行。检查深基坑支护施工应符合下列要求：

1）保证基坑支护的施工质量应满足相关规范要求。

2）保证基坑周边建（构）筑物、地下管线、道路的安全和正常使用。

3）保证主体地下结构的施工空间。

［《建筑基坑支护技术规程》（JGJ 120—2012）第3.1.2条。］

（5）施工排（降）水。监理机构应检查监督承包人按照经批准的危险性较大深基坑开挖单项工程专项施工方案中所采取的施工排（降）水措施实施，并对承包人深基坑施工排（降）水设施布置进行检查。检查应符合下列要求：

1）应按照水土保持、环境保护及水工建筑物永久排水的要求，按照设计施工图结合永久性排水设施的布置，规划好开挖区域内外的临时性排水措施。

［《水工建筑物岩石地基开挖施工技术规范》（SL 47—2020）第6.0.1条。］

2）施工区排水应遵循"高水高排"的原则，避免高处水流入基坑，保证主体工程建筑物的基础开挖在干地施工。

［《水工建筑物岩石地基开挖施工技术规范》（SL 47—2020）第6.0.2条。］

3）基坑开挖施工过程中，应根据排水规划配置足够的设备，及时排出施工区的积水。

［《水工建筑物岩石地基开挖施工技术规范》（SL 47—2020）第6.0.4条。］

4）基坑降水可采用管井、真空井点、喷射井点等方法。基坑内的设计降水水位应低于基坑底面0.5m。

［《建筑基坑支护技术规程》（JGJ 120—2012）第7.3.2条。］

5）施工区排水应合理布置，选择适当的排水方法并应符合以下要求：

a. 一般建筑物基坑（槽）的排水采用明沟或明沟与集水井排水时应在基坑周围或在基坑中心位置设排水沟每隔 30～40m 设一个集水井，集水井应低于排水沟至少 1m，井壁应做临时加固措施。

b. 厂坝基坑（槽）深度较大，地下水位较高时，应在基坑边坡上设置 2～3 层明沟，进行分层抽排水。

c. 大面积施工场区排水时，应在场区适当位置布置纵向深沟作为干沟，干沟沟底应低于基坑 1～2m，使四周边沟、支沟与干沟连通将水排出。

d. 边坡、基坑开挖应设置截水沟，截水沟距离坡顶安全距离不应小于 5m，明沟距道路边坡距离应不小于 1m，并按施工图纸要求完成边坡上部永久性山坡截水沟的开挖和衬护。

e. 工作面积水、渗水的排水，应设置临时集水坑，集水坑面积宜为 2～3m²，深 1～2m，并安装移动式水泵排水。

［《水利水电工程施工通用安全技术规程》（SL 398—2007）第 3.8.7 条。］

（6）建基面开挖。（同岩石地基开挖"建基面开挖"质量控制要点。）

（7）地基处理。（同岩石地基开挖"地基处理"质量控制要点。）

（8）深基坑安全监测。监理机构应对监测单位根据岩石深基坑开挖施工的周边环境条件、地质条件、工程特点等编制的施工期爆破安全监测方案和基坑安全监测方案进行审查批准。检查爆破安全监测和基坑安全监测应符合下列要求：

1）施工期爆破安全监测。应包括：基坑开挖爆破作用过程的有害效应、边坡岩体松弛范围和变形、建基面岩体松弛范围、周边建筑物已灌浆部位和已浇混凝土质量等监测和宏观调查。监测项目、安全监测要求及监测仪器校准要求应符合《水电水利工程爆破安全监测规程》（DL/T 5333—2021）、《土石坝安全监测技术规范》（SL 551—2012）和《混凝土坝安全监测技术规范》（SL 601—2013）的规定。施工期爆破安全监测过程中，发现异常情况，监测单位应及时上报，必要时终止作业并采取措施。爆破安全监测允许标准见《水工建筑物岩石地基开挖施工技术规范》（SL 47—2020）附录 B 爆破振动安全允许标准。

［《水工建筑物岩石地基开挖施工技术规范》（SL 47—2020）第 9.0.1 条、第 9.0.2 条、第 9.0.3 条、第 9.0.8 条。］

2）施工期深基坑安全监测。在施工期间，监测单位应对基坑周边和支护结构进行安全监测，监测期间遇到超过安全监测预警值时应及时报警，并采取相应的应急措施保护基坑安全。基坑安全监测预警值应满足基坑支护结构、周边环境的变形和安全控制要求。监测预警值应由基坑工程设计单位确定。基坑支护结构、周边环境的变形和安全控制应符合下列规定：

a. 保证基坑的稳定。

b. 保证地下结构的正常施工。

c. 对周边已有建筑引起的变形不得超过相关技术标准的要求或影响其正常使用。

d. 保证周边道路、管线、设施等正常使用。

e. 满足特殊环境的技术要求。

基坑工程周边环境监测预警值应根据监测对象主管部门的要求或建筑检测报告的结论确定，当无具体控制值时，可按《建筑基坑工程监测技术标准》（GB 50497—2019）第8.05条表8.0.5确定；确定基坑周边建筑、管线、道路预警值时，应保证其原有沉降或变形值与基坑开挖、降水造成的附加沉降或变形值叠加后不应超过其允许的最大沉降或变形值。

［《建筑基坑工程监测技术标准》（GB 50497—2019）第8.0.1条、第8.0.2条、第8.0.5条、第8.0.6条。］

（9）质量验收。监理机构应根据《水利水电工程单元工程施工质量验收评定标准——土石方工程》（SL 631—2012）规范要求，开展对岩石深基坑开挖单元工程的质量控制，检查承包人按施工合同约定及工程施工质量验收有关规定对岩石深基坑单元工程（工序）施工质量进行自检，合格后方可报监理机构复核单元工程（工序）的质量评定，未经监理机构复核或复核不合格，承包人不得开始下一单元工程（工序）的施工。

［《水利工程施工监理规范》（SL 288—2014）第6.2.10条。］

2. 施工安全控制要点

（1）施工安全管理检查。监理机构应对承包人在危险性较大工程深基坑开挖期间的现场施工安全管理开展专项检查，检查包括以下内容：

1）检查承包人是否按照批准的危险性较大的岩石深基坑开挖单项工程专项施工方案组织施工；检查专项施工方案中的安全技术措施是否符合工程建设强制性标准；检查专项施工方案各项安全措施准备工作是否落实到位。

［《水利水电工程施工安全管理导则》（SL 721—2015）第7.3.9条、第7.3.7条、第7.6.1条。］

2）检查安全管理机构设置和专职安全管理人员配备情况、安全管理目标和安全生产管理制度执行情况、安全生产岗位责任制落实情况、施工组织设计中安全技术措施落实情况。

［《水利水电工程施工安全管理导则》（SL 721—2015）第4.2条。］

3）检查应针对危险性较大的深基坑开挖专项施工方案进行的施工安全技术交底、安全生产教育培训、施工机械设备安全管理和安全生产操作规程、爆破开挖安全作业规定、安全防护用品配备、施工临时用电设施、生产安全事故隐患排查治理与重大危险源管理、应急管理情况等。

［《水利水电工程施工安全管理导则》（SL 721—2015）第7.6.2条、第8.1条、第9.1.7条、第9.1.8条、第11.1条。］

4）检查持证上岗人员：塔吊司机、卷扬机操作人员、施工电梯司机、起重信号工、登高架设作业人员、爆破作业人员、施工机械操作人员、电工、焊工、爆破工等。

［《水利水电工程施工安全管理导则》（SL 721—2015）第10.3.4条，《水利工程施工监理规范》（SL 288—2014）条文说明第5.2.2条第1款。］

5）检查现场安全警示标志：现场出入口、起重机械、高处作业、吊装作业、脚手架出入口、电梯井口、孔洞口、基坑边、每个临时用电设施应设置安全警示标志。

［《水利水电工程施工安全管理导则》（SL 721—2015）第 10.1.5 条。］

（2）现场施工安全检查。监理机构应对承包人在危险性较大的岩石深基坑开挖施工中，依据设计要求和相关施工规范及安全技术规程开展对现场施工安全专项检查，检查危险性较大工程深基坑施工安全控制要点应符合以下要求：

1）深基坑施工区域宜实行封闭管理，主要进出口处应设有明显的施工警示标志和安全文明生产规定、禁令，与施工无关的人员、设备不应进入封闭作业区。在危险作业场所应设有事故报警及紧急疏散通道设施。

［《水利水电工程施工通用安全技术规程》（SL 398—2007）第 3.1.1 条。］

2）深基坑开挖应自上而下分层进行。遵循"先支护后开挖，分层开挖，严禁超挖"的原则。

［《水工建筑物岩石地基开挖施工技术规范》（SL 47—2020）第 5.0.3 条。］

3）深基坑开挖作业面严禁上、下交叉作业。开挖应与装运作业面相互错开，机械作业范围内不得同时进行人工作业。基坑开挖中如遇地下水涌出，应先排水，后开挖。基坑上方若有滚石危及的区域，应设警告标志。基坑开挖作业区应有足够的设备运行场地和施工人员通道。

［《水利水电工程施工通用安全技术规程》（SL 398—2007）第 5.2 条，《水利水电工程施工安全防护设施技术规范》（SL 714—2015）第 5.1.1 条第 1 款，《水利水电工程施工安全管理导则》（SL 721—2015）第 10.3.3 条。］

4）深基坑开挖时，作业人员要戴安全帽，并安排专职人员对基坑周边进行监测，防止基坑上部塌方和物体坠落。同时，应设置变形监测点，定时监测基坑四周岩体的稳定性；基坑监测项目应符合设计和规范要求。当施工期基坑变形较大且大于规范、设计允许值时，应采取包括基坑施工期临时加固措施的支护方案。

［《水利水电工程施工通用安全技术规程》（SL 398—2007）第 3.9.4 条，《水利水电工程施工安全防护设施技术规范》（SL 714—2015）第 5.1.2 条。］

5）深度超过 3m 的基坑，临边应设置防护栏杆，栏杆高度不低于 2.0m，上下基坑应设有专用通道或登高设施。

［《水利水电工程施工安全防护设施技术规范》（SL 714—2015）第 5.1.4 条。］

6）施工现场排水应符合：排水系统应有足够的排水能力和备用能力；排水系统的设备应设独立的动力电源供电；大流量排水管出口（如基坑排水等）的布设必须避开围堰坡脚及易受冲刷破坏的建筑物、岸坡等，或设置可靠的防冲刷措施。

［《水利水电工程施工安全防护设施技术规范》（SL 714—2015）第 3.9.7 条。］

7）施工机械设备颜色鲜明，灯光、制动、作业信号、警示装置齐全可靠。

［《水利水电工程施工安全防护设施技术规范》（SL 714—2015）第 5.1.1 条第 3 款。］

8）凿岩钻孔宜采用湿式作业，若采用干式作业必须有防捕尘装置。

［《水利水电工程施工安全防护设施技术规范》（SL 714—2015）第 5.1.1 条第 4 款。］

9）基坑周边施工材料、设施或车辆荷载严禁超过设计要求的地面荷载限值。

［《建筑基坑支护技术规程》（JGJ 120—2012）第 8.1.5 条。］

10）爆破作业应统一指挥，统一信号，专人警戒并划定安全警戒区，爆破后应经爆破人员检查确认安全后，其他人员方能进入现场。

[《水利水电工程施工通用安全技术规程》（SL 398—2007）第3.1.12条。]

11）现场施工临时用电的配电箱、开关箱及漏电保护开关的配置应实行"三级配电，两级保护"，应严格执行"一机一箱一闸一漏"的配电原则，必须安装漏电保护器；配电箱、开关箱应装设在干燥、通风及常温场所，设置防雨、防尘和防砸设施；施工供电线路应架空敷设，其高度不得低于5.0m，并满足电压等级的安全要求。线路穿越道路或易受机械损伤的场所时必须设有套管防护。管内不得有接头，其管口应密封。

[《水利水电工程施工安全防护设施技术规范》（SL 714—2015）第3.7.3条、第3.7.4条。]

12）监理机构应指定专人对危险性较大的深基坑开挖专项施工方案实施情况进行旁站监理。发现未按专项施工方案施工的，应要求其立即整改，存在危及人身安全紧急情况的，承包人应立即组织作业人员撤离危险区域。

[《水利水电工程施工安全管理导则》（SL 721—2015）第7.3.10条。]

（3）爆破安全检查。（同岩石地基开挖"爆破安全检查"。）

6 检查和检验项目、标准和要求

6.1 岩石地基、高边坡、深基坑开挖监理巡视检查

监理机构应按照监理合同、监理规范和监理规划的要求，定期或不定期开展对水工建筑物岩石地基开挖监理巡视检查，并对危险性较大工程高边坡、深基坑开挖实施专项巡视检查。定期或不定期巡视检查内容、频率、时段由监理合同约定或监理规划确定，专项巡视检查内容、频率、时段由专项监理实施细则确定。总监理工程师应定期对专项施工方案实施情况进行巡查。通过巡视检查内容、巡视检查要点，监督承包人在本专业工程施工中，严格按照合同约定、设计要求和施工图纸、规程规范、施工方案、施工措施落实执行。及时发现施工过程中出现的各类质量、安全问题，对不符合规程、规范要求的情况及时指示承包人进行纠正并督促整改，使问题消灭在萌芽状态。

[《水利工程施工监理规范》（SL 288—2014）第4.2.4条，《危险性较大的分部分项工程安全管理规定》（住房和城乡建设部令第37号）第十八条，《水利水电工程施工安全管理导则》（SL 721—2015）第7.3.10条。]

6.1.1 监理巡视检查内容

监理机构应结合本专业工程岩石地基开挖和危险性较大工程高边坡、深基坑开挖工程的特点，按照不同施工阶段的安全生产风险点及可能存在的事故隐患，设定有针对性的监理巡视检查内容。检查内容主要包括施工质量、施工安全、水土保持和环境保护以及文明施工方面：

（1）检查施工方案、危险性较大工程专项施工方案、施工措施计划执行情况。

（2）检查施工人员数量是否满足合同约定及工程施工进度需要。

（3）检查主要施工设备运转情况是否满足合同约定和工程进度需要。

（4）检查原材料、中间产品试验检测以及工程需要进行的专项检测试验情况、主要材

料使用情况。

（5）检查施工质量的违规行为和实体质量问题。

（6）检查现场施工安全是否存在隐患（危险性较大工程施工安全）。

（7）高边坡、深基坑安全监测情况。

（8）检查水土保持和环境保护情况（出渣、堆渣场地和渣料利用情况）。

（9）检查文明施工情况。

（10）承包人是否有需要解决的问题。

建议在本细则执行过程中，将巡视检查内容细化成检查表的形式，在检查过程中，方便对照检查。

［《水利工程施工监理规范》（SL 288—2014）第 3.1 条、第 4.2 条、第 6.2 条、第 6.3.3 条、第 6.6.5 条、第 6.6 条。］

6.1.2 监理巡视检查要点

监理机构应结合本专业工程岩石地基开挖、高边坡、深基坑开挖的质量和安全控制要点，有针对性地确定监理巡视检查要点。主要包括施工质量、施工安全、水土保持和环境保护、文明施工等方面：

1. 施工质量监理巡视检查要点（结合质量控制要点）

（1）检查承包人是否按照工程设计文件、工程建设标准和批准的施工组织设计、岩石地基开挖施工方案、危险性较大工程高边坡开挖专项施工方案、危险性较大工程深基坑开挖专项施工方案、施工措施计划组织施工。

［《水利水电工程施工安全管理导则》（SL 721—2015）第 7.3.9 条。］

（2）检查承包人主要管理人员项目经理、技术负责人、技术人员、施工现场负责人到岗履职情况，特别是施工质量管理人员、材料员、施工员、质检员是否到位。

［《水利工程施工监理规范》（SL 288—2014）第 5.2.2 条第 1 款。］

（3）检查承包人进场施工设备数量、规格、生产能力、完好率及设备配套的情况是否符合施工合同的要求，是否满足工程施工进度需要。

［《水利工程施工监理规范》（SL 288—2014）第 5.2.2 条第 2 款。］

（4）检查承包人进场的水泥、砂、骨料、钢筋、外加剂、爆破材料（火工品）型号规格是否符合施工合同约定，原材料、中间产品、爆破材料（火工品）质量是否已检测合格；工程需要进行的专项检测试验是否已检测合格；原材料、中间产品检测频次和方法是否符合设计及相关规范要求；主要材料的储存量及供应计划是否满足工程施工进度的需要；对于未经报验或者检验不合格的原材料、中间产品是否按照规定不得在工程中使用或进行相应处理并记录。

［《水利工程施工监理规范》（SL 288—2014）第 3.3.7 条第 1 款、第 2 款、第 5.2.2 第 3 款，《水利工程质量管理规定》（水利部令第 52 号）第三十五条。］

（5）检查承包人岩石地基、高边坡、深基坑开挖是否按照施工图纸和施工技术规范施工；岩石地基、高边坡、深基坑开挖质量（高程、坡度、超欠挖、断面尺寸）是否满足规范和设计要求；是否存在施工质量的违规行为；工序施工质量"三检"制是否落实；对发现存在的工程实体质量不合格或造成质量问题时，及时发出指示，要求承包人立即采取措施纠正，必要时，责令其停工整改；监理机构应对要求承包人纠正工程质量问题的处理结果进行复查，并形成复查记录，确认质量问题已经解决。

［《水利工程施工监理规范》（SL 288—2014）第6.2.10条。］

2. 施工安全监理巡视检查要点（结合安全控制要点）

（1）检查承包人是否按照岩石地基开挖施工方案、危险性较大工程高边坡、深基坑开挖专项施工方案中确定的安全技术措施和临时用电安全措施组织施工。

［《水利工程施工监理规范》（SL 288—2014）第6.5.5条第1款，《水利水电工程施工安全管理导则》（SL 721—2015）第7.3.9条。］

（2）检查承包人、主要负责人和安全生产管理人员、现场专职安全员到岗履职情况，特种作业人员持证到岗情况；检查安全人员数量是否满足合同约定和工程施工安全需要。

［《水利工程施工监理规范》（SL 288—2014）第5.2.2条第1款、第6.5.4条。］

（3）检查承包人专项施工方案中施工安全技术措施落实情况；检查高边坡是否按照自上而下的开挖顺序；深基坑是否按照分层开挖、边开挖边支护、禁止超挖的开挖方式；对违反工程建设标准强制性条文（水利工程部分）及相关规定的要求的违规行为，应及时制止。

［《水利工程施工监理规范》（SL 288—2014）第6.5.5条第1款，《水工建筑物岩石地基开挖施工技术规范》（SL 47—2020）第5.0.3条、第5.0.4条，《建筑基坑支护技术规程》（JGJ 120—2012）第8.1.1条。］

（4）检查承包人安全生产、安全作业、安全防护措施、施工临时用电措施是否落实到位；各种安全标志和安全防护措施及施工临时用电措施是否符合工程建设标准强制性条文（水利工程部分）及相关规定的要求；检查施工过程中危险性较大高边坡、深基坑开挖施工作业是否符合相关安全作业操作规定；对于发现违章作业的安全行为应及时制止并处理。发现施工安全隐患时，应要求承包人立即整改，必要时，指示承包人暂停施工，并及时向发包人报告。

［《水利工程施工监理规范》（SL 288—2014）第6.5.5条第1款、第2款。］

（5）检查承包人的用电安全、消防措施、危险品管理和场内交通管理是否符合相关安全技术规程、规范要求；检查施工现场施工机械、脚手架、人行通道等安全设施的验收和使用中是否存在安全隐患；检查度汛方案中是否针对洪水、暴雨、台风等自然灾害的防护措施和应急措施编制安全应急预案并落实。督促承包人进行安全自查工作，并对承包人自查情况进行检查；检查灾害应急救助物资和器材的配备情况；检查承包人安全防护用品的配备情况。

［《水利工程施工监理规范》（SL 288—2014）第6.5.5条第1～10款。］

（6）检查监测单位是否按照高边坡、深基坑安全监测方案开展监测，是否及时向发包人报送监测成果，开展的安全监测是否符合相关规范。

［《危险性较大的分部分项工程安全管理规定》（住房和城乡建设部令第37号）第二十条。］

（7）检查承包人对监理机构巡视检查发现存在的施工现场安全隐患，是否按照监理机构的指令整改落实；对监理机构签发的工程暂停令是否执行等落实情况，监理机构应填写安全检查记录。

［《水利工程施工监理规范》（SL 288—2014）第 3.2.2 条第 5 款、第 6.5.6 条。］

3. 水土保持和环境保护监理巡视检查要点

（1）检查承包人在高边坡开挖过程中，是否采取有效措施防止石渣下河堵塞河道或壅高水位。

［《水工建筑物岩石地基开挖施工技术规范》（SL 47—2020）第 12.0.1 条。］

（2）检查承包人在开挖钻孔过程中，是否采取集尘措施；出渣运输是否采取必要的抑尘措施。

［《水工建筑物岩石地基开挖施工技术规范》（SL 47—2020）第 12.0.2 条。］

（3）检查承包人开挖出的渣料除安排直接运往使用地点外，其余渣料（包括弃渣料）是否按合同约定分类堆放在指定的存、弃渣场。

［《水利水电工程标准施工招标文件技术标准和要求（合同技术条款）》（2009 年版）第 7.5.1 条（1），《水工建筑物岩石地基开挖施工技术规范》（SL 47—2020）第 11.0.5 条。］

（4）检查承包人堆渣位置、范围和高程是否严格按施工图纸和监理人指示实施，严禁将可利用渣料与弃渣混杂装运和堆存；检查承包人是否对渣料堆体的边坡进行分层碾压，做好堆渣体周围的排水设施；检查出渣运输和堆（弃）渣是否符合水土保持、环境保护等要求。

［《水利水电工程标准施工招标文件技术标准和要求（合同技术条款）》（2009 年版）第 7.5.1 条（3），《水工建筑物岩石地基开挖施工技术规范》（SL 47—2020）第 11.0.6 条、第 11.0.7 条。］

（5）检查承包人用作堆存可利用渣料的场地是否按监理机构的要求进行场地清理和平整处理，渣料堆存是否按施工措施计划要求分层进行，并便于取料。

［《水利水电工程标准施工招标文件技术标准和要求（合同技术条款）》（2009 年版）第 7.5.1 条（2）。］

（6）检查承包人落实合同约定的施工现场环境管理工作。

［《水利工程施工监理规范》（SL 288—2014）第 6.6.4 条。］

4. 文明施工监理巡视检查要点

检查承包人是否按照有关文明施工规定和施工合同约定建立文明施工组织机构，是否按照文明施工措施执行。检查发现存在不文明施工情况时，应督促承包人通过自查和改进，完善文明施工管理。

［《水利工程施工监理规范》（SL 288—2014）第 3.2.2 条第 6 款、第 6.6.1 条、第 6.6.2 条、第 6.6.3 条。］

6.1.3 监理巡视检查记录

监理机构在每次监理巡视检查结束后，应根据监理巡视检查内容和检查要点，对所发现的情况和存在的问题，真实、完整地按照监理规范《水利工程施工监理规范》（SL 288—2014）附录 E.3.2 表 JL27 填写并归档。主要记录内容如下：

（1）监理人员应将巡视检查情况按实记入当天的监理日记中，不得缺、漏。对较大质量问题或质量隐患，宜采用照相、摄影等手段予以记录。

（2）对检查出的工程质量或施工安全问题除做监理巡视检查记录外，要及时签发《监理工程师通知单》至承包人签收处理，并答复。对重要问题应同时抄报发包人。

（3）对检查出的重要问题按有关规定处理，并跟踪监控，记录备案。

［《水利工程施工监理规范》（SL 288—2014）第4.2.1条、附录E.3.2表JL27。］

6.2 危险性较大的岩石高边坡、深基坑开挖旁站监理

旁站监理是对工程施工质量和施工安全控制的重要实施手段。本专业工程涉及的超过一定规模危险性较大的岩石高边坡开挖、岩石深基坑开挖专项施工，监理机构应指定专人对该专项施工方案实施情况进行旁站监理。结合批准的施工措施计划和质量、安全控制要求，在施工现场对工程重要部位岩石高边坡开挖和岩石深基坑开挖以及关键工序岩石地基开挖的施工作业实施连续性的全过程监督、检查和记录。

［《水利水电工程施工安全管理导则》（SL 721—2015）第7.3.10条，《水利工程施工监理规范》（SL 288—2014）第4.2.3条。］

6.2.1 旁站监理范围

根据《水利工程施工监理规范》（SL 288—2014）的规定，本专业工程涉及的超过一定规模危险性较大的岩石高边坡开挖、岩石深基坑开挖专项施工，需要旁站监理的范围：

（1）工程重要部位：高边坡开挖与支护、深基坑开挖与支护。

（2）关键工序：边坡支护、基坑支护、岩石地基开挖。

［《水利水电工程施工安全管理导则》（SL 721—2015）第7.3.10条，《水利工程施工监理规范》（SL 288—2014）第4.2.3条，《水利水电工程单元工程施工质量验收评定标准——土石方工程》（SL 631—2012）第4.4.2条。］

6.2.2 旁站监理内容

监理机构在高边坡、深基坑开挖工程重要部位和关键工序施工过程中，应结合监理质量和安全控制要点，开展全过程的旁站监理。每个重要部位和关键工序旁站监理包括以下内容：

（1）施工措施计划（专项施工方案）的执行情况。

（2）施工质量的违规行为和实体质量问题。

（3）施工现场安全是否存在隐患。

（4）安全监测是否发现异常情况。

（5）施工人员数量是否满足工程进度需要。

（6）主要施工设备运转情况及是否满足工程需要。

（7）主要材料使用情况。

［《水利工程施工监理规范》（SL 288—2014）第4.2.3条、第6.2.11条，《危险性较大的分部分项工程安全管理规定》（住房和城乡建设部令第37号）第四章。］

6.2.3 旁站监理控制要点

监理机构在高边坡、深基坑开挖工程重要部位和关键工序施工过程中，针对每个不同的重要部位和关键工序，旁站监理控制要点如下：

（1）检查承包人是否按照批准的危险性较大的岩石高边坡开挖、岩石深基坑开挖专项施工方案（包括用电、消防、应急等方案）组织施工。

（2）检查承包人高边坡、深基坑开挖与支护施工方法、资源投入是否与批准的施工措施计划（专项施工方案）一致。

（3）检查承包人高边坡、深基坑开挖测量放样是否与施工图一致。

（4）检查承包人高边坡开挖与支护、深基坑开挖与支护、岩石地基开挖施工质量（高程、坡度、超欠挖、断面尺寸）是否符合设计图纸和规程规范的质量评定标准。

（5）检查承包人高边坡、深基坑开挖现场特种作业人员是否持证上岗。

（6）检查承包人高边坡、深基坑开挖作业是否与批准的施工安全技术措施（专项施工方案）一致。

（7）检查监测单位高边坡、深基坑安全监测是否与批准的安全监测方案一致。

［《水利工程施工监理规范》（SL 288—2014）第 4.2.3 条、第 6.2.11 条，《危险性较大的分部分项工程安全管理规定》（住房和城乡建设部令第 37 号）第四章。］

6.2.4　旁站监理记录

岩石高边坡开挖、岩石深基坑开挖专项施工旁站监理值班记录表由旁站监理人员记录。旁站监理记录按照监理规范《水利工程施工监理规范》（SL 288—2014）附录 E.3.2 表 JL26 填写。主要记录以下内容：

（1）标段名称、工程部位、施工日期、天气情况、温度情况。

（2）施工人员情况（危险性较大工程特种作业人员的持证及到岗情况、施工现场的安全防护情况等）。

（3）危险性较大工程安全交底情况、专项施工方案（包括水利工程建设标准强制性条文）的执行情况、安全监测情况。

（4）主要设备运转情况。

（5）主要材料使用情况。

（6）施工过程描述。

（7）监理现场检查、检测情况（主要是质量和安全检查）。

（8）承包人提出的问题。

（9）监理机构的答复或指示。

（10）当班监理人员及施工人员共同签字。

［《水利工程施工监理规范》（SL 288—2014）第 3.3.7 条第 5 款、第 4.2.1 条、第 6.2.11 条、附录 E.3.2 表 JL26。］

6.3　检验项目、标准和检测要求

6.3.1　岩石边坡、岩石地基开挖质量检验项目

岩石边坡、岩石地基开挖质量检验项目分为主控项目和一般项目。

［《水利水电工程单元工程施工质量验收评定标准——土石方工程》（SL 631—2012）第 3.1.3 条。］

1. 岩石边坡开挖质量检验项目

（1）主控项目：保护层开挖、开挖坡面、岩体的完整性。

（2）一般项目：平均坡度、坡角标高、坡面局部超欠挖、炮孔痕迹保存率。

[《水利水电工程单元工程施工质量验收评定标准——土石方工程》（SL 631—2012）第4.3节。]

2. 岩石地基开挖质量检验项目

（1）主控项目：保护层开挖、建基面处理、不稳定岩体开挖和不良地质开挖处理、岩体的完整性。

（2）一般项目：无结构要求或无配筋的基坑断面尺寸及开挖平整度、有结构要求或有配筋预埋件的基坑断面尺寸及开挖平整度。

[《水利水电工程单元工程施工质量验收评定标准——土石方工程》（SL 631—2012）第4.4节。]

3. 地质缺陷处理

（1）主控项目：地质探孔、竖井、平洞、试坑处理、地质缺陷处理、缺陷处理采用材料、渗水处理。

（2）一般项目：地质缺陷处理范围。

[《水利水电工程单元工程施工质量验收评定标准——土石方工程》（SL 631—2012）第4.4.4条。]

6.3.2 岩石边坡、岩石地基开挖质量检验标准

1. 岩石边坡、岩石地基开挖质量复测检查

监理机构应对承包人完成的岩石边坡、岩石地基开挖质量进行复测检查：

（1）按施工图纸要求检查开挖面的平面尺寸、标高和平整度的复测检查。

（2）永久边坡的坡度和平整度的复测检查，边坡永久性排水沟道的坡度和尺寸的复测检查。

（3）建基面覆盖前的质量检查。

1）建基面覆盖前，应复核检查建筑物基础轮廓尺寸、控制点高程以及超、欠挖情况，并应保证建基面无积水或流水，保证检查和验收后的建基面岩石未受扰动，经检查合格后才能进行覆盖。

2）建基面地质编录情况、地质缺陷的处理情况及其质量检查资料。

3）开挖爆破方法（包括爆破孔的位置、深度、装药量、起爆方式等）及其开挖质量的检查资料。

4）建基面岩体检测成果（声波测试）。

[《水工建筑物岩石地基开挖施工技术规范》（SL 47—2020）第13.1.1条、第13.1.2条、第4.0.3条，《水利水电工程施工质量检验与评定规程》（SL 176—2007）第4.2.1条第2款。]

2. 岩石边坡、岩石地基开挖质量检验标准

岩石边坡开挖质量检验标准见《水利水电工程单元工程施工质量验收评定标准——土石方工程》（SL 631—2012）表4.3.3，岩石地基开挖质量检验标准见《水利水电工程单元工程施工质量验收评定标准——土石方工程》（SL 631—2012）表4.4.3，地质缺陷处理检验标准见《水利水电工程单元工程施工质量验收评定标准——土石方工程》（SL 631—2012）表4.4.4。

［《水利水电工程单元工程施工质量验收评定标准——土石方工程》（SL 631—2012）第4.4.3条、第4.4.4条。］

承包人应依据工程合同约定、合同技术条款、设计要求、施工质量评定标准，对岩石边坡、岩石地基开挖工序和单元工程施工质量等各类检验项目开展自检，应采用随机布点和监理工程师现场指定区位相结合的方式进行。检验方法及数量应符合相关标准的规定。自检过程应有书面记录，同时结合自检情况如实填写水利部颁发的《水利水电工程施工质量评定表》（办建管〔2002〕182号）。

［《水利水电工程施工质量检验与评定规程》（SL 176—2007）第4.2.1条第1款，《水利水电工程单元工程施工质量验收评定标准——土石方工程》（SL 631—2012）第3.1.4条。］

6.3.3 岩石边坡、岩石地基开挖质量监理检测要求

监理机构平行检测和跟踪检测的数量与频次按《水利工程施工监理规范》（SL 288—2014）或合同约定以及经批准的《监理检测计划（方案）》执行。

1. 原材料、中间产品监理跟踪和平行检测

（1）除满足合同要求外，监理跟踪检测的数量为：混凝土试样（原材料、中间产品）不少于承包人检测数量的7％，土方试样应不少于承包人检测数量的10％。

（2）除满足合同要求外，监理平行检测数量为：土方试样不应少于承包人检测数量的5％，重要部位至少取样3组；混凝土试样（原材料、中间产品）不应少于承包人检测数量的3％，重要部位每种标号的混凝土最少取样1组。

（3）监理机构对涉及工程结构安全的试块、试件及有关材料，应实行见证取样。见证取样资料由承包人制备，记录应真实齐全，参与见证取样人员应在相关文件上签字。

（4）具体原材料、中间产品监理跟踪和平行检测以及见证取样的频次或次数，按照《监理检测计划（方案）》和《原材料、中间产品进场报验和检验监理实施细则》执行。

［《水利工程施工监理规范》（SL 288—2014）第6.2.13条、第6.2.14条，《水利水电工程施工质量检验与评定规程》（SL 176—2007）第4.2.1条第2款、第4.1.11条。］

2. 岩石边坡、岩石地基开挖工序检验项目监理平行检测

监理机构应按照SL 288—2014和SL 631—2012的规定，对岩石边坡、岩石地基开挖工序中的主控项目和一般项目，开展施工质量检验项目监理平行检测，复核工程质量，并提交平行检测资料。

［《水利水电工程施工质量检验与评定规程》（SL 176—2007）第4.2.1条，《水利工程施工监理规范》（SL 288—2014）第6.2.14条，《水利水电工程单元工程施工质量验收评定标准——土石方工程》（SL 631—2012）第3.2.4条。］

7 质量评定与验收

7.1 一般规定

（1）岩石边坡、岩石地基开挖单元工程（工序）施工质量均须经质量评定与验收合格后，方可进行下一个单元工程（工序）施工。各单元工程（工序）施工质量评定与验收可

分部位进行。

[《水利工程质量管理规定》（水利部令第52号）第三十六条，《水工建筑物岩石地基开挖施工技术规范》（SL 47—2020）第3.0.3条。]

（2）承包人应完成岩石边坡、岩石地基开挖单元工程（工序）施工质量检验项目及数量的自检工作，结合自检情况如实填写《水利水电工程施工质量评定表》。

[《水利水电工程施工质量检验与评定规程》（SL 176—2007）第4.2.1条第1款。]

（3）准备验收的部位，必须清理干净，并完成地质编录。

[《水工建筑物岩石地基开挖施工技术规范》（SL 47—2020）第4.0.2条。]

（4）开挖验收须提供的资料：

1）轮廓尺寸控制点高程。

2）开挖断面测量资料。

3）地质缺陷处理及相应的质量检查资料。

4）地基岩体质量声波测试。

[《水工建筑物岩石地基开挖施工技术规范》（SL 47—2020）第4.0.3条、第13.2.2条。]

7.2 工序质量评定

岩石边坡开挖施工单元工程宜分为岩石边坡开挖、地质缺陷处理两个工序；岩石地基开挖施工单元工程宜分为岩石地基开挖、地质缺陷处理两个工序。其中岩石边坡开挖、岩石地基开挖为主要工序。

[《水利水电工程单元工程施工质量验收评定标准——土石方工程》（SL 631—2012）第4.3.2条、第4.4.2条。]

7.2.1 工序施工质量验收评定应具备下列条件

（1）工序中所有施工项目（或施工内容）已完成，现场具备验收条件。

（2）工序中所包含的施工质量检验项目经承包人自检全部合格。

[《水利水电工程单元工程施工质量验收评定标准——土石方工程》（SL 631—2012）第3.2.2条。]

7.2.2 工序施工质量验收评定应按下列程序进行

（1）承包人应首先对已经完成的工序施工质量按相关验收评定标准进行自检，并做好检验记录。

（2）承包人自检合格后，应填写工序施工质量验收评定表，质量责任人履行相应签认手续后，向监理机构申请复核。

（3）监理机构收到申请后，应在4h内进行复核。复核应包括下列内容：

1）核查承包人报验资料是否真实、齐全。

2）结合平行检测和跟踪检测结果等，复核工序施工质量检验项目是否符合相关验收评定标准的要求。

3）承包人提交的工序施工质量验收评定表中填写复核记录，并签署工序施工质量评定意见，核定工序施工质量等级，相关责任人履行相应的签认手续。

[《水利水电工程单元工程施工质量验收评定标准——土石方工程》（SL 631—2012）

第 3.2.3 条。]

7.2.3 工序施工质量验收评定应包括下列资料

（1）承包人报验时，应提交下列资料：

1）各班、组的初检记录、施工队复检记录、承包人专职质检员终验记录。

2）工序中各施工质量检验项目的检验资料。

3）承包人自检完成后，填写的工序施工质量验收评定表。

（2）监理机构应提交下列资料：

1）监理机构对工序中施工质量检验项目的平行检测资料。

2）监理工程师签署质量复核意见的工序施工质量验收评定表。

［《水利水电工程单元工程施工质量验收评定标准——土石方工程》（SL 631—2012）第 3.2.4 条。］

7.2.4 工序施工质量评定

岩石边坡、岩石地基工序施工质量评定分为合格和优良两个等级，其标准应符合下列规定：

（1）合格等级标准应符合下列规定：

1）主控项目，检验结果应全部符合本标准的要求。

2）一般项目，逐项应有 70％及以上的检验点合格，且不合格点不应集中。

3）各项报验资料应符合本标准要求。

（2）优良等级标准应符合下列规定：

1）主控项目，检验结果应全部符合本标准的要求。

2）一般项目，逐项应有 90％及以上的检验点合格，且不合格点不应集中。

3）各项报验资料应符合本标准要求。

［《水利水电工程单元工程施工质量验收评定标准——土石方工程》（SL 631—2012）第 3.2.5 条。］

7.3 单元工程质量评定

岩石边坡、岩石地基开挖单元工程宜以施工检查验收的区、段划分，每一区、段为一个单元工程。

［《水利水电工程单元工程施工质量验收评定标准——土石方工程》（SL 631—2012）第 4.3.1 条、第 4.4.1 条。］

7.3.1 单元工程施工质量验收评定应具备下列条件

（1）单元工程所含工序（或所有施工项目）已完成，施工现场具备验收的条件。

（2）已完工序施工质量经验收评定全部合格，有关质量缺陷已处理完毕或有监理机构批准的处理意见。

［《水利水电工程单元工程施工质量验收评定标准——土石方工程》（SL 631—2012）第 3.3.1 条。］

7.3.2 单元工程施工质量验收评定应按下列程序进行

（1）承包人应首先对已经完成的单元工程施工质量进行自检，并填写检验记录。

（2）承包人自检合格后，应填写单元工程施工质量验收评定表，向监理机构申请复核。

（3）监理机构收到申报后，应在8h内进行复核。复核应包括下列内容：

1）核查承包人报验资料是否真实、齐全。

2）对照施工图纸及施工技术要求，结合平行检测和跟踪检测结果等，复核单元工程质量是否达到相关验收评定标准要求。

3）检查已完单元工程遗留问题的处理情况，在承包人提交的单元工程施工质量验收评定表中填写复核记录，并签署单元工程施工质量评定意见，评定单元工程施工质量等级，相关责任人履行相应签认手续。

4）对验收中发现的问题提出处理意见。

（4）岩石地基（建基面）开挖重要隐蔽单元工程施工质量的验收评定应由发包人（或委托监理机构）主持，应由发包人、设计、监理、承包人等单位的代表组成联合小组，并应在验收前通知工程质量监督机构，共同检查核定其质量等级并填写签证表，报质量监督机构核备。

［《水利水电工程单元工程施工质量验收评定标准——土石方工程》（SL 631—2012）第3.3.2条。］

7.3.3 单元工程施工质量验收评定应包括下列资料

（1）承包人申请验收评定时，应提交下列资料：

1）单元工程中所含工序（或检验项目）验收评定的检验资料。

2）各项实体检验项目的检验记录资料。

3）承包人自检完成后，填写的单元工程施工质量验收评定表。

（2）监理机构应提交下列资料：

1）监理机构对单元工程施工质量的平行检测资料。

2）监理工程师签署质量复核意见的单元工程施工质量验收评定表。

［《水利水电工程单元工程施工质量验收评定标准——土石方工程》（SL 631—2012）第3.3.3条。］

7.3.4 单元工程施工质量评定

岩石边坡、岩石地基开挖单元工程分为合格和优良两个等级，其标准如下。

（1）合格等级标准应符合下列规定：

1）各工序施工质量验收评定应全部合格。

2）各项报验资料应符合本标准要求。

（2）优良等级标准应符合下列规定：

1）各工序施工质量验收评定应全部合格，其中优良工序应达到50％及以上，且主要工序应达到优良等级。

2）各项报验资料应符合本标准要求。

［《水利水电工程单元工程施工质量验收评定标准——土石方工程》（SL 631—2012）第3.3.4条。］

7.3.5 单元工程施工质量评定未达合格标准

岩石地基开挖单元工程施工质量验收评定未达到合格标准时，应及时进行处理，处理后应按下列规定进行验收评定：

（1）全部返工重做的，重新进行验收评定。

（2）经加固处理并经设计和监理机构鉴定能达到设计要求时，其质量评定为合格。

（3）处理后的单元工程部分质量指标仍未达到设计要求时，经原设计单位复核，发包人及监理机构确认能满足安全和使用功能要求，可不再进行处理；或经加固处理后，改变了建筑物外形尺寸或造成工程永久缺陷的，经发包人、设计单位及监理机构确认能基本满足设计要求，其质量可认定为合格，并按规定进行质量缺陷备案。

　［《水利水电工程单元工程施工质量验收评定标准——土石方工程》（SL 631—2012）第3.3.6条，《水利水电工程施工质量检验与评定规程》（SL 176—2007）第5.1.2条。］

8　采用的表式清单

　　按照《水利工程施工监理规范》（SL 288—2014）规定，承包人、监理机构采用的部分表式清单。

8.1　承包人采用的表式清单

　　承包人采用的表式清单见表2。

表2　　　　　　　　　　　　　承包人采用的表式清单

序号	表 格 名 称	表格类型	表 格 编 号
1	施工技术方案申报表	CB01	承包〔　〕技案　　号
2	现场组织机构及主要人员报审表	CB06	承包〔　〕机人　　号
3	材料/中间产品进场报验单	CB07	承包〔　〕报验　　号
4	施工/试验设备进场报验单	CB08	承包〔　〕设备　　号
5	施工放样报验单	CB11	承包〔　〕放样　　号
6	联合测量通知单	CB12	承包〔　〕联测　　号
7	施工测量成果报验单	CB13	承包〔　〕测量　　号
8	合同工程开工申请表	CB14	承包〔　〕合开工　号
9	分部工程开工申请表	CB15	承包〔　〕分开工　号
10	施工安全交底记录	CB15 附件1	承包〔　〕安　　号
11	施工技术交底记录	CB15 附件2	承包〔　〕技术　　号
12	工序/单元工程质量报验单	CB18	承包〔　〕工报　　号
13	变更申请表	CB24	承包〔　〕变更　　号
14	施工进度计划调整申报表	CB25	承包〔　〕进调　　号
15	工程计量报验单	CB30	承包〔　〕计报　　号
16	验收申请报告	CB35	承包〔　〕验报　　号
17	报告单	CB36	承包〔　〕报告　　号
18	回复单	CB37	承包〔　〕回复　　号
19	确认单	CB38	承包〔　〕确认　　号
20	工程交接申请表	CB40	承包〔　〕交接　　号

8.2 监理机构采用的表式清单

监理机构采用的表式清单见表3。

表3 监理机构采用的表式清单

序号	表 格 名 称	表格类型	表 格 编 号
1	批复表	JL05	监理〔 〕批复 号
2	监理通知	JL06	监理〔 〕通知 号
3	工程现场书面通知	JL09	监理〔 〕现通 号
4	警告通知	JL10	监理〔 〕警告 号
5	整改通知	JL11	监理〔 〕整改 号
6	暂停施工指示	JL15	监理〔 〕停工 号
7	施工图纸核查意见单	JL23	监理〔 〕图核 号
8	工程进度付款证书	JL19	监理〔 〕进度付 号
9	工程进度付款审核汇总表	JL19附表1	监理〔 〕付款审 号
10	变更项目价格审核表	JL13	监理〔 〕变价申 号
11	施工图纸签发表	JL24	监理〔 〕图发 号
12	旁站监理值班记录	JL26	监理〔 〕旁站 号
13	监理巡视记录	JL27	监理〔 〕巡视 号
14	工程质量平行检测记录	JL28	监理〔 〕平行 号
15	工程质量跟踪检测记录	JL29	监理〔 〕跟踪 号
16	安全检查记录	JL31	监理〔 〕安检 号
17	监理日记	JL33	监理〔 〕日记 号
18	监理日志	JL34	监理〔 〕日志 号
19	会议纪要	JL38	监理〔 〕纪要 号
20	监理机构备忘录	JL40	监理〔 〕备忘 号

8.3 岩石边坡、岩石地基开挖质量验收评定表

按照《水利水电工程单元工程施工质量验收与评定标准——土石方工程》（SL 631—2012）中附录A，参考《水利水电工程单元工程施工质量验收评定表及填表说明》（2016年水利部建设与管理司编著）以及《水利水电工程施工质量检验与评定规程》（SL 176—2007）的相关表格，采用岩石边坡、岩石地基开挖工序施工质量及单元工程、分部工程施工质量验收评定表（表4）。

表4 岩石边坡、岩石地基开挖工序施工质量及单元工程、分部工程施工质量验收评定表单

序号	表 格 名 称	表格类型	表格编号
1	岩石岸坡开挖单元工程施工质量验收评定表	土石方工程	SL 631—2012、填表说明表1.2
2	岩石岸坡开挖工序施工质量验收评定表	土石方工程	SL 631—2012、填表说明表1.2.1
3	岩石岸坡开挖地质缺陷处理工序施工质量验收评定表	土石方工程	SL 631—2012、填表说明表1.2.2

续表

序号	表　格　名　称	表格类型	表格编号
4	岩石地基开挖单元工程施工质量验收评定表	土石方工程	SL 631—2012、填表说明表1.3
5	岩石地基开挖工序施工质量验收评定表	土石方工程	SL 631—2012、填表说明表1.3.1
6	岩石地基开挖地质缺陷处理工序施工质量验收评定表	土石方工程	SL 631—2012、填表说明表1.3.2
7	重要隐蔽单元工程（关键部位单元工程）质量等级签证表	SL 176—2007	附录F
8	分部工程施工质量评定表	SL 176—2007	附录G-1

岩石地基帷幕灌浆工程
监理实施细则

××××××××工程
岩石地基帷幕灌浆工程监理实施细则

审　批：×××

审　核：×××（监理证书号：×××××）

编　制：×××（监理证书号：×××××）

编制单位（机构）名称：×××××××

编制日期：××××年××月

《岩石地基帷幕灌浆工程监理实施细则》编制目录

1 适 用 范 围

本细则适用于工程施工监理合同文件中各类水工建筑物，如坝（堰）基、溢洪道、地面厂房、涵闸、水库除险加固等岩石地基帷幕灌浆以及灌浆平洞、地下洞室（引水洞、导流洞、泄洪洞等）与主帷幕交叉部位的搭接帷幕灌浆监理工作。

［《水工建筑物水泥灌浆施工技术规范》（SL/T 62—2020）第 1.0.2 条、第 5.1.1 条、第 5.8.1 条。］

2 编 制 依 据

2.1 有关现行法律法规

（1）《中华人民共和国建筑法》。

（2）《中华人民共和国安全生产法》。

（3）《建设工程质量管理条例》（国务院令第 279 号，2019 年国务院令第 714 号修改）。

（4）《建设工程安全生产管理条例》（国务院令第 393 号）。

2.2 部门规章、规范性文件

（1）《水利工程建设项目验收管理规定》（水利部令第 30 号）。

（2）《水利工程建设安全生产管理规定》（水利部令第 50 号）。

（3）《水利工程质量管理规定》（水利部令第 52 号）。

2.3 技术标准

（1）《水利工程施工监理规范》（SL 288—2014）。

（2）《水利水电工程施工质量检验与评定规程》（SL 176—2007）。

（3）《水利水电建设工程验收规程》（SL 223—2008）。

（4）《水利工程建设标准强制性条文》（2020 版）。

（5）《水利水电工程标准施工招标文件技术标准和要求（合同技术条款）》（2009 年版）。

（6）《通用硅酸盐水泥》（GB 175—2023）。

（7）《用于水泥和混凝土中的粉煤灰》（GB/T 1596—2017）。

（8）《钻井液材料规范》（GB/T 5005—2010）。

（9）《混凝土外加剂应用技术规范》（GB 50119—2013）。

（10）《水工混凝土试验规程》（SL/T 352—2020）。

（11）《水利水电工程勘探规程 第 1 部分：物探》（SL/T 291.1—2021）。

（12）《水利水电工程钻孔压水试验规程》（SL 31—2003）。

（13）《水利水电工程岩石试验规程》（SL/T 264—2020）。

（14）《混凝土用水标准》（JGJ 63—2006）。

（15）《水工混凝土施工规范》（SL 677—2014）。

（16）《水工建筑物水泥灌浆施工技术规范》（SL/T 62—2020）。

（17）《水利水电工程单元工程施工质量验收评定标准——地基处理与基础工程》（SL 633—2012）。

（18）《水利水电工程施工测量规范》（SL 52—2015）。

（19）《水利水电工程施工通用安全技术规程》（SL 398—2007）。

（20）《水利水电工程土建施工安全技术规程》（SL 399—2007）。

（21）《水利水电工程施工安全防护设施技术规范》（SL 714—2015）。

（22）《水利水电工程施工安全管理导则》（SL 721—2015）。

（23）《水利水电工程单元工程施工质量验收评定表及填表说明》（2016 年水利部建设与管理司编著）。

2.4 经批准的勘测设计文件（报告、图纸、技术要求）、签订的合同文件

（1）监理合同文件。

（2）施工合同文件（包括合同技术条款）。

（3）建设勘察初步设计报告、设计文件与施工图纸、技术说明、技术要求。

2.5 经批准的监理规划、施工相关文件和方案

（1）监理规划。

（2）施工组织设计、施工方案、现场灌浆试验方案。

（3）施工措施计划、安全技术措施、施工总进度计划、施工度汛方案。

3 专 业 工 程 特 点

水工建筑物岩石地基帷幕灌浆是一项隐蔽性工程。其主要特点是采用灌浆方法在岩体或土层的裂隙、孔隙中，通过注入浆液形成连续的阻水帷幕，以降低作用在建筑物底部的渗透压力或减小渗流量，保证岩石地基的渗透稳定，提高工程的防渗能力。此外，岩石地基帷幕灌浆工程还具有适应性强、质量要求高、施工操作简易、施工机械简配、实用性好、安全性强的特点。

（1）适应性强：帷幕灌浆技术适用于多种地质环境和气候条件，能够满足不同的工程需要，针对不同的施工条件，显示出其广泛的适用性。

（2）质量要求高：帷幕灌浆工程对于使用的灌浆材料质量有较高要求，且帷幕钻孔较深，采用多排单孔灌浆，灌浆压力较大，须严格控制施工质量，以确保灌浆质量和效果。

（3）施工操作简易：帷幕灌浆技术的操作流程相对简单，施工人员容易掌握，这使得该技术在工程建设过程中应用较普遍。

（4）施工机械简配：帷幕灌浆施工过程中对机械的条件要求不高，常见的施工机械即可使用，降低了施工的难度和成本。

（5）实用性好：帷幕灌浆技术在工程建设过程中具有较高的实用性，能够以较低的成本实现较好的防渗效果，显示出其经济、高效的特点。

（6）安全性强：帷幕灌浆施工过程中的安全风险相对较少，流程简单，易于控制，保障了施工过程的安全性。

综上所述，帷幕灌浆有助于提高工程质量，延长建筑物的使用寿命，并在一定程度上降低维护成本。采用帷幕灌浆方法是水利工程中最为常见的防渗处理技术和病险工程加固手段，其施工质量对于保证整个水工建筑物整体性、稳定性和安全性以及运行安全有着重要的作用。

为了保证水工建筑物基岩帷幕灌浆工程施工质量，其施工过程的重点是灌浆，关键控制点主要是灌浆材料、灌浆条件检查、灌浆钻孔和清孔、裂隙冲洗和压水试验、灌浆方法和灌浆方式、特殊情况处理、灌浆结束和封孔、灌浆质量检查、现场施工安全检查等。

4　专业工程开工条件检查

4.1　检查发包人应提供的施工条件

监理机构需在岩石地基帷幕灌浆工程开工前，对发包人应提供的施工条件完成情况进行检查，对可能影响承包人按时进场和工程按期开工的问题提请发包人尽快采取有效措施予以解决。

（1）开工项目施工图纸的提供。岩石地基帷幕灌浆工程开工前，监理机构应按照合同约定及承包人用图计划申请，及时协调发包人提供施工图纸，经专业监理工程师审查、总监理工程师签章后提供给承包人。

（2）测量基准点的移交。监理机构按照合同约定协调发包人及时提供测量基准点，并与承包人复核测量基准点的准确性。

（3）现场征地、拆迁。监理机构按照合同约定协助发包人进行现场征地、拆迁工作，及时向承包人提供施工场地。

（4）监理机构协调发包人按照施工合同约定，提供由发包人负责的道路、供电、供水、通信及其他条件和资源。

［《水利工程施工监理规范》（SL 288—2014）第5.2.1条。］

4.2　检查承包人的施工准备情况

（1）监理机构应对承包人项目组织机构及主要人员检查审核。检查承包人派驻现场的主要管理人员、技术人员及特种作业人员是否与施工合同文件一致，以及上述现场施工人员的安排和到岗情况。如有变化，应重新审查并报发包人认可。对无证上岗、不称职或违章、违规人员，可要求承包人暂停或禁止其在本工程中工作。

主要管理人员、技术人员是指项目经理、技术负责人、施工现场负责人及造价、地质、测量、检测、安全、机电设备、电气等人员。特种作业人员主要包括灌浆工、机械工、电工、架子工等。

［《水利工程质量管理规定》（水利部令第52号）第三十三条，《水利工程施工监理规范》（SL 288—2014）条文说明第5.2.2条第1款。］

（2）灌浆设备和机具进场报验。监理机构应检查承包人进场的帷幕灌浆设备和机具的数量、规格和性能、生产能力是否符合施工合同约定，按施工承包合同和施工进度要求组织进场，并向监理机构报验。运至施工现场用于灌浆作业的各种灌浆设备、仪器仪表、计量观测装置和其他辅助设备，必须经过检查、率定、安装调试，对存在严重问题或隐患的施工灌浆设备和计量器具，要及时书面督促承包人限时更换。灌浆仪器和仪表还应提供有效期内的检定或校准证书，并经监理工程师认证合格，方可使用。未经监理机构检查批准的灌浆设备和机具不得在工程中使用。未经监理机构的书面批准，灌浆设备和机具不得撤离施工现场。

［《水利工程施工监理规范》（SL 288—2014）条文说明第 5.2.2 条第 2 款、第 6.2.3 条、第 6.2.7 条、附录 B.2.3 条。］

（3）施工材料进场报验。监理机构应检查承包人进场的水泥、掺合料、外加剂等工程原材料/中间产品的质量合格证明文件及相应检测报告等。对每批进场的原材料、中间产品的质量、规格是否符合施工合同约定，原材料的储存量及供应计划是否满足开工及施工进度的需要进行检查。具体检查内容可按照《原材料、中间产品报验和检验监理实施细则》执行。承包人进场的每批原材料/中间产品均应向监理机构填报进场报验单。未经报验或者检验不合格的原材料/中间产品，不得在工程中使用。

［《水利工程质量管理规定》（水利部令第 52 号）第三十五条，《水利工程施工监理规范》（SL 288—2014）第 5.2.2 条第 3 款、第 6.2.3 条、第 6.2.6 条第 1～4 款、附录 B.2.3 条。］

（4）监理机构应对承包人的检测条件或委托的检测机构是否符合施工合同约定及有关规定进行审查，主要包括以下内容：

1）检测机构的资质等级和试验范围的证明文件。

2）法定计量部门对检测仪器、仪表和设备的计量检定证书、设备率定证明文件。

3）检测人员的资格证书。

4）检测仪器的数量及种类。

［《水利工程施工监理规范》（SL 288—2014）条文说明第 5.2.2 条第 4 款。］

（5）检查承包人对发包人提供的测量基准点复核。监理机构应对承包人在此基础上完成施工测量控制网的布设及施工区原始地形图的测绘情况进行复核。

［《水利工程施工监理规范》（SL 288—2014）第 5.2.2 条第 5 款。］

（6）检查承包人灌浆工程所用风、水、电、水泥浆、泥浆等临时设施容量、输送能力等是否能保证施工高峰期需要，重要工程宜设置备用水源和电源以及专用管路线路。大型灌浆工程应设置水泥浆液和膨润土（黏土）浆液的集中拌制站和现场试验室。

［《水利工程施工监理规范》（SL 288—2014）第 5.2.2 条第 6 款，《水工建筑物水泥灌浆施工技术规范》（SL/T 62—2020）第 3.2.2 条。］

（7）监理机构应对承包人的质量保证措施落实情况进行检查、记录，对存在的问题进行督促、落实整改。

检查承包人质量保证措施的主要内容包括：质量保证体系的建立、质检机构的组织和岗位责任、质检人员的组成、质量检验制度和质量检测手段等。

［《水利工程施工监理规范》（SL 288—2014）第 5.2.2 条第 7 款。］

（8）监理机构应对承包人的安全保证措施落实情况进行检查、记录，对存在的问题进行督促、落实整改。主要检查内容包括安全生产管理机构、安全生产人员组成、安全生产岗位责任、安全生产制度和施工安全措施文件等。

[《水利工程施工监理规范》（SL 288—2014）第5.2.2条第8款。]

4.3 检查其他施工条件准备工作情况

4.3.1 帷幕灌浆施工组织设计或施工方案审批

工程开工前，监理机构应对承包人根据合同约定、合同技术条款以及设计文件、施工图纸、规程规范、现场灌浆试验成果，结合施工前经批准的生产性帷幕灌浆试验方案和施工条件，编制的帷幕灌浆施工组织设计或施工方案进行审批。审查施工组织设计或施工方案应包括（但不限于）下列内容：

（1）工程概况。

（2）帷幕灌浆施工平面布置图及剖面图（钻孔分序与编号）。

（3）帷幕灌浆施工方法、施工工艺、施工措施。

（4）帷幕灌浆设备、计量器具配置和主要材料供应及劳动力安排。

（5）施工临时设施布置。

（6）质量和安全文明施工及环境保护措施。

（7）施工进度计划等。

[《水工建筑物水泥灌浆施工技术规范》（SL/T 62—2020）第3.2.1条，《水利工程施工监理规范》（SL 288—2014）第5.2.2条第8款、第9款，《水利工程质量管理规定》（水利部令第52号）第四十四条。]

4.3.2 生产性帷幕灌浆试验方案审批

（1）帷幕灌浆施工前，监理机构应检查并督促承包人根据初步设计提供的现场帷幕灌浆试验成果，进行生产性帷幕灌浆试验。检查承包人是否选择与实施灌浆工程项目岩层以及施工条件相似的区段或部位完成生产性帷幕灌浆试验。承包人编制的生产性帷幕灌浆试验方案应报监理机构审批。审查生产性帷幕灌浆试验方案主要包括以下内容：

1）灌浆试验的目的、内容。

2）灌浆试验区段或部位。

3）灌浆布置、资源配置。

4）灌浆材料、浆液配比。

5）灌浆施工方法、施工工艺、灌浆压力、浆液变换。

6）灌浆质量标准和检查方法。

7）灌浆作业质量与安全技术措施、文明作业措施。

8）灌浆施工进度计划。

[《水工建筑物水泥灌浆施工技术规范》（SL/T 62—2020）第2.0.17条、第4.0.6条，《水利工程施工监理规范》（SL 288—2014）第6.2.9条。]

（2）生产性帷幕灌浆试验结束后，监理机构应对承包人提交的生产性帷幕灌浆试验方案成果进行审查确认。审查生产性帷幕试验成果应包括下列内容：

1）灌浆作业采用的设备和机具。

2）灌浆布孔形式、孔深、钻孔分序、最小孔距。

3）灌浆材料、浆液配比。

4）灌浆施工方法、作业程序、施工工艺（包括灌浆压力、浆液变换等）。

5）灌浆质量检查标准。

［《水工建筑物水泥灌浆施工技术规范》（SL/T 62—2020）第 3.1.1 条、第 4.0.2 条第 8 款、第 4.0.6 条，《水利工程施工监理规范》（SL 288—2014）第 6.2.9 条。］

4.3.3　帷幕灌浆作业措施计划审批

在帷幕灌浆作业开始前，监理机构应对承包人按照合同约定、合同技术条款和施工图纸以及施工技术要求，结合生产性帷幕灌浆试验成果编制的帷幕灌浆作业措施计划进行检查并审批。检查帷幕灌浆作业措施计划应包括以下内容：

（1）钻孔和灌浆工程的施工布置图。

（2）钻孔和灌浆的材料和设备。

（3）钻孔和灌浆的程序和工艺。

（4）质量保证措施。

（5）施工人员配备。

（6）施工安全措施等。

［《水利水电工程标准施工招标文件技术标准和要求（合同技术条款）》（2009 年版）第 10.1.3 条。］

4.3.4　施工技术交底和安全交底

若本专业工程的帷幕灌浆单项工程为经批准的合同项目划分中的分部工程，分部工程开工前，监理机构应检查承包人施工技术交底和安全交底情况。

1. 施工技术交底

分部工程开工前，检查承包人施工技术交底情况。施工技术交底由承包人组织交底人员按照施工技术交底文件清单（国家法律法规、工程建设标准强制性条文、合同文件、施工组织设计或施工方案及施工措施计划等），向施工人员详细说明施工方法、施工措施、施工计划、安全措施、质量要求等技术问题，形成施工技术交底记录，由交底人和参加施工技术交底的与会人员签字，以确保工程施工安全、质量和进度。施工技术交底的内容主要包括施工方案交底、设计要求和质量标准交底、作业指导书交底等。检查施工技术交底应包括以下内容：

（1）施工方案：明确施工方案的设计要求、技术要求、技术路线、施工措施，确保按照施工方案实施。

（2）作业指导书：明确施工方法、施工顺序、施工要点等，确保施工有条不紊，高效有序。

（3）质量要求：明确施工质量标准、验收标准、检测方法等，确保施工质量符合规定。

（4）施工计划：详细说明施工进度、里程碑节点、分项工程进度计划等，包括施工的时间、地点、内容、进度等，确保施工进度控制合理。

（5）安全措施：明确施工现场的安全管理措施、施工临时用电措施，应急预案、事故处理办法等，确保施工安全。

（6）设备使用和维护：详细说明施工需要使用的设备和机械的名称、型号、技术参数、安全操作规程、维护保养方法等，确保设备正常运行。

（7）现场管理：详细说明现场人员的职责分工、协调关系、工地卫生环境等问题，确保现场管理有序。

［《水利工程施工监理规范》（SL 288—2014）附录 E　CB15 分部工程开工申请表、CB15 附件 2 工程施工技术交底记录。］

2. 施工安全交底

分部工程开工前，监理机构应检查承包人是否组织技术负责人就工程概况、施工方法、施工工艺、施工程序、安全技术措施和专项施工方案，向施工现场管理人员、施工作业队（区）负责人、工长、班组长和作业人员进行安全交底。安全交底结束后，应填写施工安全交底记录，由交底人与被交底人签字确认。

［《水利工程施工监理规范》（SL 288—2014）第 6.5.5 条第 1 款、附录 E　CB15 分部工程开工申请表、CB15 附件 1 工程施工安全交底记录。］

4.4　专业工程开工条件批准

本专业工程开工条件的批准应按照监理合同工程开工前经批准的合同工程项目划分，确定本专业工程为分部工程或单元工程。

（1）分部工程开工。分部工程开工前，承包人向监理机构报送分部工程开工申请表，经监理机构检查各项条件满足分部工程开工条件后，批复承包人的分部工程开工申请，方可开工。

［《水利工程施工监理规范》（SL 288—2014）第 6.1.2 条。］

（2）单元工程开工。第一个单元工程应在分部工程开工批准后开工，后续单元工程凭监理工程师签认的上一单元工程施工质量合格文件方可开工。

［《水利工程施工监理规范》（SL 288—2014）第 6.1.3 条。］

5　现场监理工作内容、程序和控制要点

5.1　帷幕灌浆现场监理工作内容

根据《水利工程施工监理规范》（SL 288—2014）"6　施工实施阶段的监理工作"要求，监理机构应结合帷幕灌浆工程实际情况，在监理合同和监理规划以及监理规范规定的监理工作范围内开展现场监理工作。涉及其他专业工程或专业工作（测量、检测试验、施工安全、施工进度、计量支付、验收等），专业监理工程师向总监理工程师汇报，由总监理工程师协调其他专业工程或专业工作，相互配合共同完成本专业帷幕灌浆工程的实施。本专业工程主要包括以下现场监理工作内容：

（1）监理机构应核查岩石地基帷幕灌浆工程的开工准备情况。（具体核查内容同"4 专业工程开工条件检查"。）

［《水利工程施工监理规范》（SL 288—2014）第 5.2.1 条、第 5.2.2 条。］

（2）监理机构应对承包人投入帷幕灌浆工程涉及的水、水泥、掺合料、外加剂等原材料/中间产品在进场使用前，查验其质量证明文件和检测检验报告，核查承包人报送的进场报验单，经监理机构核验合格并在进场报验单签字确认后，方可用于工程施工。监理机构应按照监理合同约定对需要平行检测的原材料/中间产品开展平行检测；同时对涉及工

程结构安全的试块、试件及有关材料，应实行见证取样。监理机构应定期或不定期对承包人原材料、中间产品进行巡视检查。具体原材料/中间产品跟踪检测、平行检测项目和数量及检测频次，按照《原材料、中间产品进场报验和检验专业工作监理实施细则》以及《监理跟踪检测和平行检测专业工作监理实施细则》执行。

[《水利工程施工监理规范》（SL 288—2014）第 6.2.6 条、第 6.2.10 条。]

（3）监理机构应对承包人投入的帷幕灌浆设备和机具（计量器具、灌浆仪表），在使用前对其进行合格性证明材料核查，经监理机构核验合格后，方可投入使用。监理机构应监督承包人按照施工合同约定，安排帷幕灌浆设备和机具及时进场。在施工过程中，监理机构应监督承包人对帷幕灌浆设备和机具及时进行补充、维修和维护，以满足施工需要。定期或不定期巡视检查承包人帷幕灌浆设备和机具安全管理制度执行情况和使用情况、施工机械操作人员、特种设备作业人员持证情况，确认特种设备作业人员证件的有效性，并经监理机构审核后报发包人备案。对施工机械设备、特种设备作业人员的规范管理按照《施工机械设备进场核验和验收专业工作监理实施细则》执行。

[《水利工程施工监理规范》（SL 288—2014）第 6.2.5 条、第 6.2.7 条、第 6.2.10 条，《水利水电工程施工安全管理导则》（SL 721—2015）第 9.1.4 条、第 9.1.7 条、第 9.1.8 条。]

（4）监理机构应对承包人编制的帷幕灌浆施工控制网施测方案进行审批，并对承包人施测过程，通过监督、复测、抽样复测或与承包人联合测量等方法，复核承包人的帷幕灌浆轴线、灌浆部位以及灌浆孔位施工放样测量成果。

[《水利工程施工监理规范》（SL 288—2014）第 6.2.8 条。]

（5）监理机构应监督承包人在帷幕灌浆施工过程中，严格按照经监理审批的生产性帷幕灌浆试验方案的施工工艺、施工方法、施工程序实施。定期或不定期对承包人的帷幕灌浆施工工艺、施工方法等进行巡视、检查，并监督其实施。

[《水利工程施工监理规范》（SL 288—2014）第 6.2.9 条、第 6.2.10 条。]

（6）监理机构应检查承包人按合同约定及有关规定对帷幕灌浆施工质量进行自检，合格后方可报监理机构复核。应定期或不定期对承包人的帷幕灌浆施工质量等进行巡视、检查，督促承包人严格按照"三检"制的要求，对帷幕灌浆工序和单元工程进行全过程的施工质量检查评定与验收。监理机构发现由于承包人使用的原材料、中间产品以及施工设备或其他原因可能导致工程质量不合格或造成质量问题时，应及时发出指示，要求承包人立即采取措施纠正；必要时，责令其停工整改。监理机构应对承包人按要求纠正问题的处理结果进行复查，并形成复查记录，确认问题已经解决。监理机构对承包人经自检合格后报送的帷幕灌浆单元工程（工序）质量评定表和有关资料，应按有关技术标准和施工合同约定的要求进行复核。复核合格后方可签认。监理机构可采用跟踪检测监督承包人的自检工作，并可通过平行检测核验承包人的检测试验结果。帷幕灌浆重要隐蔽单元工程应按有关规定组成联合验收小组共同检查并核定其质量等级，监理工程师应在质量等级签证表上签字。若该专业工程是一个完整的分部工程，监理机构需复核其质量等级，在发包人认定后报质量监督机构核备，核定质量等级。帷幕灌浆工序和单元工程的施工质量评定验收按照《工程验收专业工作监理实施细则》执行。

[《水利工程施工监理规范》（SL 288—2014）第 6.2.10 条、第 6.2.12 条、第 6.9.1 条，《水利水电工程施工质量检验与评定规程》（SL 176—2007）第 4.1.12 条，《水利水电工程单元工程施工质量验收评定标准——地基处理与基础工程》（SL 633—2012）第 3.2.4 条。]

（7）检查现场施工安全、环境保护及文明施工情况。

1）检查现场施工安全情况。督促承包人对作业人员进行安全交底，检查承包人按照批准的专项施工方案组织施工，检查承包人安全技术措施的落实情况，及时制止违规施工作业。定期和不定期巡视检查承包人的用电安全、消防措施、危险品管理和场内交通管理等情况。检查承包人的度汛方案中对洪水、暴雨、台风等自然灾害的防护措施和应急措施。检查施工现场各种安全标志和安全防护措施是否符合工程建设标准强制性条文（水利工程部分）及相关规定的要求。监理机构发现施工存在安全隐患时，应要求承包人立即整改，必要时，可指示承包人暂停施工，并及时向发包人报告。监理机构应检查承包人将列入合同安全施工措施的费用按照合同约定专款专用，并在监理月报中记录安全措施费投入及使用情况。

[《水利工程施工监理规范》（SL 288—2014）第 6.5 条，《水利水电工程施工安全管理导则》（SL 721—2015）第 7.6.10 条、第 4.3.1 条、第 6.2.8 条。]

2）检查环境保护及文明施工情况。监理机构依据施工合同约定，审核承包人的环境保护和文明施工组织机构和技术措施。检查承包人环境保护和文明施工的执行情况，并监督承包人通过自查和改进，落实环境保护措施，完善文明施工管理。督促承包人开展文明施工的宣传和教育工作，积极配合当地政府和居民共建和谐建设环境。

[《水利工程施工监理规范》（SL 288—2014）第 6.6 节。]

（8）施工进度检查。监理机构应对承包人按施工合同约定的内容、工期编制的本专业工程施工总进度计划，分年度编制的本专业工程年度施工进度计划进行审批。监理机构应检查本专业工程施工进度是否满足批准的合同工期和批复的总进度计划要求，当跟踪检查发现实际施工进度滞后于施工进度计划时，应分析实际施工进度与施工进度计划的偏差，重点分析关键路线的进展情况和进度延误的影响因素，并采取相应的监理措施。承包人的原因造成施工进度延误，可能致使工程不能按合同工期完工的，监理机构应指示承包人采取赶工纠偏措施，编制并报审赶工措施报告，并修订施工进度计划报监理机构审批。监理机构应审阅承包人按施工合同约定提交的施工月报、施工年报，并报送发包人。监理机构应在监理月报中对施工进度进行分析，必要时提交进度专题报告。具体本专业工程施工进度检查按照《进度控制专业工作监理实施细则》执行。

[《水利工程施工监理规范》（SL 288—2014）第 6.3.1 条、第 6.3.2 条、第 6.3.3 条、第 6.3.4 条、第 6.3.11 条、第 6.3.13 条、第 6.3.14 条。]

（9）核实工程计量成果。监理机构应对承包人按照合同工程量清单中的项目，或发包人同意的变更项目以及计日工所涉及的每一道工序或每一个单元工程的完成工程量经验收合格后，及时对工程量进行量测、计算和签认，确保工程计量成果真实、准确。具体本专业工程计量按照《计量支付专业工作监理实施细则》执行。

[《水利工程施工监理规范》（SL 288—2014）第 6.4.3 条。]

（10）监理机构应定期检查承包人的内业资料及时性、完整性、准确性并进行监理抽检工作，填写抽检记录。检查承包人的施工日志、现场记录及工程资料整理情况，检查相关记录是否真实、完整，包括施工内容、人员设备情况、材料使用情况、检测试验情况、"三检"制资料、验收报验资料、质量评定资料、质量安全检查资料等。

[《水利工程施工监理规范》（SL 288—2014）第 3.3.7 条第 9、10 款。]

（11）监理工作交底。主要是监理实施细则交底。监理实施细则是在施工措施计划批准后、专业工程施工前或专业工作开始前，由专业监理工程师及相关监理人员编制，并报总监理工程师批准，主要用于指导现场监理工作。除完成合同约定的监理工作内容外，监理实施细则交底也是一项监理工作内容，需要通过监理实施细则交底（包括监理人员、施工人员交底）将监理实施细则执行这个环节得以实现，使得现场参与该专业的监理人员和施工技术人员明白该项专业工程的控制要点。监理实施细则的交底人应为专业监理工程师，被交底人应为参与该专业工程的相关监理人员和施工单位现场负责人（质量、安全部门负责人员）等。

[《水利工程施工监理规范》（SL 288—2014）第 4.1.4 条。]

（12）监理机构应按照监理规范要求，安排现场监理人员依据各自的工作分工，及时准确真实填写监理日记和监理日志，编制监理月报，并每月向发包人报送监理月报。

[《水利工程施工监理规范》（SL 288—2014）第 6.8.5 条。]

5.2 帷幕灌浆监理工作流程图

帷幕灌浆监理工作流程见图 1。

[《水利工程施工监理规范》（SL 288—2014）第 4.1.6 条，主要监理工作程序可参照附录 C 执行。]

5.3 帷幕灌浆监理控制要点

5.3.1 帷幕灌浆监理质量控制要点

1. 灌浆材料

监理机构应对承包人根据施工图纸用于帷幕灌浆工程的水、水泥、掺合料、外加剂等原材料进行检验批准。检验其品质应符合下列要求：

（1）水。帷幕灌浆用水应符合《水工混凝土施工规范》（SL 677—2014）拌制水工混凝土用水的要求，还应遵守《混凝土用水标准》（JGJ 63—2006）的规定，拌浆水的温度不得高于 40℃。

[《水工建筑物水泥灌浆施工技术规范》（SL/T 62—2020）第 3.3.4 条，《水工混凝土施工规范》（SL 677—2014）第 5.6 节，《水利水电工程标准施工招标文件技术标准和要求（合同技术条款）》（2009 年版）第 10.2.3 条。]

（2）水泥。帷幕灌浆应使用硅酸盐水泥、普通硅酸盐或复合硅酸盐水泥等，当有抗侵蚀或其他要求时，应使用特种水泥。灌浆所用的水泥品质应符合《通用硅酸盐水泥》（GB 175—2023）或所用的其他水泥标准。所用水泥的强度等级可为 42.5 或以上。所用水泥的细度宜为通过 $80\mu m$ 方孔筛的筛余量不大于 5%。所用水泥应妥善保存，严格防潮并缩短存放时间，不得使用受潮结块的水泥。

[《水工建筑物水泥灌浆施工技术规范》（SL/T 62—2020）第 3.3.1 条、第 3.3.2 条、第 3.3.3 条。]

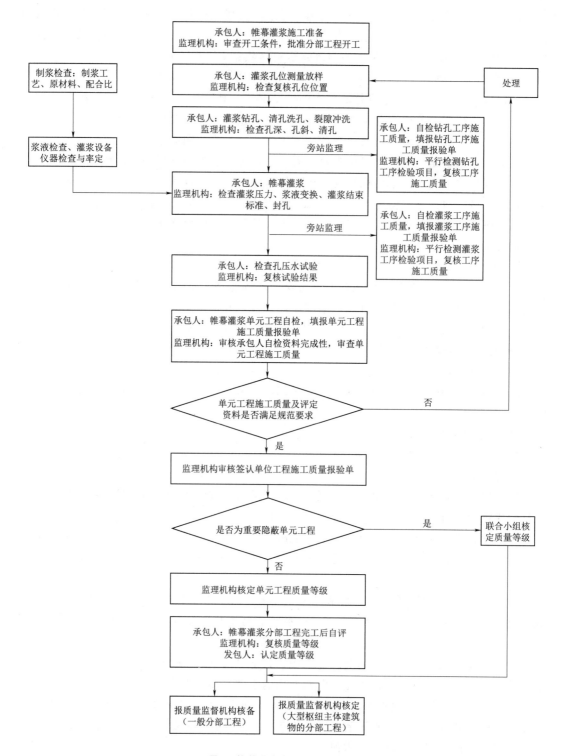

图 1 帷幕灌浆监理工作流程图

（3）掺合料。根据工程需要，帷幕灌浆采用的各种掺合料，应经监理机构批准。黏土或黏性土的塑性指数不宜小于 14，黏粒（粒径小 0.005mm）含量不宜少于 25%，含砂量不宜大于 5%，有机物含量不宜大于 3%；膨润土品质指标应符合《钻井液材料规范》（GB/T 5005—2010）钻井液材料规范的规定；粉煤灰品质指标应符合《用于水泥和混凝土中的粉煤灰》（GB/T 1596—2017）用于水泥和混凝土中的粉煤灰的规定；砂，质地坚硬的天然砂或人工砂，以细砂、中砂为宜；在浆液中加入的其他掺合料，应通过室内试验或现场试验确定。

［《水工建筑物水泥灌浆施工技术规范》（SL/T 62—2020）第 3.3.7 条。］

（4）外加剂。帷幕灌浆所使用的各种外加剂，须经监理机构批准。速凝剂、减水剂、稳定剂以及其他外加剂的品质应符合《混凝土外加剂应用技术规范》（GB 50119—2013）对掺入水工混凝土或砂浆中的外加剂的有关规定。其最优掺加量应通过室内试验和现场灌浆试验确定，试验成果应提交监理机构确认。凡能溶于水的外加剂均应以水溶液状态加入。

［《水工建筑物水泥灌浆施工技术规范》（SL/T 62—2020）第 3.3.8 条、第 3.3.9 条。］

2. 浆液制备

（1）浆液。监理机构应检查承包人根据生产性帷幕灌浆试验确定的浆液类型。不同的浆液类型应符合下列要求：

1）细水泥浆液，包括干磨细水泥浆液、湿磨细水泥浆液、超细水泥浆液。

2）水泥基混合浆液，即加入掺合料的水泥浆液，包括黏土水泥浆、粉煤灰水泥浆、水泥砂浆等。

3）稳定浆液，即掺有稳定剂，2h 析水率不大于 5% 的水泥浆液。

4）膏状浆液，即以水泥、黏土（膨润土）为主要材料的初始塑性屈服强度大于 50Pa 的混合浆液。

5）其他浆液。

6）使用矿渣硅酸盐水泥或火山灰质硅酸盐水泥灌浆时浆液水灰比不宜大于 1。

［《水工建筑物水泥灌浆施工技术规范》（SL/T 62—2020）第 3.3.5 条、第 3.3.1 条。］

（2）制浆。监理机构检查承包人若使用以下浆液类型，其不同浆液类型的制浆应满足下列规定要求：

1）制浆材料应按规定的浆液配比计量，计量误差应小于 5%。水泥等固相材料宜采用质量（重量）称量法计量。

［《水工建筑物水泥灌浆施工技术规范》（SL/T 62—2020）第 3.5.1 条。］

2）水泥浆液应采用高速制浆机进行拌制，其拌制时间不宜少于 30s；拌制水泥黏土（膨润土）浆液时宜先加水、再加水泥拌成水泥浆，后加黏土浆液共拌。加黏土浆液后的拌制时间不宜少于 2min，如使用黏土（膨润土）直接搅拌制浆时，应先制成黏土浆液，之后再加入水泥充分搅拌；细水泥浆液和稳定浆液应使用高速制浆机拌制并加入减水剂，搅拌时间不宜少于 60s。

［《水工建筑物水泥灌浆施工技术规范》（SL/T 62—2020）第3.5.3条。］

3）各类浆液应搅拌均匀，使用前应过筛。浆液自制备至用完的时间，细水泥浆液不宜大于2h，普通水泥浆不宜大于4h，水泥黏土（膨润土）浆液不宜大于6h，其他浆液的使用时间应根据浆液的性能试验确定。

［《水工建筑物水泥灌浆施工技术规范》（SL/T 62—2020）第3.5.4条。］

4）当采用集中制浆站拌制水泥浆液时，制浆站宜拌制最浓一级的浆液，输送到各灌浆点加水调制使用。管道输送浆液的流速宜为1.4～2.0m/s。湿磨细水泥浆输送距离不宜大于400m，否则宜在灌浆点进行湿磨加工作业。

［《水工建筑物水泥灌浆施工技术规范》（SL/T 62—2020）第3.5.5条。］

5）寒冷季节施工应做好机房和灌浆管路的防寒保暖工作，炎热季节施工应采取防晒和降温措施。浆液温度宜保持在5～40℃。

［《水工建筑物水泥灌浆施工技术规范》（SL/T 62—2020）第3.5.6条。］

6）在制浆站和灌浆工作面，监理机构应定期对承包人制备的浆液温度、密度、析水率和黏度等性能进行检测；发现浆液性炎偏离规定指标较大时，应查明原因，及时处理。

［《水工建筑物水泥灌浆施工技术规范》（SL/T 62—2020）第3.3.11条。］

3. 灌浆设备和机具

监理机构应检查承包人根据生产性帷幕灌浆试验配置的灌浆设备和机具。灌浆设备和机具应符合下列要求：

（1）制浆搅拌机。检查制浆搅拌机和储浆搅拌机的能力应与浆液类型和灌浆泵排量相适应，并保证均匀连续地拌制或搅动浆液。高速制浆机的搅拌转速应不小于1200r/min。

［《水工建筑物水泥灌浆施工技术规范》（SL/T 62—2020）第3.4.1条。］

（2）灌浆泵。检查灌浆泵性能应与灌浆的类型和浓度相适应，其允许工作压力应大于最大灌浆压力的1.5倍，并应有足够的排浆量和稳定的工作性能。排浆量能满足灌浆最大注入率的要求。柱塞泵、活塞泵输出浆液压力波动范围宜小于灌浆压力的20%。

［《水工建筑物水泥灌浆施工技术规范》（SL/T 62—2020）第3.4.2条。］

（3）灌浆管路。检查灌浆管路保证其浆液流动畅通，并能承受1.5倍的最大灌浆压力。

［《水工建筑物水泥灌浆施工技术规范》（SL/T 62—2020）第3.4.3条。］

（4）灌浆压力表。检查灌浆泵、灌浆孔口处安装的灌浆压力表，其量程最大标值宜为最大灌浆压力的2～2.5倍。压力表与管路之间的隔浆装置传递压力应灵敏无误。所有压力表在使用前应进行率定，不得使用不合格的和已损坏的压力表。

［《水工建筑物水泥灌浆施工技术规范》（SL/T 62—2020）第3.4.6条。］

（5）灌浆塞。检查灌浆塞应与采用的灌浆方法、灌浆压力、灌浆孔孔径及地质条件相适应，胶塞应具有良好的膨胀性和耐压性，并易于安装和拆卸。

［《水工建筑物水泥灌浆施工技术规范》（SL/T 62—2020）第3.4.4条。］

（6）灌浆记录仪。检查灌浆记录仪的测量范围及精度应满足规定要求。压力计的测量范围可为0～10MPa，精度等级可为1.0或1.5；流量计的测量范围可为0～100L/min，精度等级可为1.0；密度计的测量范围可为1.0～2.0g/cm³，精度等级可为2.5；电子计时器精度可为±1min/24h。

［《水工建筑物水泥灌浆施工技术规范》（SL/T 62—2020）第3.4.8条。］

（7）校验检定。以上所有灌浆设备、仪器仪表和自动观测记录仪等均应保持工作状态正常。灌浆使用的所有电力驱动设备，均应该接地良好，保证施工安全；灌浆用的计量器具，如钻孔测斜仪、压力表、灌浆记录仪（包括流量传感器、压力传感器、密度传感器等）以及其他监测试验仪表，应定期进行校验或检定，保持量值准确。

［《水工建筑物水泥灌浆施工技术规范》（SL/T 62—2020）第3.4.10条、第3.4.11条。］

4. 灌浆条件检查

在帷幕灌浆施工前，监理机构应检查承包人具备下列条件时，灌浆钻孔方可进行。

（1）上部结构混凝土浇筑厚度达到设计规定的盖重厚度要求。上部结构混凝土厚度较小的部位（趾板、压浆板、心墙底板、岸坡坝段、尾坎等），应待混凝土浇筑达到其完建高程和设计强度，压浆板、趾板等加固锚杆砂浆达到设计强度。

［《水工建筑物水泥灌浆施工技术规范》（SL/T 62—2020）第5.1.2条（1）。］

（2）进行混凝土防渗墙、土石坝心墙或覆盖层下帷幕灌浆时，上部结构混凝土的龄期、强度，盖重厚度等应满足相应的设计要求，应做好上部结构或土体的保护或隔离。

［《水工建筑物水泥灌浆施工技术规范》（SL/T 62—2020）第5.1.2条（2）。］

（3）相应部位的基岩固结灌浆、混凝土坝底层灌区接缝灌浆、岸坡接触灌浆完成并检查合格。

［《水工建筑物水泥灌浆施工技术规范》（SL/T 62—2020）第5.1.2条（3）。］

（4）相应部位灌浆平洞的开挖、混凝土衬砌（或喷锚支护）、回填灌浆、围岩固结灌浆完成并检查合格。

［《水工建筑物水泥灌浆施工技术规范》（SL/T 62—2020）第5.1.2条（4）。］

（5）灌浆区邻近30m范围内的勘探平洞、大口径钻孔、断（夹）层等地质缺陷的开挖、清理、混凝土回填、回填灌浆、固结灌浆等作业完成，影响灌浆作业的临空边坡锚固、支护完成并检查合格。

［《水工建筑物水泥灌浆施工技术规范》（SL/T 62—2020）第5.1.2条（5）。］

（6）水库蓄水前，应完成蓄水初期最低库水位以下的帷幕灌浆并检查合格；水库蓄水或阶段蓄水过程中，应完成相应蓄水位以下的帷幕灌浆并检查合格。

［《水工建筑物水泥灌浆施工技术规范》（SL/T 62—2020）第5.1.2条。］

（7）灌浆前，应查明灌浆区内已布设的各种监测仪器、电缆、管线、止水片、锚杆、钢筋等设施的具体位置，当灌浆孔位放样出现与上述设施相矛盾或潜在矛盾时，应适当调整灌浆孔位或孔向。灌浆过程中，应对上述设施进行妥善保护。

［《水工建筑物水泥灌浆施工技术规范》（SL/T 62—2020）第5.1.5条。］

5. 灌浆孔布置

（1）灌浆孔分序。在帷幕灌浆施工前，监理机构检查承包人帷幕灌浆孔布置应按分序加密的原则进行。由三排孔组成的帷幕，应先灌注下游排孔，再灌注上游排孔，后灌注中间排孔，每排孔可分为二序。由两排孔组成的帷幕应先灌注下游排孔，后灌注上游排孔，每排可分为二序或三序。单排孔帷幕应分为三序灌浆。

[《水工建筑物水泥灌浆施工技术规范》(SL/T 62—2020)第5.1.6条。]

(2)先导孔布置。在分序灌浆孔施工前,监理机构应检查承包人的先导孔布置。先导孔宜布置在先灌排或主帷幕孔中,应在一序孔中选取,其间距宜为16～24m,或按该排孔数的10％布置。岩溶发育区、岸坡卸荷区等地层性状突变部位先导孔宜适当加密。先导孔的深度宜深入帷幕底线以下1～2个灌浆段。先导孔应采取岩芯,绘制钻孔柱状图,必要时可进行孔内摄像。岩芯应全部拍照或摄像。

[《水工建筑物水泥灌浆施工技术规范》(SL/T 62—2020)第5.1.7条。]

(3)相邻两个灌浆孔的施工。原则上应待先序孔施工完成并封孔待凝24h后,后序孔方可开工。采用自上而下分段灌浆法或孔口封闭灌浆法进行帷幕灌浆时,必要时相邻两个灌浆孔可同时施工,但先序孔与后序孔之间,在岩石中钻孔灌浆的高差应不小于15m。采用自下而上分段灌浆法进行帷幕灌浆时,相邻两序孔不得同时施工。

[《水工建筑物水泥灌浆施工技术规范》(SL/T 62—2020)第5.1.8条。]

6. 灌浆钻孔和灌浆孔清孔

(1)灌浆钻孔。监理机构检查承包人帷幕灌浆钻孔的孔位、孔径、孔深、孔斜应按施工图纸要求执行。检查钻孔应符合下列要求:

1)钻孔孔位与设计孔位的偏差不应大于10cm。孔深应不小于设计孔深,实际孔位、孔深应有记录。

[《水工建筑物水泥灌浆施工技术规范》(SL/T 62—2020)第5.2.2条。]

2)帷幕灌浆中各类钻孔的孔径应根据地质条件、钻孔深度、钻孔方法、钻孔要求和灌浆方法确定。灌浆孔以较小直径为宜,但终孔孔径不宜小于56mm,先导孔、质量检查孔孔径应满足获取岩芯和进行孔内测试的要求。

[《水工建筑物水泥灌浆施工技术规范》(SL/T 62—2020)第5.2.3条。]

3)各类钻孔均应分段进行孔斜测量。垂直的或顶角小于50°的钻孔,孔底的偏距不应大于《水工建筑物水泥灌浆施工技术规范》(SL/T 62—2020)表5.2.4的规定(表1)。若钻孔偏斜值超过规定,应及时要求承包人予以校正或重新钻孔。孔深和孔斜要经过现场监理人员的检测,确认合格后才能进行下一步操作。

表1 钻孔孔底允许偏距

孔深/m	20	30	40	50	60	80	100
允许偏距/m	0.25	0.50	0.80	1.15	1.50	2.00	2.50

[《水工建筑物水泥灌浆施工技术规范》(SL/T 62—2020)第5.2.4条。]

(2)灌浆孔清孔。监理机构应检查承包人按照设计要求进行帷幕灌浆孔清孔。清孔应符合下列规定:灌浆孔或灌浆段及其他各类钻孔(段)钻进结束后,应及时进行钻孔冲洗。钻孔冲洗方法为,向孔底通入大流量水流,孔口敞开,让孔底钻渣和孔壁附着污物随水流冲出。冲洗后,孔(段)底残留物厚度应不大于20cm。遇页岩、黏土岩等遇水易软化的岩石时,可视情况采用压缩空气或泥浆进行钻孔冲洗。

[《水工建筑物水泥灌浆施工技术规范》(SL/T 62—2020)第5.2.6条。]

7. 裂隙冲洗和压水试验

在地基岩石灌浆前，监理机构应检查承包人对所有灌浆孔（段）进行裂隙冲洗和压水试验。

[《水利水电工程标准施工招标文件技术标准和要求（合同技术条款）》（2009 年版）第 10.5.1 条（1）。]

（1）裂隙冲洗。钻孔结束，监理机构检查承包人在灌浆前对已完成灌浆孔（段）采用不同裂隙冲洗方法时，应符合下列要求：当采用自上而下分段灌浆法和孔口封闭法进行帷幕灌浆时，各灌浆段在灌浆前应进行裂隙冲洗。裂隙冲洗方法为，在孔口或段顶安放灌浆塞（孔口封闭器），向孔内泵入压力水流，压力可为灌浆压力的 80%，并不大于 1MPa，冲洗时间至回水澄清时止或不大于 20min；当采用自下而上分段灌浆法时，可在灌浆前对全孔进行一次裂隙冲洗；岩溶、断层、大型破碎带、软弱夹层等地质条件复杂地段的裂隙冲洗方法，应通过现场试验确定或按设计要求执行。

[《水工建筑物水泥灌浆施工技术规范》（SL/T 62—2020）第 5.3.1 条、第 5.3.4 条。]

（2）压水试验。监理机构检查承包人在灌浆前采用的压水试验，应满足下列规定：灌浆前帷幕灌浆先导孔、质量检查孔应自上而下分段进行压水试验，压水试验宜采用单点法，按《水工建筑物水泥灌浆施工技术规范》（SL/T 62—2020）附录 C 执行；当采用自上而下分段灌浆法、孔口封闭灌浆法进行帷幕灌浆时，各灌浆段在灌浆前宜进行简易压水试验，按《水工建筑物水泥灌浆施工技术规范》（SL/T 62—2020）附录 C 执行，简易压水试验可与裂隙冲洗合并进行。当采用自下而上分段灌浆法时，灌浆前可进行全孔一段简易压水试验和孔底段简易压水试验。

[《水工建筑物水泥灌浆施工技术规范》（SL/T 62—2020）第 5.3.2 条、第 5.3.3 条、第 5.3.4 条。]

8. 灌浆方法和灌浆方式

监理机构应根据不同的地质条件和设计要求以及生产性帷幕灌浆试验方案，对承包人帷幕灌浆采用不同的自上而下分段灌浆法、自下而上分段灌浆法、综合灌浆法时，其灌浆方式应符合下列要求：

[《水工建筑物水泥灌浆施工技术规范》（SL/T 62—2020）第 5.4.1 条。]

（1）根据地质条件、灌注浆液和灌浆方法的不同，应相应选用循环式灌浆或纯压式灌浆。当采用循环式灌浆时，孔内应下入射浆管，其出浆管口距孔底不大于 50cm。

[《水工建筑物水泥灌浆施工技术规范》（SL/T 62—2020）第 5.4.2 条。]

（2）混凝土结构和基岩接触处的灌浆段（接触段）应单独先行灌浆，段长宜为 1～3m。待凝 24h 后方可进行以下各段的灌浆。以下各灌浆段段长宜为 5～8m，基岩条件较好时采用大值，灌浆段最长不宜大于 10m。

[《水工建筑物水泥灌浆施工技术规范》（SL/T 62—2020）第 5.4.3 条。]

（3）灌浆塞安放应位置准确，封闭严密。如预定位置安设困难时，可移动位置重新安设，自上而下灌浆时应向上移动；自下而上灌浆时可向下或向上移动。重新安设的灌浆塞位置（灌浆段长）应予记录，如移动后的灌浆段长大于 10m 时，应研究采取补救措施。

［《水工建筑物水泥灌浆施工技术规范》（SL/T 62—2020）第 5.4.4 条。］

（4）先导孔各孔段宜在压水试验后及时进行灌浆；当岩体透水率较小时，也可在全孔压水试验完成后自下而上分段灌浆。

［《水工建筑物水泥灌浆施工技术规范》（SL/T 62—2020）第 5.4.7 条。］

9. 灌浆压力和浆液变换

（1）灌浆压力。监理机构应检查承包人除按设计要求外，应根据生产性帷幕灌浆试验确定采用的灌浆压力进行检查。当采用循环式灌浆或纯压式灌浆时，灌浆压力应符合下列规定：

1）采用循环式灌浆时，灌浆压力表或记录仪的压力传感器应安装在灌浆孔孔口处回浆管路上；采用纯压式灌浆时，压力表或压力传感器应安装在孔口处进浆管路上，压力表或压力传感器与灌浆孔孔口间的管路长度不宜大于 5m。灌浆压力应保持平稳减小波动，可监测记录压力的平均值，最大值也应予以记录。

［《水工建筑物水泥灌浆施工技术规范》（SL/T 62—2020）第 5.5.2 条。］

2）灌浆压力的记读和控制以孔口压力表的指示或压力传感器的测值为准。灌浆部位对灌浆压力敏感时，应计入浆液自重和管路、钻孔沿程压力损失。

［《水工建筑物水泥灌浆施工技术规范》（SL/T 62—2020）第 5.5.3 条。］

3）灌浆压力的提升可采用分级升压法或一次升压法。升压过程中应保持灌浆压力与注入率相适应，防止发生岩体或建筑物抬动变形破坏；必要时，应安设抬动变形监测装置，在灌浆过程中连续进行观测并记录，抬动变形值应在设计允许范围内。抬动变形监测应符合《水工建筑物水泥灌浆施工技术规范》（SL/T 62—2020）附录 B 的规定。

［《水工建筑物水泥灌浆施工技术规范》（SL/T 62—2020）第 5.5.4 条、第 5.1.11 条。］

4）灌浆压力可根据具体情况进行调整。灌浆压力的改变应征得设计单位同意。

［《水工建筑物水泥灌浆施工技术规范》（SL/T 62—2020）第 5.5.1 条。］

（2）浆液变换。监理机构应检查承包人除按设计要求外，应根据生产性帷幕灌浆试验确定采用的浆液变换进行检查。采用循环式灌浆或纯压式灌浆时，浆液变换应符合下列规定：

1）浆液水灰比。普通水泥浆液水灰比可采用 5、3、2、1、0.7、0.5 等六级，细水泥浆液水灰比可采用 3、2、1、0.5 等四级，灌注时由稀至浓逐级变换。开灌水灰比根据各工程地质情况和灌浆要求确定，采用循环式灌浆时，普通水泥浆可采用水灰比 5，细水泥浆可采用 3；采用纯压式灌浆时，开灌水灰比可采用 2 或单一比级的稳定浆液。

［《水工建筑物水泥灌浆施工技术规范》（SL/T 62—2020）第 5.5.5 条。］

2）浆液比级。当采用多级水灰比浆液灌注时，浆液比级应按下列原则变换：当灌浆压力保持不变，注入率持续减少时，或注入率不变而压力持续升高时，不得改变水灰比。当某级浆液注入量已达 300L 以上，或灌浆时间已达 30min，而灌浆压力和注入率均无改变或改变不显著时，应改浓一级水灰比；当注入率大于 30L/min 时，可根据具体情况越级变浓。灌浆过程中，应当每隔一定时间要测定浆液比重，并做好记录。灌浆压力或注入率突然改变较大，应立即查明原因，可采取相应措施处理，并经监理工程师同意。

[《水工建筑物水泥灌浆施工技术规范》 （SL/T 62—2020） 第5.5.7 条、第5.5.8 条。]

10. 特殊情况处理

帷幕灌浆过程中，若遇特殊情况时，监理机构应检查、督促承包人按照经设计单位同意和监理机构批准的处理措施进行。不同特殊情况可采取下列相应措施：

（1）帷幕灌浆孔终孔段的透水率或单位注入量大于设计规定值时，其灌浆孔宜继续加深；灌浆过程中发现冒浆等漏浆现象时，应根据具体情况采用嵌缝、表面封堵、低压、浓浆、限流、限量、间歇、待凝、复灌等措施进行处理；灌浆过程中发生灌浆孔间串浆时，应阻塞串浆孔，待灌浆孔灌浆结束后，再对串浆孔进行扫孔、冲洗、灌浆。如注入率不大，且串浆孔具备灌浆条件，可一泵一孔同时灌浆。

[《水工建筑物水泥灌浆施工技术规范》（SL/T 62—2020）第5.7.1 条、第5.7.2 条、第5.7.3 条。]

（2）灌浆连续进行时，若因故中断，应采取尽快恢复灌浆的措施。如无法在短时间内恢复灌浆时，应立即冲洗钻孔，再恢复灌浆。若无法冲洗或冲洗无效，则应进行扫孔，再恢复灌浆。恢复灌浆时，应使用开灌比级的水泥浆进行灌注。

[《水工建筑物水泥灌浆施工技术规范》（SL/T 62—2020）第5.7.4 条。]

（3）孔口有涌水的灌浆孔段，灌浆前应测记涌水压力和涌水量，根据涌水情况，可选用自上而下分段灌浆、缩短灌浆段长、提高灌浆压力、改用纯压式灌浆、灌注浓浆、灌注速凝浆液、延长屏浆时间等综合处理措施；灌浆段注入量大而难以结束时，应结合地勘或先导孔资料查明原因。根据具体情况，可采取针对性的处理措施；对溶洞灌浆，应查明溶洞规模、发育规律、充填类型、充填程度和渗流情况，采取相应处理措施。

[《水工建筑物水泥灌浆施工技术规范》（SL/T 62—2020）第5.7.5 条、第5.7.6 条、第5.7.7 条。]

（4）灌浆过程中如回浆失水变浓，应选用大水灰比稀浆、或换用新浆灌注、或适当加大灌浆压力、或分段阻塞循环式灌浆法灌注的处理措施；灌浆过程中如孔内灌浆管被水泥浆凝住，应经常转动和上下活动灌浆管，回浆管宜有 15L/min 以上的回浆量；若灌浆已进入屏浆阶段，浆液变换至浓浆时，可改用水灰比为 2 或 1 的较稀浆液灌注，条件允许时，可改为纯压式灌浆；若灌浆管已被凝住，应立即放开回浆阀门，强力冲洗钻孔，并尽快提升钻杆。

[《水工建筑物水泥灌浆施工技术规范》（SL/T 62—2020）第5.7.8 条、第5.6.11 条、第5.7.9 条。]

（5）无论采用何种措施处理，最后均应扫孔复灌，复灌后应达到规定的结束条件。

[《水工建筑物水泥灌浆施工技术规范》（SL/T 62—2020）第5.7.10 条。]

11. 搭接帷幕灌浆

监理机构对于承包人在进行灌浆平洞内上下两层帷幕间的搭接帷幕灌浆，以及地下洞室（引水洞、导流洞、泄洪洞等）与主帷幕交叉部位的搭接帷幕灌浆时，除应按照设计要求和岩石地基帷幕灌浆一般规定外，检查搭接帷幕灌浆还应符合下列规定：

（1）灌浆平洞内上下两层帷幕间的搭接帷幕宜在下层平洞上游侧，呈水平或下倾向分成2～4排布置，孔深应穿过上层主帷幕。相应部位的上层主帷幕孔应深入到下层灌浆平洞底板高程以下不小于5m。地下洞室与帷幕交叉部位的搭接帷幕孔宜在地下洞室内呈辐射状环向布置4～6环（排）。搭接帷幕的防渗标准宜与相连接的主帷幕一致。

［《水工建筑物水泥灌浆施工技术规范》（SL/T 62—2020）第5.8.2条。］

（2）搭接帷幕灌浆宜在灌浆平洞或地下洞室顶拱回填灌浆和围岩固结灌浆完成后，主帷幕灌浆施工前进行。灌浆平洞内搭接帷幕灌浆应按照先下排、再上排、后中间排顺序进行，排内分为二序施工；地下洞室内搭接帷幕灌浆应按照先两边环（排）、后中间环（排）顺序进行，环（排）内分为二序施工。

［《水工建筑物水泥灌浆施工技术规范》（SL/T 62—2020）第5.8.3条。］

（3）搭接帷幕孔可采用风钻或其他型式钻机钻进，孔位、孔向和孔深应满足设计要求，孔径不宜小于38mm。

［《水工建筑物水泥灌浆施工技术规范》（SL/T 62—2020）第5.8.4条。］

（4）可在各序孔中选取不少于5％的灌浆孔在灌浆前进行简易压水试验，简易压水试验可与裂隙冲洗合并进行。

［《水工建筑物水泥灌浆施工技术规范》（SL/T 62—2020）第5.8.6条。］

（5）根据工程要求，不同部位的搭接帷幕灌浆可采用全孔一次灌浆法或分段灌浆法，灌浆段长可为5～8m。当采用分段灌浆法时，接触段长宜为1～3m，先行灌注。灌浆宜采用单孔灌浆的方法，在注入量较小地段，同一序灌浆孔也可并联灌浆，并联灌浆的孔数不宜多于3个。可采用纯压式或循环式灌浆法。

［《水工建筑物水泥灌浆施工技术规范》（SL/T 62—2020）第5.8.7条、第5.8.8条。］

（6）搭接帷幕灌浆的最大压力一般可为1.0～2.0MPa，如在主帷幕灌浆之后施工，灌浆压力应取大值。

［《水工建筑物水泥灌浆施工技术规范》（SL/T 62—2020）第5.8.9条。］

12. 灌浆结束和灌浆封孔

（1）灌浆结束。监理机构应检查承包人除按照设计要求和灌浆试验成果确定的各灌浆段灌浆的结束条件外，应满足以下条件时，方可结束灌浆。

1）当灌浆段在最大设计压力下，注入率降低至不大于1L/min后，屏浆30min，且屏浆期间平均注入率不大于1L/min。

2）当灌浆段在最大设计压力下，注入率降低至不大于2L/min后，屏浆40min，且屏浆期间平均注入率不大于2L/min。

每个帷幕灌浆孔全孔灌浆结束后，要经过监理工程师验收，合格后才能进行封孔。

［《水工建筑物水泥灌浆施工技术规范》（SL/T 62—2020）第5.9.1条。］

（2）灌浆封孔。监理机构应检查承包人在全孔灌浆结束后，应以水灰比为0.5的新鲜普通水泥浆液置换孔内稀浆或积水，并采用全孔纯压式灌浆法封孔。其封孔灌浆压力为：自上而下分段灌浆法和自下而上分段灌浆法可采用全孔平均灌浆压力或不大于孔口段最大灌浆压力。封孔灌浆时间宜为30～60min。搭接帷幕灌浆孔可采用导管注浆法或全孔纯压式灌浆法封孔。

［《水工建筑物水泥灌浆施工技术规范》（SL/T 62—2020）第5.9.2条。］

（3）封孔质量。帷幕灌浆孔封孔质量应进行孔口封填外观检查和钻孔取芯抽样检查，封孔质量应满足设计要求。

［《水工建筑物水泥灌浆施工技术规范》（SL/T 62—2020）第5.10.7条。］

13. 灌浆质量检查

帷幕灌浆结束后，监理机构应将承包人的检查孔压水试验成果作为评价帷幕灌浆工程质量是否合格的依据。检查孔压水试验应符合下列规定：

（1）帷幕灌浆检查孔数量可按灌浆孔数的一定比例确定。单排孔帷幕时，检查孔数量可为灌浆孔总数的10%左右，多排孔帷幕时，检查孔的数量可为主排孔数的10%左右。一个坝段或一个单元工程内，至少应布置一个检查孔。

［《水工建筑物水泥灌浆施工技术规范》（SL/T 62—2020）第5.10.3条。］

（2）帷幕灌浆检查孔的压水试验应在该部位灌浆结束14d后进行，检查孔应自上而下分段钻进，采取岩芯，绘制钻孔柱状图，岩芯应全部拍照或摄像，必要时可进行孔内摄像。检查孔压水试验应分段进行，试验宜采用单点法，按《水工建筑物水泥灌浆施工技术规范》（SL/T 62—2020）附录C执行。

［《水工建筑物水泥灌浆施工技术规范》（SL/T 62—2020）第5.10.4条。］

（3）搭接帷幕灌浆的检查孔压水试验可在搭接帷幕施工完成7d后，或搭接帷幕和主帷幕灌浆全部完成后一并进行，检查孔的数量可为搭接帷幕灌浆总孔数的3%～5%。

［《水工建筑物水泥灌浆施工技术规范》（SL/T 62—2020）第5.10.5条。］

（4）帷幕灌浆工程质量的评定标准应为：经检查孔压水试验检查，坝体混凝土与基岩接触段的透水率的合格率为100%，其余各段的合格率不小于90%，不合格试段的透水率不超过设计规定值的150%且分布不集中；其他施工或测试资料基本合理。灌浆质量可评为合格。

［《水工建筑物水泥灌浆施工技术规范》（SL/T 62—2020）第5.10.6条。］

（5）检查孔检查工作结束后，应按规定进行灌浆和封孔。检查不合格的孔段应根据工程要求和不合格程度确定该部位是否需加密钻孔补灌和扩大范围检查。

［《水工建筑物水泥灌浆施工技术规范》（SL/T 62—2020）第5.10.8条。］

5.3.2 帷幕灌浆监理安全控制要点

（1）施工安全管理检查。监理机构应定期或不定期对承包人的现场施工安全开展检查，检查包括以下内容：

1）检查承包人是否按照批准的帷幕灌浆施工组织设计或施工方案组织施工。

［《水利工程质量管理规定》（水利部令第52号）第三十二条。］

2）检查安全管理机构设置和专职安全管理人员配备情况、安全管理目标和安全生产管理制度执行情况、安全生产岗位责任制落实情况、施工组织设计中安全技术措施落实情况。

［《水利水电工程施工安全管理导则》（SL 721—2015）第4.2条。］

3）检查施工安全技术交底、安全生产教育培训、施工机械设备安全管理和安全生产操作规程、灌浆工程安全作业规定、安全防护用品配备、施工临时用电设施、生产安全事故隐患排查治理与重大危险源管理、应急管理情况等。

[《水利水电工程施工安全管理导则》（SL 721—2015）第7.6.2条、第8.1条、第9.1.7条、第9.1.8条、第11.1条。]

4）检查持证上岗人员：施工机械操作人员、架设作业人员、灌浆工、电工、焊工等。

[《水利水电工程施工安全管理导则》（SL 721—2015）第10.3.4条，《水利工程施工监理规范》（SL 288—2014）条文说明第5.2.2条第1款。]

5）检查现场安全警示标志：现场出入口、起重机械、高处作业、吊装作业、脚手架出入口、电梯井口、孔洞口、基坑边、每个临时用电设施应设置安全警示标志。

[《水利水电工程施工安全管理导则》（SL 721—2015）第10.1.5条。]

（2）现场施工安全检查。监理机构应对承包人在岩石地基帷幕灌浆施工前或施工中，检查施工安全应符合以下要求：

1）施工生产区域宜实行封闭管理，主要进出口处应设有明显的施工警示标志和安全文明生产规定、禁令，与施工无关的人员、设备不应进入封闭作业区。在危险作业场所应设有事故报警及紧急疏散通道设施。

[《水利水电工程施工通用安全技术规程》（SL 398—2007）第3.1.1条。]

2）临水、临空、临边等部位应设置高度不低于1.2m的安全防护栏杆。

[《水利水电工程施工通用安全技术规程》（SL 398—2007）第3.1.9条。]

3）施工机械设备颜色鲜明，灯光、制动、作业信号、警示装置齐全可靠。

[《水利水电工程施工安全防护设施技术规范》（SL 714—2015）第5.1.1条第3款。]

4）现场施工临时用电的配电箱、开关箱及漏电保护开关的配置应实行"三级配电，两级保护"，应严格执行"一机一箱一闸一漏"的配电原则，必须安装漏电保护器；配电箱、开关箱应装设在干燥、通风及常温场所，设置防雨、防尘和防砸设施；施工供电线路应架空敷设，其高度不得低于5.0m，并满足电压等级的安全要求。线路穿越道路或易受机械损伤的场所时必须设有套管防护，管内不得有接头，其管口应密封。

[《水利水电工程施工安全防护设施技术规范》（SL 714—2015）第3.7.3条、第3.7.4条。]

5）隧洞、廊道和井洞的适当部位宜设有灌浆机房。各种管路电线应架设整齐有序，作业场所应有良好的照明和通风条件，噪声、粉尘防治等应满足职业健康和安全文明施工要求。

[《水工建筑物水泥灌浆施工技术规范》（SL/T 62—2020）第3.2.3条。]

6）当在陡坡面进行灌浆工程施工时，应对灌浆岩面危岩、松动块石予以清除处理，灌浆平台脚手架应平稳牢固，承载能力满足施工机械作业的要求；当在斜坡卷扬机道上或竖井吊篮中进行灌浆施工作业时，应对卷扬机的提升能力进行验算，并应有可靠的防滑制动措施。

[《水工建筑物水泥灌浆施工技术规范》（SL/T 62—2020）第3.2.4条。]

7）当在水面进行灌浆工程施工时，对灌浆平台（或船只）的安全性应进行专项设计或验算。

[《水工建筑物水泥灌浆施工技术规范》（SL/T 62—2020）第3.2.5条。]

8）已完成灌浆或正在灌浆的部位，其附近30m以内不应进行爆破作业，确需爆破时应采取减振和防振措施，并征得设计单位和监理机构的同意。

［《水工建筑物水泥灌浆施工技术规范》（SL/T 62—2020）第3.2.8条。］

6 检查和检验项目、标准和要求

6.1 帷幕灌浆监理巡视检查

岩石地基帷幕灌浆是一项隐蔽性工程，其施工质量直接影响工程质量。监理机构应按照监理规范的要求，对其进行定期或不定期巡视检查。定期或不定期巡视检查内容、频率、时段由监理合同约定或监理规划确定。通过巡视检查内容、巡视检查要点，监督承包人在本专业工程施工中，严格按照合同约定、设计要求和施工图纸、规程规范、施工方案、施工措施落实执行。及时发现施工过程中出现的各类质量、安全问题，对不符合规程、规范要求的情况及时指示承包人进行纠正并督促整改，使问题消灭在萌芽状态。

［《水利工程施工监理规范》（SL 288—2014）第4.2.4条。］

6.1.1 监理巡视检查内容

监理机构应结合帷幕灌浆工程特点，按照不同施工阶段的安全生产风险点及可能存在的事故隐患，设定有针对性的监理巡视检查内容。检查内容主要包括施工质量、施工安全、水土保持和环境保护以及文明施工方面。

（1）检查施工组织设计或施工方案、施工措施计划执行情况。

（2）检查施工人员数量是否满足合同约定及工程施工进度需要。

（3）检查主要施工设备运转情况是否满足合同约定和工程进度需要。

（4）检查主要原材料、中间产品试验检测和使用情况以及工程需要进行的专项检测试验情况。

（5）施工质量的违规行为和实体质量问题。

（6）现场施工安全是否存在隐患。

（7）环境保护情况。

（8）文明施工情况。

（9）承包人是否有需要解决的问题。

建议在本细则执行过程中，将帷幕灌浆监理巡视检查内容细化成检查表的形式，在检查过程中，方便对照检查。

［《水利工程施工监理规范》（SL 288—2014）第3.1节、第4.2节、第6.2节、第6.3.3条、第6.3.5条、第6.6节。］

6.1.2 监理巡视检查要点

监理机构应结合岩石地基帷幕灌浆质量和安全控制要点，有针对性地确定帷幕灌浆监理巡视检查要点。主要包括施工质量、施工安全、环境保护、文明施工等方面：

1. 施工质量监理巡视检查要点（结合质量控制要点）

（1）检查承包人是否按照工程设计文件、工程建设标准和批准的岩石地基帷幕灌浆施工组织设计或施工方案、施工措施计划组织施工。

［《水利工程质量管理规定》（水利部令第 52 号）第三十二条。］

（2）检查承包人主要管理人员、项目经理、技术负责人、技术人员、施工现场负责人到岗履职情况，特别是施工质量管理人员、材料员、施工员、质检员是否到位。

［《水利工程施工监理规范》（SL 288—2014）第 5.2.2 条第 1 款。］

（3）检查承包人进场施工灌浆设备和机具的数量、规格、生产能力、完好率及设备配套的情况是否符合施工合同的要求，是否满足工程施工进度需要。

［《水利工程施工监理规范》（SL 288—2014）第 5.2.2 条第 2 款。］

（4）检查承包人进场灌浆材料如水、水泥、掺合料、外加剂型号规格是否符合施工合同约定，灌浆材料的质量是否已检测合格；工程需要进行的专项检测试验是否已检测合格；灌浆材料的检测频次和方法是否符合设计及相关规范要求；主要灌浆材料的储存量及供应计划是否满足工程施工进度的需要；对于未经报验或者检验不合格的灌浆材料是否按照规定不得在工程中使用或进行相应处理并记录。

［《水利工程施工监理规范》（SL 288—2014）第 3.3.7 条第 1 款、第 2 款、第 5.2.2 条第 3 款，《水利工程质量管理规定》（水利部令第 52 号）第三十五条。］

（5）检查承包人是否按照"三检"制的要求，对岩石地基灌浆钻孔、帷幕灌浆、灌浆结束和封孔、检查孔压水试验等进行全过程的质量检查与控制。检查灌浆质量是否满足规范和设计要求；帷幕灌浆施工是否存在施工质量的违规行为；对发现存在的工程实体质量不合格或造成质量问题时，及时发出指示，要求承包人立即采取措施纠正；必要时，责令其停工整改；监理机构应对承包人纠正工程质量问题的处理结果进行复查，并形成复查记录，确认质量问题已经解决。

［《水利工程施工监理规范》（SL 288—2014）第 6.2.10 条。］

2. 施工安全监理巡视检查要点（结合安全控制要点）

（1）检查承包人是否按照岩石地基帷幕灌浆施工组织设计或施工方案中确定的安全技术措施和临时用电安全措施组织施工。

［《水利工程施工监理规范》（SL 288—2014）第 6.5.2 条。］

（2）检查承包人主要负责人和安全生产管理人员、现场专职安全员到岗履职情况，特种作业人员持证到岗情况；检查安全人员数量是否满足合同约定和工程施工安全需要。

［《水利工程施工监理规范》（SL 288—2014）第 5.2.2 条第 1 款、第 6.5.4 条。］

（3）检查承包人安全生产、安全作业、安全防护措施、施工临时用电措施是否落实到位；各种安全标志和安全防护措施及施工临时用电措施是否符合工程建设标准强制性条文（水利工程部分）及相关规定的要求；检查施工过程中灌浆作业是否符合相关安全作业操作规定；对于发现违章作业的安全行为应及时制止并处理。发现施工安全隐患时，应要求承包人立即整改；必要时，指示承包人暂停施工，并及时向发包人报告。

［《水利工程施工监理规范》（SL 288—2014）第 6.5.5 条第 1 款、第 2 款。］

（4）检查承包人的用电安全、消防措施、危险品管理和场内交通管理是否符合相关安全技术规程、规范要求；检查施工现场施工机械、脚手架、人行通道等安全设施的验收和使用中是否存在安全隐患；检查度汛方案中是否针对洪水、暴雨、台风等自然灾害的防护措施和应急措施编制安全应急预案并落实。督促承包人进行安全自查工作，并对承包人自查情况进行检查；检查灾害应急救助物资和器材的配备情况；检查承包人安全防护用品的配备情况。

[《水利工程施工监理规范》（SL 288—2014）第 6.5.5 条第 1～10 款。]

（5）检查承包人对监理机构巡视、检查发现存在的施工现场安全隐患，是否按照监理机构的指令整改落实；对监理机构签发的工程暂停令是否执行等落实情况，监理机构应填写安全检查记录。

[《水利工程施工监理规范》（SL 288—2014）第 3.2.2 条第 5 款、第 6.5.6 条。]

3. 环境保护监理巡视检查要点

检查承包人落实合同约定的施工现场环境管理工作。检查承包人在岩石地基帷幕灌浆施工中，是否将废弃浆液、污水经沉淀净化处理后排放；钻渣、废弃岩芯等是否运输至指定场地。对已施工完成的构筑物是否实施成品保护，避免或减少污损破坏。

[《水利工程施工监理规范》（SL 288—2014）第 6.6.4 条，《水工建筑物水泥灌浆施工技术规范》（SL/T 62—2020）第 3.2.6 条、第 3.2.7 条。]

4. 文明施工巡视检查要点

检查承包人是否按照有关文明施工规定和施工合同约定建立文明施工组织机构，是否按照文明施工措施执行。检查发现存在不文明施工情况，应督促承包人通过自查和改进，完善文明施工管理。

[《水利工程施工监理规范》（SL 288—2014）第 3.2.2 条第 6 款、第 6.6.1 条、第 6.6.2 条、第 6.6.3 条。]

6.1.3 监理巡视检查记录

监理机构在每次帷幕灌浆监理巡视检查结束后，应根据监理巡视检查内容和检查要点所发现的情况和存在的问题，真实、完整地填写监理巡视记录并归档。监理巡视检查记录按照监理规范《水利工程施工监理规范》（SL 288—2014）附录 E.3.2 JL27 表格填写。主要记录内容如下：

（1）监理人员要将每日的巡视检查情况按实记入当天的监理日记中，不得缺、漏。对较大质量问题或质量隐患，宜采用照相、摄影等手段予以记录。

（2）对检查出的工程质量或施工安全问题除做监理巡视检查记录外，要及时签发《监理工程师通知单》至承包人签收处理，并答复。对重要问题应同时抄报发包人。

（3）对检查出的重要问题按有关规定处理，并跟踪监控，记录备案。

（4）现场监理巡视检查频次按合同约定和《监理巡视检查专业工作实施细则》执行。

[《水利工程施工监理规范》（SL 288—2014）第 4.2.1 条。]

6.2 帷幕灌浆旁站监理

按照监理规范要求监理机构应对帷幕灌浆施工过程进行旁站监理。结合批准的施工措施计划和质量、安全控制要求，在施工现场对帷幕灌浆工程的重要部位和关键工序的灌浆作业实施连续性的全过程监督、检查和记录。

[《水利工程施工监理规范》（SL 288—2014）第 4.2.3 条。]

6.2.1 旁站监理范围

监理机构在帷幕灌浆施工中，需要旁站监理的范围如下：

（1）工程重要部位：水工建筑物岩石地基帷幕灌浆、灌浆平洞和地下洞室（引水洞、导流洞、泄洪洞等）与主帷幕交叉部位的搭接帷幕灌浆。

（2）关键工序：钻孔（包括冲洗和压水试验）、灌浆（包括封孔）工序。

［《水利工程施工监理规范》（SL 288—2014）第4.2.3条，《水利水电工程单元工程施工质量验收评定标准——地基处理与基础工程》（SL 633—2012）第4.2.2条。］

6.2.2　旁站监理内容

岩石地基帷幕灌浆旁站监理的主要内容为：施工方案执行情况、灌浆设备运转状况、施工人员到岗情况、施工质量的违规行为和实体质量情况、施工现场安全隐患排查情况、主要灌浆材料使用情况、浆液配合比、钻孔清孔、裂隙冲洗、灌浆压力和浆液变换、灌浆结束和封孔，检查孔压水试验以及必要的取岩芯和观测记录。

［《水利工程施工监理规范》（SL 288—2014）第4.2.3条、第6.2.11条。］

6.2.3　旁站监理控制要点

监理机构在帷幕灌浆施工过程中，针对每个不同的重要部位和关键工序，旁站监理控制要点如下：

（1）检查承包人是否按照经批准的帷幕灌浆施工方案、施工措施、施工方法、施工工艺组织施工。

（2）检查承包人帷幕灌浆作业及钻孔工序、灌浆工序施工质量是否符合设计图纸和规程、规范的质量标准。

（3）检查承包人帷幕灌浆作业人员是否持证上岗。

（4）检查承包人帷幕灌浆作业是否与批准的施工安全技术措施、施工临时用电措施一致。

［《水利工程施工监理规范》（SL 288—2014）第4.2.3条、第6.2.11条。］

6.2.4　旁站监理记录

岩石地基帷幕灌浆旁站监理记录主要有钻孔工序旁站监理记录和灌浆工序旁站监理记录。根据《水利工程施工监理规范》（SL 288—2014）附录E监理机构常用表格目录JL26旁站监理记录表，帷幕灌浆旁站监理记录主要有以下几个方面内容：

（1）标段名称、工程部位、施工日期、天气情况、温度情况。

（2）施工人员情况。

（3）主要灌浆设备运转情况。

（4）灌浆材料及浆液配合比使用情况。

（5）施工过程描述。

（6）帷幕灌浆施工过程监理检查、检测内容为：钻孔孔位、孔序、孔径、孔深、孔底孔位偏差、洗孔清孔、裂隙冲洗、压水试验、灌浆压力、浆液变换、抬动观测值、灌浆结束标准、封孔、检查孔压水试验、岩芯取样等，现场施工安全情况。

（7）承包人提出的问题。

（8）监理对承包人提出问题的答复或指示。

（9）当班监理人员及施工人员签字。

［《水利工程施工监理规范》（SL 288—2014）第4.2.3条、第4.2.4条、第4.2.5条、

第4.2.6条、第6.2.10条、第6.2.11条，《水利水电工程单元工程施工质量验收评定标准——地基处理与基础工程》（SL 633—2012）第4.2.3条。]

6.3 检验项目、标准和检测要求

监理机构应按照规范《水利水电工程单元工程施工质量验收评定标准——地基处理与基础工程》（SL 633—2012）质量检验项目和质量标准的相关规定进行岩石地基帷幕灌浆施工质量评定验收检查。

6.3.1 岩石地基帷幕灌浆单孔质量检验项目

帷幕灌浆单孔质量检验项目分为钻孔质量检验项目和灌浆质量检验项目，检验项目可分为主控项目和一般项目。

［《水利水电工程单元工程施工质量验收评定标准——地基处理与基础工程》（SL 633—2012）第3.1.3条。]

1. 钻孔质量检验项目

（1）主控项目：孔深、孔底偏差、孔序、施工记录。

（2）一般项目：孔位偏差、终孔孔径、冲洗、裂隙冲洗和压水试验。

2. 灌浆质量检验项目

（1）主控项目：压力、浆液变换及结束标准、施工记录。

（2）一般项目：浆液段位置及段长、灌浆管口距灌浆段底距离（仅用于循环式灌浆）、特殊情况处理、抬动观测值、封孔。

［《水利水电工程单元工程施工质量验收评定标准——地基处理与基础工程》（SL 633—2012）第4.2.3条。]

6.3.2 岩石地基帷幕灌浆单孔质量检验标准

（1）帷幕灌浆单孔质量检验标准见 SL 633 表4.2.3。

［《水利水电工程单元工程施工质量验收评定标准——地基处理与基础工程》（SL 633—2012）第4.2.3条。]

（2）帷幕灌浆工程质量的评定标准应为：经检查孔压水试验检查，坝体混凝土与基岩接触段的透水率的合格率为100％，其余各段的合格率不小于90％，不合格试段的透水率不超过设计规定值的150％且分布不集中；其他施工或测试资料基本合理。灌浆质量可评为合格。

［《水工建筑物水泥灌浆施工技术规范》（SL/T 62—2020）第5.10.6条。]

（3）承包人应依据工程设计要求、施工技术标准和合同约定，对帷幕灌浆工序和单元工程施工质量等各类检验项目开展自检，应采用随机布点和监理工程师现场指定区位相结合的方式进行。检验方法及数量应符合相关标准的规定。自检过程应有书面记录，同时结合自检情况，如实填写水利部颁发的《水利水电工程施工质量评定表》（办建管〔2002〕182号）。

［《水利水电工程施工质量检验与评定规程》（SL 176—2007）第4.2.1条，《水利水电工程单元工程施工质量验收评定标准——地基处理与基础工程》（SL 633—2012）第3.1.4条。]

6.3.3 岩石地基帷幕灌浆质量监理平行检测要求

监理机构平行检测和跟踪检测的数量与频次按《水利工程施工监理规范》（SL 288—2014）或合同约定以及经批准的《监理检测计划（方案)》执行。

1. 原材料、中间产品监理跟踪和平行检测

（1）除满足合同要求外，监理跟踪检测的数量：混凝土试样（原材料、中间产品）不少于承包人检测数量的 7％，土方试样应不少于承包人检测数量的 10％。

（2）除满足合同要求外，监理平行检测数量为：土方试样不应少于承包人检测数量的 5％，重要部位至少取样 3 组；混凝土试样（原材料、中间产品）不应少于承包人检测数量的 3％，重要部位每种标号的混凝土最少取样 1 组。

（3）监理机构对涉及工程结构安全的试块、试件及有关材料，应实行见证取样。见证取样资料由承包人制备，记录应真实齐全，参与见证取样人员应在相关文件上签字。

（4）具体原材料、中间产品监理跟踪和平行检测以及见证取样的频次或次数，按照《监理检测计划（方案)》和《原材料、中间产品进场报验和检验监理实施细则》执行。

［《水利工程施工监理规范》（SL 288—2014）第 6.2.13 条、第 6.2.14 条，《水利水电工程施工质量检验与评定规程》（SL 176—2007）第 4.2.1 条第 2 款、第 4.1.11 条。］

2. 帷幕灌浆工序检验项目监理平行检测

监理机构应按照《水利工程施工监理规范》（SL 288—2014）和《水利水电工程单元工程施工质量验收评定标准——地基处理与基础工程》（SL 633—2012）的规定，对帷幕灌浆钻孔工序、灌浆工序中的主控项目和一般项目，开展施工质量检验项目监理平行检测，复核工程质量，并提交平行检测资料。

［《水利水电工程施工质量检验与评定规程》（SL 176—2007）第 4.2.1 条，《水利工程施工监理规范》（SL 288—2014）第 6.2.14 条，《水利水电工程单元工程施工质量验收评定标准——地基处理与基础工程》（SL 633—2012）第 3.2.3 条。］

7 质量评定与验收

7.1 一般规定

帷幕灌浆单元工程施工质量验收评定，应在单孔施工质量验收评定合格的基础上进行，单孔施工质量验收评定应在工序施工质量验收评定合格的基础上进行。

［《水利水电工程单元工程施工质量验收评定标准——地基处理与基础工程》（SL 633—2012）第 4.1.3 条。］

7.2 工序质量评定

帷幕灌浆施工单元工程宜分为钻孔、灌浆两道工序，其中灌浆为主要工序。应按照每个单孔帷幕灌浆进行钻孔、灌浆 2 个工序施工质量验收评定。

［《水利水电工程单元工程施工质量验收评定标准——地基处理与基础工程》（SL 633—2012）第 4.2.2 条。］

7.2.1 工序施工质量验收评定应具备下列条件

（1）工序中所有施工项目（或施工内容）已完成，现场具备验收条件。

（2）工序中所包含的施工质量检验项目经施工单位自检全部合格。

［《水利水电工程单元工程施工质量验收评定标准——地基处理与基础工程》（SL 633—2012）第3.2.1条。］

7.2.2 工序施工质量验收评定应按下列程序进行

（1）承包人应首先对已经完成的工序施工质量按相关验收评定标准进行自检，并做好检验记录。

（2）承包人自检合格后，应填写工序施工质量验收评定表，质量责任人履行相应签认手续后，向监理机构申请复核。

（3）监理机构收到申请后，应在4h内进行复核。复核应包括下列内容：

1）核查承包人报验资料是否真实、齐全。

2）结合平行检测和跟踪检测结果等，复核工序施工质量检验项目是否符合相关验收评定标准的要求。

3）承包人提交的工序施工质量验收评定表中填写复核记录，并签署工序施工质量评定意见，核定工序施工质量等级，相关责任人履行相应签认手续。

［《水利水电工程单元工程施工质量验收评定标准——地基处理与基础工程》（SL 633—2012）第3.2.2条。］

7.2.3 工序施工质量验收评定应包括下列资料

（1）承包人报验时，应提交下列资料：

1）各班、组的初检记录、施工队复检记录、承包人专职质检员终验记录。

2）工序中各施工质量检验项目的检验资料。

3）承包人自检完成后，填写的工序施工质量验收评定表。

（2）监理机构应提交下列资料：

1）监理机构对工序中施工质量检验项目的平行检测资料。

2）监理工程师签署质量复核意见的工序施工质量验收评定表。

［《水利水电工程单元工程施工质量验收评定标准——地基处理与基础工程》（SL 633—2012）第3.2.3条。］

7.2.4 工序施工质量评定

帷幕灌浆工序施工质量评定分为合格和优良两个等级，其标准应符合下列规定：

（1）合格等级标准应符合下列规定：

1）主控项目，检验结果应全部符合本标准的要求。

2）一般项目，逐项应有70％及以上的检验点合格，且不合格点不应集中。

3）各项报验资料应符合本标准要求。

（2）优良等级标准应符合下列规定：

1）主控项目，检验结果应全部符合本标准的要求。

2）一般项目，逐项应有90％及以上的检验点合格，且不合格点不应集中。

3）各项报验资料应符合本标准要求。

［《水利水电工程单元工程施工质量验收评定标准——地基处理与基础工程》（SL 633—2012）第3.2.4条。］

7.3 单元工程质量评定

岩石地基帷幕灌浆单元工程宜按一个坝段（块）或相邻的 10~20 个孔划分为 1 个单元工程，对于 3 排以上帷幕，宜沿轴线相邻不超过 30 个孔为一个单元工程。

［《水利水电工程单元工程施工质量验收评定标准——地基处理与基础工程》（SL 633—2012）第 4.2.1 条。］

7.3.1 岩石地基帷幕灌浆单元工程施工质量验收评定应具备下列条件

（1）单元工程所含工序（或所有施工项目）已完成，施工现场具备验收的条件。

（2）已完工序施工质量经验收评定全部合格，有关质量缺陷已处理完毕或有监理机构批准的处理意见。

［《水利水电工程单元工程施工质量验收评定标准——地基处理与基础工程》（SL 633—2012）第 3.3.1 条。］

7.3.2 岩石地基帷幕灌浆单元工程施工质量验收评定应按下列程序进行

（1）承包人应首先对已经完成的单元工程施工质量进行自检，并填写检验记录。

（2）承包人自检合格后，应填写单元工程施工质量验收评定表，向监理机构申请复核。

（3）监理机构收到申报后，应在 8h 内进行复核。复核应包括下列内容：

1）核查承包人报验资料是否真实、齐全。

2）对照施工图纸及施工技术要求，结合平行检测和跟踪检测结果等，复核单元工程质量是否达到相关验收评定标准要求。

3）检查已完单元工程遗留问题的处理情况，在承包人提交的单元工程施工质量验收评定表中填写复核记录，并签署单元工程施工质量评定意见，评定单元工程施工质量等级，相关责任人履行相应签认手续。

4）对验收中发现的问题提出处理意见。

［《水利水电工程单元工程施工质量验收评定标准——地基处理与基础工程》（SL 633—2012）第 3.3.2 条。］

（4）岩石地基帷幕灌浆重要隐蔽单元工程施工质量的验收评定应由发包人（或委托监理机构）主持，应由建设、设计、监理、施工等单位的代表组成联合小组，并应在验收前通知工程质量监督机构，共同检查核定其质量等级并填写签证表，报质量监督机构核备。

［《水利水电工程单元工程施工质量验收评定标准——地基处理与基础工程》（SL 633—2012）第 3.3.2 条，《水利水电工程施工质量检验与评定规程》（SL 176—2007）第 5.3.2 条。］

7.3.3 岩石地基帷幕灌浆单元工程施工质量验收评定应包括下列资料

（1）承包人申请验收评定时，应提交下列资料：

1）单元工程中所含工序（或检验项目）验收评定的检验资料。

2）各项实体检验项目的检验记录资料。

3）承包人自检完成后，填写单元工程施工质量验收评定表。

（2）监理机构应提交下列资料：

1）监理机构对单元工程施工质量的平行检测资料。

2）监理工程师签署质量复核意见的单元工程施工质量验收评定表。

［《水利水电工程单元工程施工质量验收评定标准——地基处理与基础工程》（SL 633—2012）第3.3.3条。］

7.3.4 单元工程施工质量评定

岩石帷幕灌浆单元工程分为合格和优良两个等级，其标准如下。

（1）合格等级标准应符合下列规定：

1）各工序施工质量验收评定应全部合格。

2）各项报验资料应符合本标准要求。

（2）优良等级标准应符合下列规定：

1）各工序施工质量验收评定应全部合格，其中优良工序应达到50%及以上，且主要工序应达到优良等级。

2）各项报验资料应符合本标准要求。

［《水利水电工程单元工程施工质量验收评定标准——地基处理与基础工程》（SL 633—2012）第3.3.4条。］

7.3.5 单元工程施工质量评定未达合格标准

岩石地基帷幕灌浆单元工程施工质量验收评定未达到合格标准时，应及时进行处理，处理后应按下列规定进行验收评定：

（1）全部返工重做的，重新进行验收评定。

（2）经加固处理并经设计单位和监理机构鉴定能达到设计要求时，其质量评定为合格。

（3）处理后的单元工程部分质量指标仍未达到设计要求时，经原设计单位复核，发包人及监理机构确认能满足安全和使用功能要求，可不再进行处理；或经加固处理后，改变了建筑物外形尺寸或造成工程永久缺陷的，经发包人、设计单位及监理机构确认能基本满足设计要求，其质量可认定为合格，并按规定进行质量缺陷备案。

［《水利水电工程单元工程施工质量验收评定标准——地基处理与基础工程》（SL 633—2012）第3.3.5条。］

8 采用的表式清单

按照《水利工程施工监理规范》（SL 288—2014）规定，承包人、监理机构采用的部分表式清单。

8.1 承包人采用的表式清单

承包人采用的表式清单见表2。

表 2　　　　　　　　　　　　承包人采用的表式清单

序号	表 格 名 称	表格类型	表 格 编 号
1	施工技术方案申报表	CB01	承包〔　〕技案　　号
2	现场组织机构及主要人员报审表	CB06	承包〔　〕机人　　号

续表

序号	表 格 名 称	表格类型	表 格 编 号
3	材料/中间产品进场报验单	CB07	承包〔 〕报验 号
4	施工/试验设备进场报验单	CB08	承包〔 〕设备 号
5	施工放样报验单	CB11	承包〔 〕放样 号
6	联合测量通知单	CB12	承包〔 〕联测 号
7	施工测量成果报验单	CB13	承包〔 〕测量 号
8	合同工程开工申请表	CB14	承包〔 〕合开工 号
9	分部工程开工申请表	CB15	承包〔 〕分开工 号
10	施工安全交底记录	CB15 附件 1	承包〔 〕安 号
11	施工技术交底记录	CB15 附件 2	承包〔 〕技术 号
12	工序/单元工程质量报验单	CB18	承包〔 〕工报 号
13	变更申请表	CB24	承包〔 〕变更 号
14	施工进度计划调整申报表	CB25	承包〔 〕进调 号
15	工程计量报验单	CB30	承包〔 〕计报 号
16	验收申请报告	CB35	承包〔 〕验报 号
17	报告单	CB36	承包〔 〕报告 号
18	回复单	CB37	承包〔 〕回复 号
19	确认单	CB38	承包〔 〕确认 号
20	工程交接申请表	CB40	承包〔 〕交接 号

8.2 监理机构采用的表式清单

监理机构采用的表式清单见表3。

表 3   监理机构采用的表式清单

序号	表 格 名 称	表格类型	表 格 编 号
1	批复表	JL05	监理〔 〕批复 号
2	监理通知	JL06	监理〔 〕通知 号
3	工程现场书面通知	JL09	监理〔 〕现通 号
4	警告通知	JL10	监理〔 〕警告 号
5	整改通知	JL11	监理〔 〕整改 号
6	暂停施工指示	JL15	监理〔 〕停工 号
7	施工图纸核查意见单	JL23	监理〔 〕图核 号
8	工程进度付款证书	JL19	监理〔 〕进度付 号
9	工程进度付款审核汇总表	JL19 附表 1	监理〔 〕付款审 号
10	变更项目价格审核表	JL13	监理〔 〕变价申 号
11	施工图纸签发表	JL24	监理〔 〕图发 号
12	旁站监理值班记录	JL26	监理〔 〕旁站 号

序号	表 格 名 称	表格类型	表 格 编 号
13	监理巡视记录	JL27	监理〔 〕巡视 号
14	工程质量平行检测记录	JL28	监理〔 〕平行 号
15	工程质量跟踪检测记录	JL29	监理〔 〕跟踪 号
16	安全检查记录	JL31	监理〔 〕安检 号
17	监理日记	JL33	监理〔 〕日记 号
18	监理日志	JL34	监理〔 〕日志 号
19	会议纪要	JL38	监理〔 〕纪要 号
20	监理机构备忘录	JL40	监理〔 〕备忘 号

8.3 岩石地基帷幕灌浆施工质量验收评定表

按照《水工建筑物水泥灌浆施工技术规范》（SL/T 62—2020）附录 D 和《水利水电工程单元工程施工质量验收评定标准——地基处理与基础工程》（SL 633—2012）附录 A，参考《水利水电工程单元工程施工质量验收评定表及填表说明》（2016 年版）以及《水利水电工程施工质量检验与评定规程》（SL 176—2007）的相关表格，采用岩石地基帷幕灌浆各工序、单元工程、分部工程施工质量验收评定表（表 4）。

表 4   岩石地基帷幕灌浆各工序、单元工程、分部工程施工质量验收评定表单

序号	表 格 名 称	表格类型	表格编号
1	岩石地基帷幕灌浆单孔及单元工程施工质量验收评定表	地基处理与基础工程	SL 633—2012、填表说明表 3.1
2	岩石地基帷幕灌浆单孔钻孔工序施工质量验收评定表	地基处理与基础工程	SL 633—2012、填表说明表 3.1.1
3	岩石地基帷幕灌浆单孔灌浆工序施工质量验收评定表	地基处理与基础工程	SL 633—2012、填表说明表 3.1.2
4	重要隐蔽单元工程（关键部位单元工程）质量等级签证表	SL 176—2007	附录 F
5	分部工程施工质量评定表	SL 176—2007	附录 G-1

混凝土防渗墙工程监理实施细则

×××××××工程
混凝土防渗墙工程监理实施细则

审　批：×××

审　核：×××（监理证书号：×××××）

编　制：×××（监理证书号：×××××）

编制单位（机构）名称：×××××××

编制日期：××××年××月

《混凝土防渗墙工程监理
实施细则》编制目录

1 适 用 范 围

本实施细则适用于本合同施工图纸所示的大中型水利建设项目永久或临时建筑物松散透水地基的混凝土防渗墙工程施工监理工作。

混凝土防渗墙工程适用范围如下：

（1）防渗墙厚度为 400mm 及以下的薄墙、深度不大于 40m。

（2）防渗墙厚度为 600～800mm、深度不大于 80m。

（3）防渗墙厚度为 1000～1200mm、深度不大于 100m。

2 编 制 依 据

2.1 有关现行法律法规

（1）《建设工程质量管理条例》（2000 年 1 月 30 日中华人民共和国国务院令第 279 号，2017 年 10 月 7 日中华人民共和国国务院令第 687 号修改）。

（2）《国务院办公厅关于加强基础设施工程质量管理的通知》（1999 年 2 月 13 日国办发〔1999〕16 号）。

2.2 部门规章、规范性文件

（1）《水利工程质量管理规定》（水利部令第 52 号）。

（2）《水利工程质量检测管理规定》（2009 年 1 月 1 日水利部令第 36 号，2017 年 12 月 22 日水利部令第 49 号修改）。

2.3 技术标准

（1）《水利工程施工监理规范》（SL 288—2014）。

（2）《水利工程建设标准强制性条文》（2020 年版）。

（3）《水闸施工规范》（SL 27—2014）。

（4）《水工混凝土施工规范》（SL 677—2014）。

（5）《水利水电工程施工测量规范》（SL 52—2015）。

（6）《建筑地基处理技术规范》（JGJ 79—2012）。

（7）《建筑地基基础工程施工质量验收标准》（GB 50202—2018）。

（8）《水利水电工程混凝土防渗墙施工技术规范》（SL 174—2014）。

（9）《水利水电工程单元工程施工质量验收评定标准——混凝土工程》（SL 632—2012）。

（10）《水利水电工程施工质量检验与评定规程》（SL 176—2007）。

（11）《水利水电建设工程验收规程》（SL 223—2008）。

（12）《水利水电工程施工安全管理导则》（SL 721—2015）。

（13）《通用硅酸盐水泥》（GB 175—2023）。

（14）《混凝土用水标准》（JGJ 63—2006）。

（15）《土的工程分类标准》（GB/T 50145—2007）。

（16）《水利水电工程注水试验规程》（SL 345—2007）。

（17）《水工混凝土试验规程》（SL/T 352—2020）。

（18）《膨润土》（GB/T 20973—2020）。

（19）《混凝土结构通用规范》（GB 55008—2021）。

（20）《水利水电工程施工测量规范》（SL 52—2015）。

（21）《钻井液材料规范》（GB/T 5005—2010）。

（22）《建设用卵石、碎石》（GB/T 14685—2022）。

（23）《建设用砂》（GB/T 14684—2022）。

（24）《水工混凝土外加剂技术规程》（DL/T 5100—2014）。

（25）《混凝土外加剂应用技术规范》（GB 50119—2013）。

（26）《钢筋混凝土用钢　第 1 部分：热轧光圆钢筋》（GB 1499.1—2024）。

（27）《钢筋混凝土用钢　第 2 部分：热轧带肋钢筋》（GB 1499.2—2024）。

2.4　经批准的勘测设计文件、签订的合同文件

（1）监理合同文件。

（2）施工合同文件（包括合同技术条款）。

（3）建设勘察初步设计报告、设计文件与施工图纸、技术说明、技术要求。

2.5　经批准的监理规划、施工相关文件和方案

（1）监理规划。

（2）施工组织设计、专项施工方案、施工工艺试验方案。

（3）施工措施计划、安全技术措施、施工总进度计划、施工度汛方案。

3　专 业 工 程 特 点

结合本工程的特点选择或补充专业工程的特点。

3.1　施工技术的多样性和复杂性

混凝土防渗墙的施工涉及多种成墙工艺，如钻劈法、钻抓法、抓取法、洗削法等，每种工艺都有其特定的适用范围和优点。在施工过程中，除了孔口导墙和主要钻机轨道外，还需要构建供电、供水系统，以及建设造孔、供浆、清孔、混凝土运输、搅拌等辅助设施，因此施工面广、工作量大。

3.2　适用性和广泛性

混凝土防渗墙在多种地质条件下都适用，包括松软的淤泥、漂石、砂卵石甚至岩层，但施工难度不尽相同。混凝土防渗墙用途广泛，不仅能够防渗，还可抵御水流的冲刷，或作挡土、承重结构，可应用在大型深基础工程，也可应用于小型基础工程；既可用于临时建筑物（如截流围堰），也可用于永久工程（如大坝基础）。

3.3　安全性和可靠性

混凝土防渗墙施工多为地下作业，容易产生安全和质量隐患，但墙体连续性强、防水能力强、承重能力好，因此合理应用混凝土防渗墙可以有效地提高工程的施工质量。混凝土防渗墙施工技术和工艺较为成熟，检测方法简便，能够为工程质量提供可靠保障。

3.4　经济性和耐久性

相比其他防渗措施，混凝土防渗墙具有较好的耐久性，防渗效果良好。

4　专业工程开工条件检查

4.1　检查发包人应提供的施工条件

（1）施工详图阶段的防渗墙设计图纸和说明书。

（2）墙体材料的种类、性能指标及其施工技术要求。

（3）工程地质和水文地质资料、防渗墙轴线处的勘探孔柱状图和地质剖面图，勘探孔的间距可为50～100m，地质条件变化较大时，勘探孔间距不宜大于20m。

（4）水文气象资料。

（5）泥浆材料及墙体材料的产地、质量、储量、开采运输条件等资料。

（6）施工区域内的地下管线、地下构筑物、周边建筑物及有其他特殊要求的详细资料。

（7）对振动、噪声、排污等有关环境保护的要求及说明资料。

（8）施工中应使用的标准以及有关的其他文件。

［《水利水电工程混凝土防渗墙施工技术规范》（SL 174—2014）第1.0.6条。］

4.2　施工前进行技术交底

混凝土防渗墙施工前，监理机构参加或受发包人委托主持设计单位向承包人进行技术交底，说明防渗墙的设计技术要求、施工条件及与其他有关施工项目之间的关系。

［《水利水电工程混凝土防渗墙施工技术规范》（SL 174—2014）第1.0.8条。］

4.3　审批施工单位提交的文件

（1）审批混凝土防渗墙施工措施计划。监理机构按照合同技术文件要求，在防渗墙工程开工前审批承包人编制的混凝土防渗墙施工措施计划。其内容如下：

1）防渗墙槽段划分和合拢段布置。

2）挖槽（造孔）设备和辅助设施布置。

3）槽孔建造施工工艺。

4）泥浆试验、泥浆置换和清孔方法。

5）钢筋笼制作和堆放。

6）防渗墙观测仪器布置及预埋方法。

7）混凝土配合比试验及其性能。

8）墙体浇筑工艺和墙段连接措施。

9）废浆及沉渣排放措施。

10）施工进度计划。

［《水利水电工程标准施工招标文件技术标准和要求（合同技术条款）》（2009年版）第11章基础防渗墙工程第11.1.3条。］

（2）审批施工组织设计。防渗墙工程开工前，监理机构审批承包人编制施工组织设计，内容包括：

1）工程概述（包括施工项目、合同工程量及合同工期）。

2）施工平面布置。

3）施工工序、工艺和设备配置（包括规格、型号、台时生产率、使用说明书）。

4）施工进度计划。

5）材料与劳动力投入计划。

6）组织管理机构。

7）可能遇到的不良地层或不利施工条件下的造孔、成槽与浇筑措施。

8）质量控制措施。

9）安全生产与环境保护措施。

10）其他按合同文件规定应报告或说明的情况。

［《水利工程质量管理规定》（水利部令第 52 号）第四十四条，《水利工程施工监理规范》（SL 288—2014）第 5.2.2 条。］

4.4　原材料、中间产品质量控制

监理机构对水泥、砂、土等原材料和混凝土等中间产品进行进场检验，经检验合格后可用于工程建设。

［《水利工程施工监理规范》（SL 288—2014）第 6.2.6 条。］

4.5　复核施工放样成果

防渗墙工程开工前，监理机构复核承包人施工放样成果。

［《水利水电工程施工测量规范》（SL 52—2015）第 1.0.6 条，《水利工程施工监理规范》（SL 288—2014）第 6.2.8 条。］

4.6　核查施工设备

监理机构应监督承包人按照施工合同约定安排钻孔、挖（铣）槽机械等施工设备及时进场，并对进场的施工设备及其合格性证明材料进行核查；旧施工设备（包括租赁的旧设备）应进行试运行，监理机构确认其符合使用要求和有关规定后方可投入使用；监理机构发现承包人使用的施工设备影响施工质量、进度和安全时，应及时要求承包人增加、撤换。

［《水利工程施工监理规范》（SL 288—2014）第 6.2.3 条、第 6.2.6 条和第 6.2.7 条。］

4.7　指示承包人进行生产性试验

监理机构应指示承包人在工程地质条件相类似的地段或在防渗墙中心线部位进行生产性试验，以验证设定的造孔、固壁泥浆、墙体浇筑等施工工艺和参数的适应性，审批承包人的试验方案；承包人试验完成后，将试验成果提交监理机构确认；监理机构依据试验成果审查承包人提交的施工工艺。

［《水利水电工程标准施工招标文件技术标准和要求（合同技术条款）》（2009 年版）第 11 章基础防渗墙工程第 11.2.1 条，《水利工程施工监理规范》（SL 288—2014）第 6.2.9 条。］

4.8　混凝土配合比试验

审批承包人塑性混凝土和固化灰浆的室内和现场混凝土配合比试验成果。

［《水利水电工程标准施工招标文件技术标准和要求（合同技术条款）》（2009 年版）

第11章基础防渗墙工程第11.2.2条。]

4.9 分部工程开工申请

本工程防渗墙划分为分部工程时，工程监理机构应检查施工单位的施工准备情况，当具备开工条件后，批复施工单位提出的分部工程开工申请。

5 现场监理工作内容、程序和控制要点

5.1 监理工作内容

（1）施工过程质量控制。对施工平台及导墙、泥浆、槽孔建造、墙体材料、城墙施工、墙段连接、防渗墙施工、特殊情况处理等施工过程，按照《工程建设标准强制性条文（水利工程部分）》以及有关技术标准和施工合同约定，对施工质量及与质量活动相关的人员、原材料、中间产品、工程设备、施工设备、工艺方法和施工环境等质量要素进行监督和控制。

[《水利水电工程混凝土防渗墙施工技术规范》（SL 174—2014），《水利工程施工监理规范》（SL 288—2014）第6.2.3条。]

（2）施工进度控制。监理机构应检查承包人是否按照批准的施工进度计划组织施工，资源的投入是否满足施工需要；监理机构应跟踪检查施工进度，分析实际施工进度与施工进度计划的偏差，并采取相应的监理措施；监理机构在检查中发现实际施工进度与施工进度计划发生了实质性偏离时，应指示承包人分析进度偏差原因、修订施工进度计划并报监理机构审批。

[《水利工程施工监理规范》（SL 288—2014）第6.3.3条。]

（3）工程资金控制。监理机构在施工合同约定期限内，对承包人提交的结清申请单及相关证明材料，依据钢筋混凝土防渗墙、塑性混凝土防渗墙按施工图纸所示尺寸计算的有效截水面积以平方米为单位计量进行审核，同意后签发完工付款证书，报发包人。

[《水利工程施工监理规范》（SL 288—2014）第6.4.8条，《水利水电工程标准施工招标文件技术标准和要求（合同技术条款）》（2009年版）第11章基础防渗墙工程第11.4.1条。]

（4）检查施工单位落实施工安全、文明施工、环境保护和水土保持工作情况。

1）督促承包人对作业人员进行安全交底，检查承包人安全技术措施的落实情况，及时制止违规施工作业。巡视检查承包人的用电安全、消防措施和场内交通管理等情况。检查承包人安全防护用品的配备情况。监理机构发现施工安全隐患时，应要求承包人立即整改；必要时，可指示承包人暂停施工，并及时向发包人报告。监理机构应监督承包人将列入合同安全施工措施的费用按照合同约定专款专用，并在监理月报中记录安全措施费投入及使用情况。

[《水利工程施工监理规范》（SL 288—2014）第6.5条，《水利水电工程施工安全管理导则》（SL 721—2015）第4.3.1条、第6.2.8条、第7.6.10条。]

2）依据有关文明施工规定和施工合同约定，审核承包人的文明施工组织机构和措施。检查承包人文明施工的执行情况，并监督承包人通过自查和改进，完善文明施工

管理。督促承包人开展文明施工的宣传和教育工作，积极配合当地政府和居民共建和谐建设环境。

3）监督承包人落实合同约定的施工现场水土保持及环境保护工作。

［《水利工程施工监理规范》（SL 288—2014）第6.6条，《水利水电工程标准施工招标文件技术标准和要求（合同技术条款）》（2009年版）第4章环境保护和水土保持。］

（5）监理人员按照《水利工程施工监理规范》要求填写现场记录，包括监理日记、监理日志、旁站监理值班记录等；监理机构根据工作需要向承包人发布文件、编制监理月报和根据工作需要编制专题工作报告并报送发包人。

［《水利工程施工监理规范》（SL 288—2014）第4.2条、附录D。］

5.2 监理工作程序

（1）依据监理合同选派监理工程师、监理员和其他工作人员。

（2）监理人员熟悉有关工程建设有关法律法规、规章以及技术标准，熟悉工程设计文件、施工合同文件和监理合同文件。

（3）监理机构对监理人员进行监理工作交底。

（4）编制监理实施细则。

（5）实施施工监理工作。

（6）整理监理工作档案资料。

（7）参加工程验收工作，参加发包人与承包人的工程交接和档案资料移交。

（8）按合同约定实施缺陷责任期的监理工作。

（9）向发包人提交有关监理档案资料、监理工作报告。

（10）向发包人移交其所提供的文件资料和设施设备。

［《水利工程施工监理规范》（SL 288—2014）第4.1条。］

5.3 监理控制要点

（1）监督承包人的混凝土防渗墙质量保证体系的实施和改进情况。

（2）检查承包人的工程质量检测工作是否符合规范要求。

（3）依据确认的现场工艺试验成果，审查承包人提交的施工措施计划中的施工工艺。

（4）通过现场察看、查阅施工记录以及按照《水利工程施工监理规范》（SL 288—2014）第6.2.11条、第6.2.13条、第6.2.14条实施的旁站监理、跟踪检测和平行检测等方式，对施工质量进行控制。

（5）要求承包人按施工合同约定及有关规定对工程质量进行自检，合格后方可报监理机构复核。

（6）单元工程（工序）的质量评定未经监理机构复核或复核不合格，承包人不得开始下一单元工程（工序）的施工。

（7）发现承包人使用的原材料、中间产品、施工设备或其他原因可能导致工程质量不合格或造成质量问题时，应及时发出指示，要求承包人立即采取措施纠正，必要时，责令其停工整改。

(8) 发现施工环境可能影响工程质量时，应指示承包人采取消除影响的有效措施。必要时，按第6.3.5条第1款规定要求其暂停施工。

[《水利工程施工监理规范》(SL 288—2014) 第6.2.2条、第6.2.4条、第6.2.9条、第6.2.10条。]

6 检查和检验项目、标准和工作要求

混凝土防渗墙施工为重要隐蔽工程，监理机构必须加强对人员、设备、原材料以及各个工序的质量控制，采取巡视检查、重点部位和关键工序进行旁站监理、平行检测和跟踪检测的方法，对施工过程进行控制，确保工程质量。

6.1 要求承包人提交的施工记录和质量报表

施工过程中，监理机构应要求承包人提交以下各项施工记录和质量报表：

(1) 防渗墙轴线及槽段测量放样资料。

(2) 墙体材料试验和配合比试验成果。

(3) 槽孔造孔、泥浆置换、清孔、墙体浇筑等施工记录。

(4) 质量检查记录和质量事故处理记录等。

(5) 仪器设备安装埋设的施工记录和质量检查报表。

[《水利水电工程标准施工招标文件技术标准和要求（合同技术条款）》（2009年版）第11章基础防渗墙工程第11.1.3项和第24章工程安全监测第24.1.3项。]

6.2 墙体质量检查内容和质量标准

防渗墙质量检查程序包括工序质量检查和墙体质量检查。工序质量检查在施工过程中进行，墙体质量检查在成墙后抽查。

工序质量检查包括造孔、终孔、清孔、接头处理、混凝土浇筑（包括钢筋笼、预埋件、观测仪器安装埋设）等。各工序检查合格后，监理机构应签发工序质量检查合格证。上道工序未经检查合格，不应进行下道工序。

(1) 槽孔建造的终孔质量检查包括下列内容：

1) 孔深、槽孔中心偏差、孔斜率、槽宽和孔形。

2) 基岩岩样与槽孔嵌入基岩深度。

3) 一期、二期槽孔可接头的套接厚度。

(2) 槽孔的清孔质量检查包括下列内容：

1) 接头孔刷洗质量。

2) 孔底淤积厚度。

3) 孔内泥浆性能（包括密度、黏度、含砂量）。

(3) 混凝土浇筑质量检查包括下列内容：

1) 导管布置。

2) 导管埋深。

3) 浇筑混凝土面的上升速度。

4) 钢筋笼、预埋件、观测仪器安装埋设。

5）混凝土面高差。

（4）墙体材料质量检查包括下列内容：

1）混凝土成型试件应在槽孔口现场取样。

2）抗压强度试件每个墙段至少成型 1 组，大于 $500m^3$ 的墙段至少成型 2 组，抗渗性能试件每 8～10 个墙段成型 1 组。

3）薄墙抗压强度试件每 5 个墙段成型 1 组，抗渗性能试件每 20 个墙段成型 1 组。

4）固化灰浆和自凝灰浆应进行抗压及抗渗试验，试验组数根据工程规模确定。

5）确需进行弹性模量试验时，弹性模量试件数量根据需要确定。

（5）墙体质量检查包括墙体物理力学性能指标、控制墙段接缝和可能存在的缺陷。成墙后检查可采用钻孔取芯、注水试验或其他检测等方法，注水试验按照《水利水电工程注水试验规程》（SL 345—2007）的规定进行。检查孔的数量宜为每 15～20 个槽孔 1 个，位置应具有代表性，遇有特殊要求时，可酌情增加检测项目及检测频率，固化灰浆和自凝灰浆的质量检查可在合适龄期进行。

［《水利水电工程混凝土防渗墙施工技术规范》（SL 174—2014）第 13.0.1～13.0.8 条。］

6.3 巡视检查要点

（1）监理机构应对承包人的人员、原材料、中间产品、钻孔、挖（铣）槽机械等施工设备、工艺方法、施工环境和工程质量等进行巡视检查。

（2）监理机构应对承包人的用电安全、消防措施、危险品管理和场内交通管理等情况进行巡视。

（3）监理机构应对造孔、终孔、清孔、接头处理、混凝土浇筑（包括钢筋笼、预埋件、观测仪器安装埋设）等进行巡视。

［《水利工程施工监理规范》（SL 288—2014）第 6.2.10 条、第 6.5.5 条，《水利工程质量管理规定》（水利部令第 52 号）第四十五条。］

6.4 旁站监理的范围、内容、控制要点和记录

（1）旁站监理的范围为：防渗墙混凝土浇筑工序、预埋件和观测仪器安装埋设工序。

（2）旁站监理控制要点和记录的主要内容包括：天气情况、人员情况、施工起止时间、施工部位等。人员情况应真实记录现场与旁站有关的施工单位的技术、质检人员名单和班组长及现场人员数量。施工起止时间应记录施工开始时间和结束时间。施工部位应写清所在部位的桩号、轴线、标高。

（3）主要设备及运转情况。主要记述施工时使用的拌和设备、混凝土输送泵、钻孔挖槽机械等主要设备的名称、规格、数量，与施工单位报验并经监理工程师审批的设备是否一致，施工机械设备运转状态。

（4）主要材料使用情况。主要记录使用的主要材料的名称、型号、厂家、数量及其与施工报验并经监理工程师审批的材料是否一致，如泥浆下混凝土防渗墙成墙旁站记录"材料使用情况"应写清水泥生产厂家、强度、等级、出厂编号、使用数量，若采用外加剂，还应写清外加剂名称、生产厂家、掺量等。描述混凝土拌制用砂的含水率、

含泥量、细度模数；粗骨料超逊径含量、含泥量、针片状含量；混凝土坍落度、含气量等。

（5）施工过程描述。在泥浆下混凝土防渗墙成墙施工时，主要描述导管内径及埋入混凝土的深度、两套以上导管的中心距离、混凝土面上升速度、测量槽孔内混凝土面深度、混凝土连续浇筑的时间和因故中断时间、现场填绘混凝土浇筑指示图，以及槽孔口设置的盖板情况等内容。

（6）监理现场检查、检测情况。记录监理机构巡视检查情况和对承包人发出的通知、见证取样、跟踪检测和平行检测记录等。

（7）承包人提出的问题和监理机构的答复和指示。

［《水利工程质量管理规定》（水利部令第 52 号）第四十五条，《水利工程施工监理规范》（SL 288—2014）第 4.2.3 条。］

6.5　检测项目、标准和检测要求及平行和跟踪检测的数量和要求

（1）检测项目、标准和检测要求。

1）水泥：以同一水泥厂、同品牌、同强度等级、同出厂编号，袋装水泥每 200t 为一检验批，散装水泥每 400t 为一检验批次，不足 200t、400t 也作为一取样单位。检测指标包括凝结时间、安定性、抗压强度、抗折强度、烧失量等。

［《水工混凝土施工规范》（SL 677—2014）第 11.2.3 条，《通用硅酸盐水泥》（GB 175—2023）第 7 条。］

2）混凝土外加剂：外加剂验收检验的取样单位按掺量划分。掺量不小于 1% 的外加剂以不超过 100t 为一取样单位，掺量小于 1% 的外加剂以不超过 50t 为一取样单位，掺量小于 0.05% 的外加剂以不超过 2t 为一取样单位。不足一个取样单位的应按一个取样单位计。外加剂验收检验项目：减水率、泌水率比、含气量、凝结时间差、坍落度损失、抗压强度比。必要时进行收缩率比、相对耐久性和匀质性检验。

［《水工混凝土施工规范》（SL 677—2014）第 11.2.6 条。］

3）膨润土：每 60t 为一检验批次，不足 60t 也应检测一次；散装每一罐车为一批。

［《膨润土》（GB/T 20973—2020）。］

4）砂：1 组/600t，不足 600t 也取 1 组。

［《普通混凝土用砂、石质量及检验方法标准》（JGJ 52—2006）。］

5）混凝土成型试件：应在槽孔口现场取样，抗压强度试件每个墙段至少成型 1 组，大于 500m 的墙段至少成型 2 组；抗渗性能试件每 8～10 个墙段成型 1 组；薄墙抗压强度试件每 5 个墙段成型 1 组，抗渗性能试件每 20 个墙段成型 1 组。

［《水利水电工程混凝土防渗墙施工技术规范》（SL 174—2014）第 13.0.7 条。］

（2）平行检测和跟踪检测：按照监理合同约定的数量和比例进行平行检测和跟踪检测，其中混凝土平行检测试样不少于承包人检测数量的 3%；混凝土跟踪检测试样不少于承包人检测数量的 7%。

［《水利工程质量管理规定》（水利部令第 52 号）第四十五条，《水利水电工程施工质量检验与评定规程》（SL 176—2007）第 4.2.1 条，《水利工程施工监理规范》（SL 288—2014）第 6.2.13 条、第 6.2.14 条。］

7　质量评定工作及资料要求

7.1　质量评定一般原则和要求

防渗墙工程系重要隐蔽工程，应严格按照合同技术条款、设计文件和《水利水电工程施工质量检验与评定规程》（SL 176—2007）进行施工质量评定，切实保证工程质量。

7.2　工序、单元工程质量评定

（1）单元工程划分。每一槽孔为一单元工程。

（2）工序及单元工程质量验收评定标准执行《水利水电工程单元工程施工质量验收评定标准——地基处理与基础工程》（SL 633—2012）。

（3）混凝土防渗墙为重要隐蔽单元工程及关键部位单元工程，质量经承包人自评合格、监理单位抽检后，由项目法人、监理、设计、施工、工程运行管理等单位组成联合小组，共同检查核定其质量等级并填写签证表，报工程质量监督机构核备。

［《水利水电工程施工质量检验与评定规程》（SL 176—2007）第 5.3.1 条、第 5.3.2 条。］

（4）工序和单元工程施工质量评定的监理工作。

1）工序工程质量评定。

a. 监理机构提交工序中施工质量检验项目的平行检测资料。

b. 监理机构复核承包人提交的工序施工质量验收评定表：核查施工单位报验资料是否真实、齐全；结合平行检测和跟踪检测结果，复核工序施工质量检验项目是否符合本标准的要求，签署工序施工质量评定意见。

2）单元工程质量评定。

a. 监理机构提交对单元工程施工质量的平行检测资料和监理工程师签署质量复核意见的单元工程施工质量验收评定表。

b. 监理机构复核承包人提交的单元工程施工质量验收评定表：核查施工单位报验资料是否真实、齐全；对照施工图纸及施工技术要求，结合平行检测和跟踪检测结果等，复核单元工程质量是否达到标准要求；检查已完单元遗留问题的处理情况，在施工单位提交的单元工程施工质量验收评定表中填写复核记录，并签署单元工程施工质量评定意见。

［《水利水电工程施工质量检验与评定规程》（SL 176—2007）第 5.3.1 条。］

7.3　资料要求

（1）监理机构应要求承包人安排专人负责工程档案资料的管理工作，监督承包人按照有关规定和施工合同约定进行档案资料的预立卷和归档。

（2）监理机构对承包人提交的归档材料应进行审核，并向发包人提交对工程档案内容与整编质量情况审核的专题报告。

（3）监理机构应按有关规定及监理合同约定，安排专人负责监理档案资料的管理工作。凡要求立卷归档的资料，应按照规定及时预立卷和归档，妥善保管。

（4）在监理服务期满后，监理机构应对要求归档的监理档案资料逐项清点、整编、登记造册，移交发包人。

[《水利工程施工监理规范》(SL 288—2014)第 6.8.6 条。]

(5)监理机构归档资料清单(不限于)如下:

1)监理机构的设置与主要人员情况表。

2)监理大事记。

3)监理实施细则。

4)监理制度。

5)施工图审查意见单、施工图签发表,设计技术交底会议纪要、项目法人及设计单位技术方案通知等。

6)施工技术方案申报表、批复表。

7)施工进度计划申报表、批复表。

8)承包人现场组织机构及主要人员报审表、批复表(人员证件)。

9)原材料/中间产品进场报验单、批复表。

10)施工设备进场报验单、批复表。

11)施工放样报验单、批复表。

12)施工测量成果报验单、批复表。

13)项目划分批复文件及报审表、划分表。

14)分部工程开工批复、分部工程开工申请表。

15)施工进度控制资料。

16)监理通知、警告通知、整改通知及回复单。

17)暂停施工指示。

18)旁站监理值班记录。

19)监理巡视记录。

20)工程质量平行检测记录。

21)工程质量跟踪检测监理。

22)见证取样跟踪记录。

23)安全检查记录。

24)事故报告单、批复表。

25)工程结算书、月支付资料(附支持性资料)。

26)工程计量资料(计量依据、完成图纸、计算过程、计算结果)。

27)工程变更(合同外新增)价格申请、审批、签认单。

28)工程变更申请、指示、通知。

29)索赔申请、审核、费用签认。

30)会议纪要:第一次工地会议、监理例会、监理专题会议等。

31)监理月报。

32)监理日记、日志。

33)工程项目施工质量评定表,由监理单位填写、项目法人认定、质量监督机构核定,盖单位公章。

34)单位工程施工质量评定表,由施工单位自评、监理单位复核、项目法人认定、质量监督机构核定，盖单位公章。

35）分部工程施工质量评定表，由施工单位自评、监理单位复核（加盖项目机构章）、项目法人认定、质量监督机构核备。

36）检测检查记录台账。

37）原材料厂方的质量保证资料，进场复检见证资料（施工单位提供）。

38）配合比（施工单位提供）。

39）原材料及中间产品平行检测。

40）单元工程监理平行检测记录备查表（抽检表）。

41）合同完工验收申请报告、验收鉴定书。

42）单位工程验收申请报告，验收鉴定书。

43）分部工程验收申请报告，验收鉴定书（按分部工程编码排列）。

44）重要隐蔽（关键部位）单元工程签证资料。由施工单位自评，监理单位抽查，项目法人、设计、监理、施工、运行管理单位联合小组核定，填写隐蔽单元工程质量等级签证表，附件齐全，由项目法人报质量监督机构核备。

45）影像资料，主要反映监理工作情况。

8 采用的表式清单

8.1 评定表式清单

采用水利水电工程单元工程施工质量验收评定表及填表说明。

（1）混凝土防渗墙单元工程施工质量验收评定表。

（2）混凝土防渗墙造孔工序施工质量验收评定表。

（3）混凝土防渗墙清孔工序施工质量验收评定表。

（4）混凝土防渗墙混凝土浇筑工序施工质量验收评定表。

8.2 记录表式清单

采用《水利水电工程混凝土防渗墙施工技术规范》（SL 174—2014）附录 B 施工记录图表格式：

（1）防渗墙工程冲击钻造孔班报表。

（2）防渗墙工程抓斗挖槽班报表。

（3）导管下设及开浇情况记录表。

（4）混凝土浇筑导管拆卸记录表。

（5）孔内混凝土面测量深度记录表。

（6）槽孔混凝土浇筑指示图及浇筑过程记录表。

（7）接头管下设记录表。

（8）接头管起拔记录表。

（9）造孔质量检查记录表。

（10）清空质量检验记录表。

（11）单孔基岩面鉴定表。

8.3 承包人采用的表式清单

承包人采用的表式清单见表1。

表1　　　　　　　　　　　　承包人采用的表式清单

序号	表格名称	表格类型	表格编号
1	施工技术方案申报表	CB01	承包〔　〕技案
2	现场组织机构及主要人员报审表	CB06	承包〔　〕机人
3	材料/中间产品进场报验单	CB07	承包〔　〕报验
4	施工/试验设备进场报验单	CB08	承包〔　〕设备
5	施工放样报验单	CB11	承包〔　〕放样
6	联合测量通知单	CB12	承包〔　〕联测
7	施工测量成果报验单	CB13	承包〔　〕测量
8	合同工程开工申请表	CB14	承包〔　〕合开工
9	分部工程开工申请表	CB15	承包〔　〕分开工
10	施工安全交底记录	CB15附件1	承包〔　〕安
11	施工技术交底记录	CB15附件2	承包〔　〕技术
12	工序/单元工程质量报验单	CB18	承包〔　〕工报
13	变更申请表	CB24	承包〔　〕变更
14	施工进度计划调整申报表	CB25	承包〔　〕进调
15	工程计量报验单	CB30	承包〔　〕计报
16	验收申请报告	CB35	承包〔　〕验报
17	报告单	CB36	承包〔　〕报告
18	回复单	CB37	承包〔　〕回复
19	确认单	CB38	承包〔　〕确认
20	工程交接申请表	CB40	承包〔　〕交接

8.4 监理机构采用的表式清单

监理机构采用的表式清单见表2。

表2　　　　　　　　　　　　监理机构采用的表式清单

序号	表格名称	表格类型	表格编号
1	批复表	JL05	监理〔　〕批复
2	监理通知	JL06	监理〔　〕通知
3	工程现场书面通知	JL09	监理〔　〕现通
4	警告通知	JL10	监理〔　〕警告
5	整改通知	JL11	监理〔　〕整改
6	暂停施工指示	JL15	监理〔　〕停工
7	施工图纸核查意见单	JL23	监理〔　〕图核
8	工程进度付款证书	JL19	监理〔　〕进度付

序号	表格名称	表格类型	表格编号
9	工程进度付款审核汇总表	JL19 附表 1	监理〔 〕付款审
10	变更项目价格审核表	JL13	监理〔 〕变价申
11	施工图纸签发表	JL24	监理〔 〕图发
12	旁站监理值班记录	JL26	监理〔 〕旁站
13	监理巡视记录	JL27	监理〔 〕巡视
14	工程质量平行检测记录	JL28	监理〔 〕平行
15	工程质量跟踪检测记录	JL29	监理〔 〕跟踪
16	安全检查记录	JL31	监理〔 〕安检
17	监理日记	JL33	监理〔 〕日记
18	监理日志	JL34	监理〔 〕日志
19	会议纪要	JL38	监理〔 〕纪要
20	监理机构备忘录	JL40	监理〔 〕备忘

土料填筑工程监理实施细则

××××××××工程
土料填筑工程监理实施细则

审　　批：×××

审　　核：×××（监理证书号：×××××）

编　　制：×××（监理证书号：×××××）

编制单位（机构）名称：×××××××

编制日期：××××年××月

《土料填筑工程监理实施细则》 编制目录

1 适 用 范 围

本细则适用于以黏土为填筑料的堤防、土坝、基坑等土方填筑工程，包括各项永久工程和临时工程土方填筑的施工。其工作内容包括：土料平衡，现场碾压试验，土料开采、加工和运输，土方的填筑、碾压和接缝处理，以及各项工作内容的质量检查和验收等。对填筑材料另有要求的则应另行编制。

2 编 制 依 据

2.1 有关现行规程、规范、标准和规定

（1）《水利工程施工监理规范》（SL 288—2014）。

（2）《水利水电工程施工质量检验与评定规程》（SL 176—2007）。

（3）《水利水电建设工程验收规程》（SL 223—2008）。

（4）《水利水电工程单元工程施工质量验收评定标准——土石方工程》（SL 631—2012）。

（5）《水利水电工程单元工程施工质量验收评定标准——混凝土工程》（SL 632—2012）。

（6）《水利水电工程单元工程施工质量验收评定标准——地基处理与基础工程》（SL 633—2012）。

（7）《水利水电工程单元工程施工质量验收评定标准——堤防工程》（SL 634—2012）。

（8）《堤防工程施工规范》（SL 260—2014）。

（9）《水利水电工程施工测量规范》（SL 52—2015）。

（10）《土工试验方法标准》（GB/T 50123—2019）。

（11）《水工建筑物岩石基础开挖工程施工技术规范》（SL 47—1994）。

（12）《建筑地基基础工程施工质量验收标准》（GB 50202—2018）。

（13）《水利工程建设标准强制性条文》（2020 版）。

（14）《建筑地基处理技术规范》（JGJ 79—2012）。

（15）《水利水电工程标准施工招标文件技术标准和要求（合同技术条款）》（2009 年版）。

2.2 有关合同文件、设计文件与图纸、施工措施方案、技术说明及资料

（1）监理合同文件。

（2）施工合同文件。

（3）勘察设计文件、图纸和技术要求。

（4）监理规划。

（5）经监理机构批准的施工组织设计及技术措施。

3 专 业 工 程 特 点

（1）土料的天然含水量高低常影响其施工方法和机械的选择。为了避免土料含水量过大，土料开采多在水上进行。当土层较厚且沿深度性质不均匀、要求混合使用时，且土料

含水量适宜、无需降低含水量时，多采用立面开采，使用的开挖机械有挖掘机、斗轮挖掘机、装载机等。

（2）施工环境复杂。土方填筑工程的施工过程通常需要在复杂的施工环境下进行，如狭窄的作业空间、不平坦的地形、不稳定的土层等，这给土方填筑施工带来了较大的影响。此外，土方工程的施工过程还会受到天气、地质条件等自然因素的限制。

（3）施工进度要求高。土方填筑的施工周期通常较短，需要在有限的时间内完成大量工作量。土方施工的工期一旦延长，会对整个工程的进度造成很大的不利影响。因此，土方工程要求施工方具备一定的组织协调能力和施工速度，合理安排施工进度，确保工期的顺利完成。

（4）施工安全要求高：由于土方工程涉及大量的土体开挖和移动，施工风险相对较大。例如，土方工程施工中可能存在土坡坍塌、机械设备滑坡等安全隐患。因此，施工方必须加强安全管理，制定合理的安全预防措施，确保施工人员的人身安全和财产安全。

4　专业工程开工条件检查

（1）承包人派驻现场的主要管理、技术人员数量及资格是否与施工合同文件一致。

（2）承包人应根据施工强度选用合适的施工设备，按施工承包合同要求组织进场，并向监理机构报送施工设备进场报验单。监理机构应检查施工设备是否满足施工工期、施工强度和施工质量的要求（未经监理机构检查批准的施工设备不得在工程中使用；未经监理机构的书面批准，施工设备不得撤离施工现场）。土方填筑施工设备选择，依据土方填筑碾压试验结果，选定合适的填筑碾压设备，拟选用设备进场前，须经过监理审批，同意后方可进场。

[《水利工程施工监理规范》（SL 288—2014）第5.2.2条。]

（3）核查进场土料的质量、规格、性能是否符合有关技术标准和技术条款的要求。

[《堤防工程施工规范》（SL 260—2014）第3.3条。]

1）料场位置、开挖范围和开采条件，可开采土料厚度及储量估算。

2）料场的水文地质条件和采料时受水位变动影响的情况。

3）料场土质和天然含水量。

4）根据设计要求对料场土质鉴定情况，并对筑堤土料的适用性做初步评估。

5）土料特性，要求按《土工试验方法标准》（GB/T 50123—2019）的要求做颗粒组成、黏性土的液限、塑限和击实试验以及土料膨胀率等。

6）料场土料的可开采储量应大于填筑需求量的1.5倍。

（4）审查承包人工地试验室是否符合有关规定要求。

（5）督促承包人对发包人提供的测量基准点进行复核，并对承包人在此基础上完成施工测量控制网的布设及施工区原始地形图的测绘进行审核。

（6）对承包人的质量保证体系进行审查。承包人应建立以项目经理、项目总工、质检负责人、专职质检员组成的工程质量管理机构，配备质量检验和测量工程师，建立满足工程质量检测需要的现场试验室，建立"三检"制，完成质量保证体系文件的编制，建立健全施工质量保证体系，并报送监理机构复查认可。

（7）施工组织设计、施工措施计划的审查。监理机构审查施工组织设计、措施计划时，应审查技术方案是否符合相关施工技术要求；土方填筑各个工序要求紧凑衔接，施工段的划分要合理、均衡；审查土方平衡和利用方存料计划时，应注意对再利用土料分类堆放，进行填筑土料质量的预控。土方填筑工程开始施工前14d，承包人必须根据设计文件、施工技术要求和有关规程规范及单元工程施工质量评定标准，结合本单元施工机械设备情况，将土方填筑工程施工措施计划及分部开工申请报告报监理机构审批。对于承包人上报的土方填筑工程施工措施计划及分部开工申请报告，监理工程师主要检查和审核以下（但不限于）内容：

1）工程概况，主要审核设计工程量、实际工程量以及实际现场情况与招投标的差异等。

2）施工测量放样计划，按《施工测量监理实施细则》的规定执行。

3）料场核查情况。

4）施工布置、土料运输方式及场内外道路规划。

5）分区填筑料及其堆存与供料平衡计划。

6）施工程序（包括填筑区段划分、反滤排水设施及护坡工程等施工作业程序）。

7）通过碾压试验拟定的分层碾压参数（包括压实机具、行车速度、铺筑厚度、碾压方式及遍数、洒水量等），是否明确施工条件发生变化时碾压参数的调整方案。

8）施工进度（包括工期安排、典型作业循环时间、分期填筑形象、填筑强度与分区累积填筑工程量等）是否满足合同要求。

9）施工方法（包括卸料、铺料及碾压方式，岸坡和分区接头、接缝与结合面等特殊部位处理，边角部位的铺填、压实方法与机械设备，压实层间结合处理措施，必要时还应报送特殊条件下的填筑措施）是否满足施工质量要求和高效施工。

10）填筑质量检测计划是否符合合同要求，是否满足达到控制施工质量的目的。

11）施工机械的配置与劳动力组合是否满足施工质量和施工进度的双重要求，施工机械和碾压试验所采用的施工机械是否一致。

12）质量保证和安全生产措施是否满足施工安全和质量需求，是否具备实际操作和控制性，是否具备事前控制考虑。

［《水利水电工程标准施工招标文件技术标准和要求（合同技术条款）》（2009 年版）第 13.1.3 条。］

（8）审查规范和技术条款规定的各种施工工艺试验。土方填筑工程开工前 7d，承包人应根据获得的料场复查资料，以及根据料场规划中提供的各种土方填筑料源，提交一份现场生产性试验计划，报监理机构审批，试验成果应报送监理机构。土料碾压试验应确定铺土方式、铺土厚度、碾压机械的类型及重量、压实方法、碾压遍数、填筑含水量等施工方法和参数。

［《水利水电工程标准施工招标文件技术标准和要求（合同技术条款）》（2009 年版）第 13.1.3 条。］

（9）审核承包人在施工准备完成后递交的土方填筑分部工程开工申请报告，签发分部开工通知书。承包人的报审材料，连同审签意见单（一式四份），并经承包人项目经理或总工程师签署、加盖公章后报送监理机构。监理机构在 7d 内返回审签意见单一份（审签意见包括"同意按此执行""按修改意见执行""修改后重新递交""不予批准"4种）。除非审签意见为"修改后重新递交"或"不予批准"，否则承包人即可向监理机构报送相应工程的开工申请报告，监理机构将在收到开工申请报告24h内签发相应工程的开工批复文件，开工批复中应明确开工日期。

5 现场监理工作内容、程序和控制要点

5.1 测量

（1）土方填筑施工过程中，现场监理应要求承包人做好测量放线工作，其主要内容如下：

1）监理机构应主持测量基准点、基准线和水准点及其相关资料的移交，并督促承包人对其进行复核和照管。

2）监理机构应审批承包人编制的施工控制网施测方案，并对承包人施测过程进行监督，批复承包人的施工控制网资料。

3）监理机构应审批承包人编制的原始地形施测方案，可通过监督、复测、抽样复测或与承包人联合测量等方法，复核承包人的原始地形测量成果。

4）监理机构可通过现场监督、抽样复测等方法，复核承包人的施工放样成果。

（2）土方填筑施工过程中，为确保放样质量，避免造成重大失误和不应有的损失，必要时，监理机构可要求承包人在监理工程师直接监督下进行对照检查和校测并记录。但监理机构所进行的任何对照检查和检测，并不免除承包人对保证放样质量所应负的合同责任。

［《水利工程施工监理规范》（SL 288—2014）第6.2.8条。］

5.2 基础处理

（1）承包人在土方填筑前，必须将树木、杂物等全部清除，堤基清理应符合设计要求。

（2）地质勘探孔应逐一检查，并在监理工程师在场时进行处理。

（3）土方填筑必须在基础处理、隐蔽工程和基坑清理等经监理机构验收合格后才能进行。验收合格的堤基应及时填筑，以防造成破坏。现场监理人员对基础处理和清理应做记录。

5.3 接缝及刚性接触面处理

（1）土堤碾压施工，分段间有高差的连接或新老堤相接时，垂直堤轴线方向的各种接缝，应以斜面相接，坡度可采用1:3～1:5，高差大时宜用缓坡。土堤与岩石岸坡相接时，岩坡削坡后不宜陡于1:0.75，严禁出现反坡。

［《堤防工程施工规范》（SL 260—2014）第6.8.1条。］

（2）在土堤的斜坡结合面上填筑时，应符合下列要求：

1）应随填筑面上升进行削坡，并削至质量合格层。

2）削坡合格后，应控制好结合面土料的含水量，边刨毛、边铺土、边压实。

3）垂直堤轴线的堤身接缝碾压时，应跨缝搭接碾压，其搭接宽度不小于3.0m。

〔《堤防工程施工规范》（SL 260—2014）第 6.8.2 条。〕

　　（3）建筑物周边回填土方，宜在建筑物强度达到设计强度 50%～70% 的情况下施工。

　　〔《堤防工程施工规范》（SL 260—2014）第 6.8.3 条。〕

　　（4）填土前，应清除建筑物表面的乳皮、粉尘及油污等，对表面的外露铁件（如模板对销螺栓等）宜割除，必要时对铁件残余露头需用水泥砂浆覆盖保护。

　　（5）填筑时，须先将建筑物表面湿润，边涂泥浆、边铺土、边夯实，涂浆高度应与铺土厚度一致，涂层厚度宜为 3～5mm，并应与下部涂层衔接；严禁泥浆干固后再铺土、夯实。

　　（6）制备泥浆应采用塑性指数 Ip 大于 17 的黏土，泥浆的浓度可用 1∶2.5～1∶3.0（土水重量比）。

　　（7）建筑物两侧填土，应保持均衡上升；贴边填筑宜用夯具夯实，铺土层厚度宜为 15～20cm。

5.4　料场规划

　　料场规划包括以下内容：

　　（1）取土区的划分，以及取土区的运输线路、弃土场等的布置设计。

　　（2）上述各系统和料场所需各项设备和设施的布置。

　　（3）料场的分期用地计划（包括用地数量和使用时间）。

5.5　土方填筑

　　（1）填筑土料的土质参数必须符合设计要求，否则不允许进入施工作业面。对于已运至填筑地点的不合格料，承包人必须挖除并运出施工作业面，并承担相应的合同责任。

　　1）地面起伏不平时，应按水平分层由低处开始逐层填筑，不得顺坡铺填；堤防横断面上的地面坡度陡于 1∶5 时，应将地面坡度削至缓于 1∶5。

　　2）分段作业面的最小长度不应小于 100m；人工施工时段长可适当减短。

　　3）作业面应分层统一铺土、统一碾压，并配备人员或平土机具参与整平作业，严禁出现界沟。

　　4）在软土堤基上筑堤时，如堤身两侧设有压载平台，两者应按设计断面同步分层填筑，严禁先筑堤身后压载。

　　5）相邻施工段的作业面宜均衡上升，若段与段之间不可避免出现高差时，应以斜坡面相接，并按《堤防工程施工规范》（SL 260—2014）第 6.8.1 条及第 6.8.2 条的规定执行。

　　6）已铺土料表面在压实前被晒干时，应洒水湿润。

　　7）用光面碾碾压实黏性土填筑层，在新层铺料前，应对压光层面做刨毛处理。填筑层检验合格后因故未继续施工，因搁置较久或经过雨淋干湿交替使表面产生疏松层时，复工前应进行复压处理。

　　8）若发现局部"弹簧土"、层间光面、层间中空、松土层或剪切破坏等质量问题时，应及时进行处理，并经检验合格后，方准铺填新土。

　　9）施工过程中应保证观测设备的埋设安装和测量工作的正常进行；并保护观测设备和测量标志完好。

10）在软土地基上筑堤，或用较高含水量土料填筑堤身时，应严格控制施工速度，必要时应在地基、坡面设置沉降和位移观测点，根据观测资料分析结果，指导安全施工。

11）对占压堤身断面的上堤临时坡道作补缺口处理，应将已板结老土刨松，与新铺土料统一按填筑要求分层压实。

12）堤身全断面填筑完毕后，应作整坡压实及削坡处理，并对堤防两侧护堤地面的坑洼进行铺填平整。

［《堤防工程施工规范》（SL 260—2014）第 6.1.1 条。］

（2）施工中应严格控制填筑层厚度及土块粒径。人工夯实每层不超过 20cm，土块粒径不大于 5cm，机械压实每层不超过 30cm，土块粒径不大于 8cm。卸料前应有层厚标尺，以控制铺料厚度，每一填层碾压后，应按 20m×20m 方格布网进行高程测量，据此检查填筑厚度，并作为质量、计量认证依据的附件。

［《堤防工程施工规范》（SL 260—2014）第 6.1.2 条。］

（3）土方填筑应采用最优含水量（经试验确定）的土料，且土料的含水量应控制在最优含水量−2%～3%范围内，如超出范围，应采取措施（如翻晒、加水等），使其含水量满足要求后，再进行填筑。承包人应配备能进行现场含水量快速测定的设备，以便进行土料填筑的过程控制。

（4）铺料至设计边线时，应在设计边线外侧各超填一定余量，人工铺料宜为 10cm，机械铺料宜为 30cm，以保证全部设计断面达到压实度要求。

［《堤防工程施工规范》（SL 260—2014）第 2.3 条。］

（5）碾压宜采用进退错距法，在进退方向上一次延伸至整个单元，错距不应大于碾轮宽除以碾压遍数，碾压速度应经碾压试验确定。当采用分段碾压时，相邻两段搭接碾压宽度，顺碾压方向搭接长度不小于 0.5m，垂直碾压方向搭接宽度不小于 3m。机械碾压不到的部位，应辅以夯具夯实，夯实时应采用连环套打法，夯迹双向套压，夯压夯 1/3，行压行 1/3，分段、分片夯实时，夯迹搭压宽度应不小于 1/3 夯径。相邻各层的填筑，原则上应均衡上升，当不能均衡上升时，相邻各层的填筑高差应执行有关规程、规范，并应采取放坡搭接措施。

［《堤防工程施工规范》（SL 260—2014）第 6.1.3 条。］

（6）承包人应根据填筑部位的不同，采取不同的压实方法，确保回填土达到设计要求。建筑物周边的回填土宜用人工和小型机具夯压密实，压实度应符合设计要求。

（7）分段填筑时，各段土层之间应设立标识，以防漏压、欠压和过压，上下层分段位置应错开。

［《堤防工程施工规范》（SL 260—2014）第 6.1.3 条。］

（8）由于气候、施工等原因停工的回填工作面应加以保护，复工时必须仔细清理，经监理机构验收合格后方准填土，并作记录检查。

（9）如填土出现"弹簧土"、层间光面、层间中空、松土层或剪力破坏现象时，应根据情况认真处理，并经监理机构检验合格后，方可进行下一道工序施工。

［《堤防工程施工规范》（SL 260—2014）第 6.1.1 条。］

（10）雨前碾压应注意保持填筑面平整，保持一定坡度以利于排除积水。下雨应采取措施以防雨水下渗和避免积水。下雨或雨后不允许践踏填筑面，雨后填筑面应晾晒或处理，并经监理机构检验合格后方可继续施工。

（11）负温下施工，压实土料的温度必须在－1.0℃以上，但在风速大于10m/s时应停止施工。

（12）填土中严禁有冰雪和冻土块。如因冰雪停止施工，复工前须将表面积雪清理干净，并经监理机构检验合格后方可继续施工。

［《堤防工程施工规范》（SL 260—2014）第6.9.1条。］

（13）承包人应按国家相关规程、规范，以及合同文件、设计文件和监理机构批准的检测计划进行自检，并应在上一工序完成并报监理机构质量检验合格后，再进行下一道工序施工。监理机构应对填筑区域进行抽检，抽检不合格时（如土质不符合要求，土块过多、过大，土料中草皮、树根等杂质未清除干净，或填筑区出现弹簧土、填土面凹凸超标、干密度或压实度达不到设计要求等），监理机构将提出处理意见，包括以下内容：

1）扩大抽检范围。

2）对不合格部位进行返工处理。

3）对抽检范围内的填筑工程全部返工。

4）其他处理措施。

承包人必须按监理机构的指令组织实施，并承担相应的合同责任，监理机构的抽检均在承包人"三检"合格基础上进行，但并不免除承包人应承担的合同责任。

6　检查和检验项目、标准和工作要求

6.1　土方填筑检查、检验项目

土方填筑施工主要划分为基础清理、结合部土方填筑和堤身土方填筑等单元工程。检查、检验的主要项目为：测量放线、基础清理、料场及土料指标、含水量、压实度、分层数、铺土厚度和外观尺寸等。

（1）基础清理单元工程质量检查、检验要求按照《水利水电工程单元工程施工质量验收评定标准——堤防工程》（SL 634—2012）第4.0.4条相关规定执行（表1和表2）。

表1　　　　　　　　　　　　　基面清理施工质量标准表

项次		检查项目	质量要求	检验方法	检验数量
主控项目	1	表层清理	堤基表层的淤泥、腐殖土、泥炭土、草皮、树根、建筑垃圾等应清理干净	观察	全面检查
	2	堤基内坑、槽、沟、穴等处理	按设计要求清理后回填、压实，并符合本标准5～7条的要求	土工试验	每处、每层超过400m² 时按每400m² 取样1个
	3	结合部处理	清除结合部表面杂物，并将结合部挖成台阶状	观察	全面检查

项次		检查项目	质量要求	检验方法	检验数量
一般项目	1	清理范围	基面清理包括堤身、戗台、铺盖、盖重、堤岸防护工程的基面，其边界应在设计边线外 0.3～0.5m。老堤加高培厚的清理尚应包括堤坡及堤顶等	量测	按施工段堤轴线长 20～50m 量测 1 次

表 2　　　　　　　　　　　基面平整压实施工质量标准表

项次		检验项目	质量要求	检验方法	检验数量
主控项目	1	堤基表面压实	堤基清理后应按堤身填筑要求压实，无松土、无弹簧土等，并符合 5～7 条的要求	土工试验	每 400～800m² 取样 1 个
一般项目	1	基面平整	基面应无明显凹凸	观察	全面检查

（2）结合部土方填筑的检查、检验要求按照《水利水电工程单元工程施工质量验收评定标准——土石方工程》（SL 631—2012）中第 6.2 条土方填筑中相关规定执行（表 3～表 5）。

表 3　　　　　　　　　　　结合面处理施工质量标准表

项次		检验项目	质量要求	检验方法	检验数量
主控项目	1	建基面地基压实	黏性土、砾质土地基土层的压实度等指标符合设计要求。无黏性土地基土层的相对密实度符合设计要求	方格网布点检查	坝轴线方向 50m，上下游方向 20m 范围内布点。检验深度应深入地基表面 1.0m，对地质条件复杂的地基，应加密布点取样检验
	2	土质建基面刨毛	土质地基表面刨毛 3～5cm，层面刨毛均匀细致，无团块、空白	方格网布点检查	每个单元不少于 30 个点
	3	无黏性土建基面的处理	反滤过渡层材料的铺设应满足设计要求	检验方法及数量详见 6.5 节	
	4	岩面和混凝土面处理	与土质防渗体接合的岩面或混凝土面，无浮渣、污物杂物，无乳皮粉尘、油垢，无局部积水等。铺填前涂刷浓泥浆或黏土水泥砂浆，涂刷均匀，无空白，混凝土面涂刷厚度为 3～5mm；裂隙岩面涂刷厚度为 5～10mm；且回填及时，无风干现象。铺浆厚度允许偏差 0～2mm	方格网布点检查	每个单元不少于 30 个点
一般项目	1	层间结合面	上下层铺土的结合层面无砂砾、无杂物、表面松土、湿润均匀、无积水	观察	全数检查
	2	涂刷浆液质量	浆液稠度适宜，均匀无团块，材料配比误差不大于 10%	观察、抽测	每拌和一批至少抽样检测 1 次

表 4　　　　　　　　　　　　　　卸料及铺填施工质量标准表

项次		检验项目	质量要求	检验方法	检验数量
主控项目	1	卸料	卸料、平料符合设计要求，均衡上升。施工面平整、土料分区清晰，上下层分段位置错开	观察	全数检查
	2	铺填	上下游坝坡铺填应有富余量，防渗铺盖在坝体以内部分应与心墙或斜墙同时铺填。铺料表面应保持湿润，符合施工含水量	观察	全数检查
一般项目	1	结合部土料铺填	防渗体与地基（包括齿槽）、岸坡、溢洪道边墙、坝下埋管及混凝土齿墙等结合部位的土料铺填，无架空现象。土料厚度均匀，表面平整，无团块、无粗粒集中，边线整齐	观察	全数检查
	2	铺土厚度	铺土厚度均匀，符合设计要求，允许偏差为−5～0cm	测量	网格控制，每 100m² 为 1 个测点
	3	铺填边线	铺填边线应有一定宽裕度，压实削坡后坝体铺填边线满足 0～10cm（人工施工），0～30cm（机械施工）要求	测量	每条边线，每 10 延米 1 个测点

表 5　　　　　　　　　　　　　　土料压实施工质量标准表

项次		检验项目	质量要求	检验方法	检验数量
主控项目	1	碾压参数	压实机具的型号、规格、碾压遍数、碾压速度、碾压振动频率、振幅和加水量应符合碾压试验确定的参数值	查阅试验报告、施工记录	每班至少检查 2 次
	2	压实质量	压实度和最优含水率符合设计要求。1 级、2 级和高坝的压实度不低于 98%；3 级中低坝及 3 级以下中坝的压实度不低于 96%；土料的含水量应控制在最优量的 −2%～3% 之间。取样合格率不小于 90%；不合格试样不应集中，且不低于压实度设计值的 98%	取样试验，黏性土宜采用环刀法、核子水分密度仪。砾质土可采用挖坑灌砂（灌水）法，土质不均匀的黏性土和砾质土的压实度检测也可采用三点击实法	黏性土 1 次 /（100～200m³），砾质土 1 次 /（200～500m³）
	3	压实土的渗透系数	符合设计要求	渗透试验	满足设计要求
一般项目	1	碾压搭接带宽度	分段碾压时，相邻两段交接带碾压迹应彼此搭接，垂直碾压方向搭接带宽度应不小于 0.3～0.5m；顺碾压方向搭接带宽度应为 1.0～1.5m	观察、量测	每条搭接带每个单元抽测 3 处
	2	碾压面处理	碾压表面平整，无漏压，个别有弹簧土、起皮、脱空，剪力破坏部位的处理符合设计要求	现场观察、查阅施工记录	全数检查

（3）堤身土方回填的检查、检验要求按照《水利水电工程单元工程施工质量验收评定标准——堤防工程》（SL 634—2012）第 5 章土料碾压筑堤中的有关规定执行（表 6 和表 7）。

表 6　　　　　　　　　　　　土料摊铺施工质量标准表

项次		检验项目	质量要求	检验方法	检验数量
主控项目	1	土块直径	符合 SL 634—2012 表 5.0.5－2 的要求	观察、量测	全数检查
	2	铺土厚度	符合碾压试验或 SL 634—2012 表 5.0.5－2 的要求；允许偏差为－5.0～0cm	量测	按作业面积每 100～200m² 检测 1 个点
一般项目	1	作业面分段长度	人工作业不小于 50m；机械作业不小于 100m	量测	全数检查
	2	铺填边线超宽值	人工铺料大于 10cm；机械铺料大于 30cm	量测	按堤轴线方向每 20～50m 检测 1 个点
			防渗体：0～10cm		按堤轴线方向每 20～30m 或按填筑面积每 100～400m² 检测 1 个点
			包边盖顶：0～10cm		

表 7　　　　　　　　　　　　土料碾压施工质量标准

项次		检验项目	质量要求	检验方法	检验数量
主控项目	1	压实度或相对密度	符合设计要求和 SL 634—2012 5.0.7 条的规定	土工试验	每填筑 100～200m³ 取样 1 个，堤防加固按堤轴线方向每 20～50m 取样 1 个
一般项目	1	搭接碾压宽度	平行堤轴线方向不小于 0.5m；垂直堤轴线方向不小于 1.5m	观察、量测	全数检查
	2	碾压作业程序	应符合 SL 260 的规定	检查	每台班 2～3 次

6.2 土方填筑巡视检查要点

土方填筑以工序控制为主要手段，现场监理巡视检查以下项目：

（1）各填筑部位的填料质量，包括土料的土性参数及含水量。

（2）铺料厚度、碾压遍数和土块粒径是否符合规定；洒水量和表面平整度。

（3）碾压机械规格、重量等。

（4）有无漏碾、欠碾或过碾现象。

（5）堤身及其他填筑部位填筑时，各部位接头及纵横向接缝的处理与结合部质量。

（6）堤身填筑断面控制情况。

（7）有无层间光面，剪力破坏、弹簧土、漏压或欠压土层等现象。

（8）与刚性建筑结合面上是否涂刷浓泥浆等。

（9）填筑料质量复核。土料场按每个料场分区进行复核，每个区域取样试验组数不低于 12 组；开挖料作为料源，每段利用方量在 5×10m 以内时，利用土料所处地层的试验组数不低于 12 组；如利用方量大于 5×10m，则按挖出使用量的倍数增加试验组数。

土料试验取样时，承包人应通知监理机构派人参加，旁站土样取样，并跟踪检测。

（10）负温下施工监理人应增加以下检查项目：

1）填筑面防冻措施。

2）冻块尺寸、冻土含量、含水量等。

3）已压实土层有无冻结现象。

4）填筑面上的冰雪是否清除干净。

每填筑层碾压完成，承包人自检合格，并经监理人员签证后方能进行下一层填筑料铺筑。凡未经监理工程师检验签认，监理机构拒认工程量。

6.3 旁站监理的范围

（1）对土方回填碾压工艺试验及堤身及结合部土方填筑的碾压工序进行旁站监理。

（2）旁站监理的内容。

1）是否按照技术标准、规范、规程和批准的设计文件、施工组织设计施工。

2）是否使用合格的材料和设备。

3）施工单位有关现场管理人员、质检人员是否在岗。

4）施工操作人员的技术水平、操作条件是否满足施工工艺要求，特殊操作人员是否持证上岗。

5）施工环境是否对工程质量产生不利影响。

6）施工过程是否存在质量和安全隐患。对施工过程中出现的较大质量问题或质量隐患，旁站人员采用照相手段予以记录。

（3）旁站监理控制要点和记录。

1）填筑施工参数应与碾压试验参数相符。

2）采用振动碾进行碾压，采用进退错距法压实。碾压时，回填料的含水量按最优含水量控制。行车速度为1～2档。在与建筑物接触带，大型碾压机械无法碾压的地方需采用小型碾压设备或立式冲击夯机械，采用连环套打法夯实

3）压实土体不出现漏压虚土层、干松土、弹簧土、剪力破坏和光面等不良现象。监理人检查认为不合格时，返工至监理人认可为止。

4）铺筑土面要尽量平起，以免造成过多的接缝。

5）每一填筑层按规定参数施工完毕后，并经监理人检查合格后才能继续铺筑上一层。在继续铺筑上一层新土之前，对压实层表面进行处理（包括含水量的调整），以免形成土层之间结合不良的现象。

6）对于填筑料，用自卸汽车卸料时，采用进占法卸料：压实机械及其他重型机械在已压实土层上行驶时，不宜来往同走一辙。填筑面进料运输线路上散落的松土、杂物以及车辆行驶、人工践踏形成的干硬光面，特别是汽车经常进入填筑区的道路，要于铺土前清除或彻底处理。

7）特别注意防止欠压、漏压。作业面分层统一铺土、统一碾压，并配备人员或平土机具参与整平作业，严禁出现界沟。

8）为保持土料正常的填筑含水量，日降雨量大于20mm时，停止填筑，当风力或日照较强时，在填筑工作面上洒水湿润，以保持合适的含水量。

9）施工完成后，应填写旁站值班记录表。

6.4 跟踪检测和平行检测的数量和要求

（1）跟踪检测和平行检测质量检测取样部位应符合下列要求：

1）取样部位应具有代表性，且应在填筑面均匀分布，不得随意挑选，特殊情况下取样须加注明。

2）应在压实层厚的下部 1/3 处取样，若下部 1/3 的厚度不足环刀高度时，以环刀底面达下层顶面时环刀取满土样为准，并记录压实层厚度。

3）每次检测的施工作业面不宜过小，机械填筑时不宜小于 600m^2，人工填筑或老堤加高培厚时不宜小于 300m^2。

4）其他部位每层取样数量按 30～50m^2 取样 1 个。

5）若作业面或返工部位按填筑量取样的数量不足 3 个时，也应取样 3 个。

6）特别狭长的作业面，取样时可按 20～30m 一段取样 1 个。

7）取样试验所测定的干密度和压实度，其合格率不得小于 90%，且不合格的样品不得集中，不合格干密度不得低于设计干密度的 98%。

压实质量检测方法当采用环刀法时，环刀不宜小于 200cm^3（内径 70mm）；当采用微波炉烘干土样配合环刀法校对检测法时，要求采用标准烘箱及环刀检测校对数量不小于微波炉烘干土样配合环刀法检测总数的 1/3。

（2）跟踪检测和平行检测的数量。

监理合同中有约定，按照监理合同的约定执行。若监理合同中无约定，根据《水利工程施工监理规范》（SL 288—2014）中第 6.2.13 条和第 6.2.14 条中相关规定，土方试样跟踪检测不少于承包人检测数量的 10%，平行检测不少于承包人检测数量的 5%。

6.5 其他

（1）土方填筑工程按层、段划分单元工程。

（2）承包人对外委托的检测单位必须经国家或省级以上人民政府计量行政部门认证合格，且具有产品质量检验的资格。

（3）凡涉及重要隐蔽工程或预埋工程的填筑作业，在施工前和施工后，均应报监理机构进行质量、计量认证。监理机构认为有必要时，将对施工过程实施全过程旁站监理，承包人应在施工前 24h 通知监理机构。

（4）监理机构有权检查承包人质检原始记录和施工原始记录，当认为承包人提交的质检资料及测试成果不充分或有疑问时，有权要求承包人作出补充、解释，甚至返工。

（5）在土方填筑施工过程中，承包人若出现以下情况时，监理机构有权采取相应措施予以制止：

1）未按批准的施工措施计划施工。

2）违反国家有关技术规范、规程和劳动条例施工。

3）出现重大安全、质量事故等情况。

4）其他违反施工承包合同文件的情况。

（6）监理机构有权采取口头警告、书面违规警告，直至返工、停工整改等方式予以制止。由此而造成的一切经济损失和合同责任，均由承包人承担。

（7）土料碾压单元工程质量检查项目与标准应符合表 8 规定。

表 8　　　　　　　　　土料碾压单元工程质量检查项目与标准

项次	检查项目	质量标准
1	土料土质、含水率	土质符合设计要求，含水率不宜过大或过小
2	作业段划分、搭接	机械作业不小于100m，人工作业不小于50m，斜面搭接坡度不小于1:3
3	土块料径	符合《水利水电工程单元工程施工质量验收评定标准——堤防工程》（SL 634—2012）表 5.0.5-2 的规定
4	碾压作业顺序	符合《水利水电工程单元工程施工质量验收评定标准——堤防工程》（SL 634—2012）表 5.0.6 的规定

（8）土料碾压单元工程质量检测项目与标准应符合表 9 规定。

表 9　　　　　　　　　土料碾压单元工程质量检测项目与标准

项次	检查项目	质量标准	检测方法
1	铺料厚度	允许偏差 -5~0cm	每 100~200m² 取一个测点
2	铺填边线	允许偏差大于 30cm	每 20~50m 取一个测点
3	压实指标	符合设计要求或符合《水利水电工程单元工程施工质量验收评定标准——堤防工程》（SL 634—2012）表 5.0.7 的规定	符合《水利水电工程单元工程施工质量验收评定标准——堤防工程》（SL 634—2012）表 5.0.6 的规定

7　资料和质量评定工作要求

7.1　质量评定

（1）合格标准：检查项目达到标准，铺料厚度和铺填边线偏差合格率不小于 70％，检测土体压实干密度合格率不得小于 90％，且不合格的样品不得集中，不合格干密度不得低于设计干密度的 98％。

（2）优良标准：检查项目达到标准，铺料厚度和铺填边线偏差合格率不小于 90％，检测土体压实干密度合格率超过 95％。

7.2　完工验收

每一层土方填筑单元工程结束后，施工单位应填报《土料碾压筑堤单元工程质量评定表》，组织质检员进行自检。自检合格后，报经监理工程师确认，以作为评定本分部工程质量等级的依据。分部工程验收、阶段验收、单位工程验收和工程竣工验收按有关规程、规范和有关监理文件执行。

8　采用的表式清单

质量评定类表格采用水利水电工程单元工程施工质量验收评定表及填表说明土方工程施工质量验收评定表中的范例；其他类工作表格采用监理规范中范例；内容不适合或不全者，由承包人提供样表报监理部确认后执行。

普通混凝土工程监理实施细则

×××××××工程
普通混凝土工程监理实施细则

审　批：×××

审　核：×××（监理证书号：×××××）

编　制：×××（监理证书号：×××××）

编制单位（机构）名称：××××××××

编制日期：××××年××月

《普通混凝土工程监理实施细则》编制目录

1 适 用 范 围

本细则适用于监理机构按施工监理合同约定，开展普通混凝土工程监理工作。普通混凝土干表观密度通常为 $1950 \sim 2600 \mathrm{kg/m^3}$，是以水泥（或水泥加适量活性掺合料）为胶凝材料，与天然（或人工）砂、石骨料按适当比例拌制、浇筑成型和硬化后得到的人造石材。

本细则主要针对水工建筑物的混凝土和钢筋混凝土进行编写，适用于水利水电工程中1级、2级、3级水工建筑物，4级、5级水工建筑物可参考使用，普通混凝土结构一般为分部工程的一部分，按浇筑仓号或一次检查验收范围划分单元工程。

本细则对专业工作的相关内容只作简要描述，具体按专业工作施工监理实施细则实施。

2 编 制 依 据

2.1 有关现行法律法规

（1）《中华人民共和国民法典》。

（2）《中华人民共和国建筑法》。

（3）《中华人民共和国安全生产法》。

（4）《工程建设质量管理条例》（国务院令第279号）。

（5）《工程建设安全生产管理条例》（国务院令第393号）。

2.2 部门规章、规范性文件

（1）《水利工程质量管理规定》（水利部令第52号）。

（2）《水利工程建设监理规定》（水利部令第28号）。

（3）《水利工程建设安全生产管理规定》（水利部令第26号）。

2.3 技术标准

（1）《水利工程施工监理规范》（SL 288—2014）。

（2）《水利水电工程施工质量检验与评定规程》（SL 176—2007）。

（3）《水利水电建设工程验收规程》（SL 223—2008）。

（4）《水利水电工程施工安全管理导则》（SL 721—2015）。

（5）《水利工程建设标准强制性条文》（2020年版）。

（6）《水利水电工程施工测量规范》（SL 52—2015）。

（7）《水工混凝土施工规范》（SL 677—2014）。

（8）《堤防工程施工规范》（SL 260—2014）。

（9）《水闸施工规范》（SL 27—2014）。

（10）《水利泵站施工及验收规范》（GB/T 51033—2014）。

（11）《土工试验方法标准》（GB/T 50123—2019）。

（12）《水电水利工程模板施工规范》（DL/T 5110—2013）。

（13）《混凝土模板用胶合板》（GB/T 17656—2018）。

（14）《水工混凝土钢筋施工规范》（DL/T 5169—2013）。

（15）《钢筋机械连接技术规程》（JGJ 107—2016）。

（16）《混凝土外加剂》（GB 8076—2008）。

（17）《水工混凝土掺用粉煤灰技术规范》（DL/T 5055—2007）。

（18）《混凝土用水标准》（JGJ 63—2006）。

（19）《通用硅酸盐水泥》（GB 175—2023）。

（20）《水泥混凝土养护剂》（JC 901—2002）。

（21）《水利水电工程单元工程施工质量验收评定标准——混凝土工程》（SL 632—2012）。

（22）其他现行国家及水利行业有关规范、规程、标准等。

2.4　经批准的勘测设计文件、签订的合同文件

（1）监理合同文件。

（2）施工合同文件（包括合同技术条款）。

（3）初步设计报告、设计文件与施工图纸、技术说明、技术要求。

2.5　经批准的监理规划、施工相关文件和方案

（1）监理规划。

（2）施工组织设计、普通混凝土工程施工技术方案、工艺试验方案。

（3）施工措施计划、安全技术措施、施工总进度计划、施工度汛方案。

3　专　业　工　程　特　点

混凝土工程的关键点在于混凝土配合比、施工工序特别是混凝土浇筑工序的质量控制。混凝土工程具体专业工程特点表现如下：

（1）施工综合性强。普通混凝土工程施工内容主要包括基础面/施工缝处理、钢筋模板制作及安装、预埋件（止水、伸缩缝）制作及安装、混凝土浇筑（含养护、脱模）、外观质量检查等，施工工序多，每一道工序施工质量都会影响混凝土工程整体质量，施工综合性强。

（2）耐久性好。混凝土具有良好的耐久性，能够抵御气候变化、化学腐蚀和生物腐蚀的侵蚀。混凝土结构的使用寿命长，能够满足工程长期使用的要求。

（3）可塑性强。混凝土在初始状态下具有良好的可塑性，可以通过浇筑、振捣和模板成型等方式得到各种形状的构件。这使得混凝土能够满足各种建筑设计的需要，实现多样化的建筑形式。

（4）耐火性好。混凝土是一种非金属材料，具有良好的耐高温性能。在火灾发生时，混凝土可以有效地阻止火势的蔓延，保护结构的安全。

（5）隔声和隔热性能好。混凝土具有较好的隔声和隔热性能，可以有效地减少外界噪声的传入，并阻止热量的传导，提高建筑的舒适性。

4 专业工程开工条件检查

（1）施工主要人员检查审核。混凝土工程施工主要人员包括施工现场负责人、测量人员、质检人员、专职安全人员、检测人员及特种作业人员等。特种作业人员主要包括电工、电焊工、架子工、塔吊司机、塔吊司索工、塔吊信号工等。

［《水利工程施工监理规范》（SL 288—2014）条文说明第5.2.2条第1款。］

（2）施工设备进场报验。混凝土工程常用机械设备包括挖掘机、起重机、混凝土罐车、泵送车等，主要用于基础面施工、钢筋、模板吊运及混凝土运输和浇筑。开工前，监理机构应检查承包人进场施工设备是否满足混凝土工程施工要求，检查设备操作人员资格是否满足要求。

对承包人进场施工设备的检查包括：数量、规格、生产能力、完好率及设备配套的情况是否符合施工合同约定，是否满足工程开工及随后施工的需要。对存在严重问题或隐患的施工设备，应及时书面督促承包人限时更换。量测类仪器仪表还应提供有效期内的检定或校准证书。

［《水利工程施工监理规范》（SL 288—2014）条文说明第5.2.2条第2款。］

（3）检查承包人的质量保证体系。主要内容包括：质检机构的组织和岗位责任、质检人员的组成、质量检验制度和质量检测手段等。

［《水利工程施工监理规范》（SL 288—2014）条文说明第5.2.2条第7款。］

（4）检查承包人的检测条件或委托的检测机构是否符合施工合同约定及有关规定。主要包括以下内容：

1）检测机构的资质等级和试验范围的证明文件。

2）法定计量部门对检测仪器、仪表和设备的计量检定证书、设备率定证明文件。

3）检测人员的资格证书。

4）检测仪器的数量及种类。

［《水利工程施工监理规范》（SL 288—2014）第5.2.2条第4款条文说明。］

（5）检查承包人的安全管理机构和安全措施文件。

［《水利工程施工监理规范》（SL 288—2014）第5.2.2条第8款。］

（6）检查进场原材料/中间产品质量是否符合施工合同约定，原材料的储存量及供应计划是否满足开工及施工进度需要。承包人在混凝土工程施工前向监理人提供水泥、砂、碎石、掺合料、外加剂、拌和用水等混凝土材料，钢筋、预埋件（含止水材料、监测仪器）的质量合格证明文件及相应检测报告等。详见《原材料、中间产品和工程设备进场核验和验收监理实施细则》。

［《水利工程施工监理规范》（SL 288—2014）条文说明第5.2.2条第3款。］

（7）检查施工配合比落实情况。室内试验确定的配合比应根据现场情况进行必要的调整，混凝土配合比应经批准后使用。

［《水工混凝土施工规范》（SL 677—2014）第6.0.1条。］

（8）检查混凝土工程施工基础面/施工缝处理、钢筋制安、模板支立、预埋件（含止水安装、监测仪器安装）安装情况及混凝土细部结构处理情况。

［《水利工程施工监理规范》（SL 288—2014）附录 E3.1 表 CB17。］

（9）检查承包人提供的砂石料系统、混凝土拌和系统或商品混凝土供应方案以及场内道路、供水、供电及其他施工辅助加工厂、设施的准备情况。

［《水利工程施工监理规范》（SL 288—2014）第 5.2.2 条第 6 款。］

（10）分部工程开工。分部工程开工前，承包人向监理机构报送分部工程开工申请表，经监理机构批准后方可开工。

［《水利工程施工监理规范》（SL 288—2014）第 6.1.2 条。］

（11）单元工程开工。第一个单元工程应在分部工程开工批准后开工，后续单元工程凭监理工程师签认的上一单元工程施工质量合格文件方可开工。

［《水利工程施工监理规范》（SL 288—2014）第 6.1.3 条。］

（12）混凝土浇筑开仓。监理机构应对承包人报送的混凝土浇筑开仓报审表进行审批，符合条件后方可签发。

［《水利工程施工监理规范》（SL 288—2014）第 6.1.4 条。］

5 现场监理工作内容、程序和控制要点

5.1 现场监理工作内容

（1）核查承包人报送的分部工程开工申请资料及开工准备工作，满足开工要求方可批准、施工。

［《水利工程施工监理规范》（SL 288—2014）第 6.1.2 条及附表 CB15"分部工程开工申请表"。］

（2）核验承包人申报的原材料、中间产品的质量，复核工程施工质量，详见《原材料、中间产品和工程设备进场核验和验收监理实施细则》。

（3）施工工序、施工工艺等过程控制。包括基础面/施工缝处理、模板制作及安装、钢筋制作及安装、预埋件（止水、伸缩缝）制作及安装、混凝土浇筑（含养护、脱模）、外观质量检查等施工工序的过程控制。

（4）落实施工单位"三检"制。督促承包人认真落实"三检"制，即施工班组自检，施工队复检，质检负责人终检，并填写三检记录，作为工序和单元工程质量评定的基础。

（5）监督、检查施工进度。

1）施工进度的检查应符合下列规定：

a. 监理机构应检查承包人是否按照批准的施工进度计划组织施工，资源的投入是否满足施工需要。

b. 监理机构应跟踪检查施工进度，分析实际施工进度与施工进度计划的偏差，重点分析关键路线的进展情况和进度延误的影响因素，并采取相应的监理措施。

2）施工进度计划的调整应符合下列规定：

a. 监理机构在检查中发现实际施工进度与施工进度计划发生了实质性偏离时，应指示承包人分析进度偏差原因、修订施工进度计划报监理机构审批。

b. 当变更影响施工进度时，监理机构应指示承包人编制变更后的施工进度计划，并按施工合同约定处理变更引起的工期调整事宜。

c. 施工进度计划的调整涉及总工期目标、阶段目标改变，或者资金使用有较大的变化时，监理机构应提出审查意见报发包人批准。

3）监理机构应在监理月报中对施工进度进行分析，必要时提交进度专题报告。

4）监理机构应审阅承包人按施工合同约定提交的施工月报、施工年报，并报送发包人。

［《水利工程施工监理规范》（SL 288—2014）第6.3条。］

（6）检查施工现场安全、文明作业情况及水土保持、环境保护实施情况。

1）督促承包人对作业人员进行安全交底，检查承包人安全技术措施的落实情况，及时制止违规施工作业。巡视检查承包人的用电安全、消防措施和场内交通管理等情况。检查承包人安全防护用品的配备情况。监理机构发现施工安全隐患时，应要求承包人立即整改；必要时，可指示承包人暂停施工，并及时向发包人报告。监理机构应监督承包人将列入合同安全施工措施的费用按照合同约定专款专用，并在监理月报中记录安全措施费投入及使用情况。

［《水利工程施工监理规范》（SL 288—2014）第6.5条，《水利水电工程施工安全管理导则》（SL 721—2015）第7.6.10条、第4.3.1条、第6.2.8条。］

2）监理机构依据有关文明施工规定和施工合同约定，审核承包人的文明施工组织机构和措施。检查承包人文明施工的执行情况，并监督承包人通过自查和改进，完善文明施工管理。督促承包人开展文明施工的宣传和教育工作，积极配合当地政府和居民共建和谐建设环境。

［《水利工程施工监理规范》（SL 288—2014）第6.6.1条、第6.6.2条、第6.6.3条。］

3）监理机构应监督承包人落实合同约定的施工现场环境管理工作。

［《水利工程施工监理规范》（SL 288—2014）第6.6.4条。］

（7）检查承包人的施工日志、现场记录及工程资料整理情况，相关记录须真实、完整，包括施工内容、人员设备情况、材料使用情况、检测试验情况、三检资料、报验资料、评定资料、质量安全检查等。

（8）审核工程计量，签发工程进度付款证书，报发包人。详见《计量支付工作监理实施细则》。

［《水利工程施工监理规范》（SL 288—2014）第6.4条。］

（9）按合同约定及规范要求，加强处理变更管理。详见《变更工作监理实施细则》。

［《水利工程施工监理规范》（SL 288—2014）第6.7条。］

5.2 现场监理工作程序

（1）选派监理工程师、监理员从事混凝土工程施工监理。

［《水利工程施工监理规范》（SL 288—2014）第3.3.3条、第4.1.1条。］

（2）熟悉工程建设有关法律法规、规章以及技术标准，熟悉混凝土工程设计文件、施工合同文件。

[《水利工程施工监理规范》（SL 288—2014）第 4.1.2 条。]

（3）由总监理工程师组织监理人员进行监理工作交底，熟悉监理工作内容、设计指标及规范要求，掌握施工工艺及现场控制要点。

（4）由水工专业监理工程师编制混凝土工程监理实施细则，报总监理工程师审批，监理实施细则应具有可操作性。

[《水利工程施工监理规范》（SL 288—2014）附录 B.1.1 条。]

（5）实施施工监理工作。主要监理工作程序包括单元工程（工序）质量控制监理工作程序、质量评定监理工作程序、设计变更监理工作程序、进度控制监理工作程序、工程款支付监理工作程序等，详见《水利工程施工监理规范》（SL 288—2014）附录 C 及图 1。

[《水利工程施工监理规范》（SL 288—2014）附录 C。]

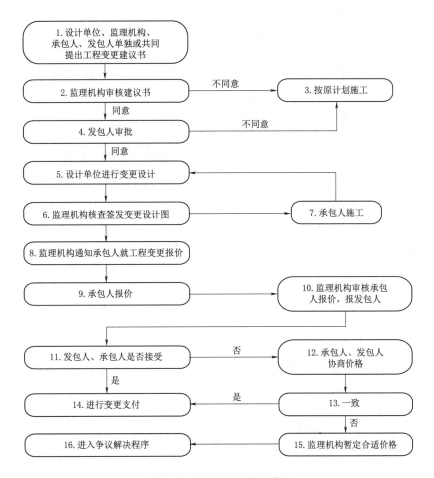

图 1　设计变更监理工作程序图

（6）及时整理监理资料，包括监理日记、监理日志、旁站监理值班记录、监理巡视记录、监理通知、会议纪要、监理月报等。

[《水利工程施工监理规范》（SL 288—2014）第 4.1.7 条。]

5.3　混凝土工程监理控制要点

（1）混凝土用的水泥、砂、碎石、外加剂、拌和用水及钢筋、预埋件材料进场前进行检查验收，砂和碎石级配、细度模数、压碎值指标、含泥量、泥块含量指标及钢筋和预埋件质量应满足设计要求，并附产品合格证及出厂检验报告。

[《水利工程施工监理规范》（SL 288—2014）第6.2.3条、第6.2.6条，《水利水电工程单元工程施工质量验收评定标准——混凝土工程》（SL 632—2012）第4.1.3条。]

（2）基础面或施工缝工序控制。全仓检查基础面是否满足设计要求，地表水和地下水是否妥善引排或封堵，建基面是否清洁无杂物；施工缝施工时应重点检查施工缝的留置位置是否符合设计或规范要求，其凿毛和清理情况是否符合规范要求。

[《水利水电工程单元工程施工质量验收评定标准——混凝土工程》（SL 632—2012）第4.2.1条、第4.2.2条。]

（3）模板的制作安装工序控制。模板制作安装前应检查模板质量（平面尺寸、清洁、破损等），安装时必须按混凝土结构物的施工详图测量放样，确保模板的刚度和支撑牢固，重要结构部位应多设控制点，以利于检查校正。浇筑过程中，如发现模板变形走样应立即采取纠正措施，必要时停止混凝土浇筑。

[《水利水电工程单元工程施工质量验收评定标准——混凝土工程》（SL 632—2012）第4.3.2条。]

（4）钢筋的制作安装工序控制。检查钢筋数量、规格尺寸、安装位置是否满足设计要求，对钢筋接头的力学性能进行检测，钢筋的焊接形式、焊缝质量、钢筋间距及保护层厚度应满足设计和规范要求。

[《水利水电工程单元工程施工质量验收评定标准——混凝土工程》（SL 632—2012）第4.4.2条。]

（5）预埋件的制作安装工序控制。水工混凝土中的预埋件包括止水、伸缩缝（填充材料）、排水系统、冷却及灌浆管路、铁件、安全监测设施等，在施工中应进行全过程检查和保护，防止移位、变形、损坏及堵塞。预埋件的结构型式、位置、尺寸及材料的品种、规格、性能等应符合设计要求和有关标准。所有预埋件都应进行材质证明检查，需要抽检的材料应按有关规范进行抽检。

[《水利水电工程单元工程施工质量验收评定标准——混凝土工程》（SL 632—2012）第4.5.1条、第4.5.2条、第4.5.4条。]

（6）混凝土浇筑工序控制。

1）基岩面和混凝土施工缝面浇筑第一坯混凝土前，宜先铺一层2～3cm厚的水泥砂浆，或同等强度的小级配混凝土或富砂浆混凝土。混凝土浇筑可采用平铺法或台阶法，入仓混凝土应及时平仓振捣，不应堆积，倾斜面上浇筑混凝土应从低处开始浇筑，浇筑面宜保持水平。混凝土浇筑过程中不应在仓内加水，仓内泌水应及时排除，避免外来水进入仓内，不应在模板上开孔赶水，带走灰浆；黏附在模板、钢筋和预埋件表面的灰浆应及时清除。

2）混凝土振捣设备的振捣能力与入仓强度、仓面大小相适应，合理选择振捣设备。混凝土入仓后先平仓后振捣，不应以振捣代替平仓。每一位置的振捣时间以混凝土粗骨料不再显著下沉，并开始泛浆为准，防止欠振、漏振或过振。浇筑块第一层、卸料接触带和台阶边坡混凝土应加强振捣。振捣作业时，振捣器棒头距模板的距离应不小于振捣器有效半径的1/2。振捣器不应直接碰撞模板、钢筋及预埋件等。手持式振捣器、振捣机及平板式振捣器的振捣操作应符合《水工混凝土施工规范》（SL 677—2014）第7.4.14～7.4.16条规定。

［《水工混凝土施工规范》（SL 677—2014）第7.4.6条、第7.4.7条、第7.4.9条、第7.4.10条、第7.4.13～7.4.16条。］

（7）混凝土外观质量检查工序主要检验混凝土形体尺寸、平整度及重要部位缺损情况，若拆模后发生混凝土裂缝、冷缝、蜂窝、麻面、错台和变形等质量问题时，应及时处理，并做好记录，混凝土外观质量评定可在拆模后或消除缺陷处理后进行。

［《水利水电工程单元工程施工质量验收评定标准——混凝土工程》（SL 632—2012）第4.7.1～4.7.3条。］

（8）雨季混凝土施工时应及时了解天气预报，合理安排施工；自拌混凝土砂石料场的排水设施要保持通畅；浇筑仓面应有足够的防雨设施，混凝土运输工具应有防雨及防滑设施，并增加骨料含水量的检测频次。无防雨棚仓面在小雨中进行浇筑时，应适当减少混凝土拌和用水量和出机口混凝土的坍落度，必要时适当减少混凝土水胶比；加强仓内排水和防止周围雨水流入仓内；新入仓的混凝土面尤其是接头部位应采取有效的防雨措施。无防雨棚的仓面，在浇筑过程中，如遇大雨、暴雨，应立即停止浇筑，并遮盖混凝土表面，雨后必须先行排除仓内积水，受雨水冲刷的部位应立即处理。对抗冲、耐磨、需要抹面部位及其他高标号混凝土不允许在雨天施工。

［《水工混凝土施工规范》（SL 677—2014）第7.7条。］

（9）低温季节施工时，承包人应制定周密的专项施工措施计划和可靠的技术措施，采取有效的防冻措施，确保冬季浇筑的混凝土满足设计规定的强度、抗冻、抗裂等指标要求。大体积混凝土的浇筑温度，在温和地区不宜低于3℃；在严寒地区不宜低于5℃。

［《水工混凝土施工规范》（SL 677—2014）第9.1.2条、第9.3.2条。］

（10）混凝土的养护。

1）模板拆除。

a. 不承重的侧面模板，应在混凝土强度达到2.5MPa以上，并能保证混凝土表面及棱角不因拆模而损坏时，才能拆除。

b. 钢筋混凝土的承重模板，按照施工规范和强制性条文规定的拆模要求执行。

［《水工混凝土施工规范》（SL 677—2014）第3.6.1条。］

2）混凝土的养护。

a. 表面养护要求。混凝土浇筑完毕初凝前，应避免仓面积水、阳光暴晒；混凝土初凝后可采用洒水或流水方式养护。混凝土养护应连续进行，养护期间混凝土表面及所有侧面始终保持湿润。

［《水工混凝土施工规范》（SL 677—2014）第7.5.1条。］

b. 养护时间。混凝土养护时间按设计要求执行，不宜少于28d，对重要部位和利用后期强度的混凝土以及其他有特殊要求的部位应延长养护时间。

［《水工混凝土施工规范》（SL 677—2014）第7.5.3条。］

6 检查和检验项目、标准和工作要求

6.1 巡视检查要点

（1）是否按照设计文件、施工规范和已批准的施工方案进行施工。

（2）检查承包人进场的主要材料、中间产品报验及使用情况。

（3）施工机械的使用状态是否运行良好，仪器、仪表是否进行检定或校准。

（4）施工技术管理人员特别是质检员、安全员是否到岗到位，施工人员数量能否满足进度要求。

（5）施工操作人员的技术水平、操作条件是否满足工艺操作要求，电工等特殊工种操作人员是否持证上岗。

（6）施工现场是否存在安全隐患，水土保持和环境保护措施是否落实到位。

（7）已施工部位是否存在质量缺陷。

［《水利工程施工监理规范》（SL 288—2014）第 6.2.10 条第 4 款。］

6.2 旁站监理

（1）旁站监理的部位：重要部位混凝土浇筑过程旁站监理。

（2）旁站监理内容。

1）人员情况。包括管理人员、技术人员、特种作业人员、普通作业人员、质检员等。

2）主要施工设备及运转情况。包括挖掘机、起重机、混凝土罐车、泵送车、试验检测仪器、用电设备等。

3）主要材料使用情况。主要为商品混凝土等。

4）施工过程描述。包括混凝土拌和、运输、拌和物质量检查、浇筑、振捣、养护及施工现场安全作业情况。

（3）旁站监理控制要点。模板、止水带的牢固性、混凝土拌和物质量及浇筑、振捣以及养护情况等。

（4）做好现场旁站监理值班记录，包括工程部位、施工日期和时间、天气情况、施工人员、设备运转、材料使用及试验、检查与检测、问题处理等。

6.3 检测项目、标准和检测要求

（1）水泥。以同一水泥厂、同品牌、同强度等级、同一出厂编号，袋装水泥每 200t 为一检验批，散装水泥每 400t 为一检验批，不足 200t、400t 也作为一取样单位。检测指标包括凝结时间、安定性、抗压强度、抗折强度、烧失量等。

［《水工混凝土施工规范》（SL 677—2014）第 11.2.3 条，《通用硅酸盐水泥》（GB 175—2023）第 7 条。］

（2）骨料。同料源细骨料每 600～1200t 为一批，不足 600t 也取一组；同料源粗骨料每 2000t 为一批，不足 2000t 也取一组。细骨料检测指标包括表观密度、细度模数、含水率、含泥量、坚固性、泥块含量、硫化物及硫酸盐含量等，粗骨料检测指标包括超径、逊径、表观密度、压碎指标、吸水率、坚固性、针片状颗粒含量、泥块含量、硫化物及硫酸盐含量等。

[《水工混凝土施工规范》（SL 677—2014）第 11.2.4 条、第 5.3.5 条、第 5.3.6 条。]

（3）钢筋。分批试验，以同一炉（批）号、同一截面尺寸的钢筋为一批，每批重量不大于 60t。

[《水工混凝土施工规范》（SL 677—2014）第 4.2.3 条。]

（4）高分子防水材料止水带。B 类、S 类止水带以同标记、连续生产 5000m 为一批（不足 5000m 按一批计）；J 类止水带以每 100m 制品所需的胶料为一批。

[《高分子防水材料 第 2 部分：止水带》（GB 18173.2—2014）第 6.1.1.1 条。]

（5）混凝土外加剂。外加剂验收检验的取样单位按掺量划分。掺量不小于 1%的外加剂以不超过 100t 为一取样单位，掺量小于 1%的外加剂以不超过 50t 为一取样单位，掺量小于 0.05%的外加剂以不超过 2t 为一取样单位。不足一个取样单位的应按一个取样单位计。外加剂验收检验项目：减水率、泌水率比、含气量、凝结时间差、坍落度损失、抗压强度比。必要时进行收缩率比、相对耐久性和匀质性检验。

[《水工混凝土施工规范》（SL 677—2014）第 11.2.6 条。]

（6）基础面/施工缝。全仓或全数检查岩基或软基是否满足地勘报告或设计要求；全数检查施工缝的留置位置和凿毛、清理情况是否满足设计和规范要求。

[《水利水电工程单元工程施工质量验收评定标准——混凝土工程》（SL 632—2012）第 4.2.1 条、第 4.2.2 条。]

（7）模板制作及安装。对所有模板的稳定性、刚度和强度全部检查，检查结果应满足施工荷载要求；对承重模板底高程、排架、梁、板、柱的结构断面尺寸、轴线位置、垂直度及预留孔、洞尺寸和留置位置按照模板面积每 100m² 检测不少于 10 个点；每增加 100m²，检查点数增加不少于 10 个点。其中，承重模板底高程允许偏差为 0～5mm，排架、梁、板、柱的结构断面尺寸、轴线位置允许偏差为 ±10mm，垂直度允许偏差为 ±5mm，预留孔、洞尺寸允许偏差为 −10mm，孔、洞位置允许偏差为 ±10mm，每层每 10m 至少检查 1 处。

[《水利水电工程单元工程施工质量验收评定标准——混凝土工程》（SL 632—2012）第 4.3.2 条。]

（8）钢筋制作及安装。对钢筋的数量、规格尺寸、安装位置全数检查，检查结果应满足设计要求；每焊接 200 个钢筋接头检查 1 组，机械连接每 500 个接头检验 1 组钢筋接头的力学性能；钢筋间距、保护层厚度每项不少于 5 个点，检查结果应满足设计要求。

[《水利水电工程单元工程施工质量验收评定标准——混凝土工程》（SL 632—2012）第 4.4.2 条。]

（9）预埋件制作及安装。水工混凝土中的预埋件包括止水、伸缩缝（填充材料）排水系统、冷却及灌浆管路、铁件、安全监测设施等，在施工中应进行全过程检查和保护，防止移位、变形、损坏及堵塞。预埋件的材质、结构型式、位置、尺寸及材料的品种、规格性能等全数检查，检查结果应符合设计要求和有关标准。

[《水利水电工程单元工程施工质量验收评定标准——混凝土工程》（SL 632—2012）第 4.5.1 条、第 4.5.2 条。]

（10）混凝土浇筑。对入仓混凝土料质量进行检查，检查数量不少于入仓总次数的50％，对平仓分层、混凝土振捣、铺筑间歇时间、浇筑温度（若有要求）及混凝土养护情况全部检查，检查结果应符合质量标准要求。

［《水利水电工程单元工程施工质量验收评定标准——混凝土工程》（SL 632—2012）第4.6.2条。］

（11）混凝土外观质量检查。检查混凝土平整度，100m² 以上的表面检查6～10个点，100m² 以下的表面检查3～5个点，检查结果应符合设计要求；对混凝土形体尺寸抽查15％，允许偏差为±20mm；对重要部位缺损情况全数检查，不允许缺损，有缺损的部位应进行修复并满足设计要求；对蜂窝、麻面、空洞、错台、跑模、掉角和表面裂缝情况进行全数检查，其中蜂窝、麻面累计面积不得超过0.5％，单个孔洞面积不得超过0.01m²，表面裂缝深度不大于钢筋保护层厚度且经处理后符合设计要求。

［《水利水电工程单元工程施工质量验收评定标准——混凝土工程》（SL 632—2012）第4.7.3条。］

（12）混凝土试块。大体积混凝土抗压强度28d龄期每500m³ 成型1组，设计龄期每1000m³ 成型1组；结构混凝土28d龄期每100m³ 成型1组，设计龄期每200m³ 成型1组。每一筑块混凝土方量不足以上规定数字时，也应取样成型1组试件。抗拉强度28d龄期每2000m³ 成型1组，设计龄期3000m³ 成型1组。抗冻、抗渗或其他特殊指标应适当取样，其数量可按每季度施工的主要部位取样成型1～2组。

［《水工混凝土施工规范》（SL 677—2014）第11.5.3条。］

普通混凝土工程各单元工程检测项目、标准和检测要求应符合《水利水电工程单元工程施工质量验收评定标准——混凝土工程》（SL 632—2012）的相关规定。

6.4　跟踪检测和平行检测的数量和要求

6.4.1　跟踪检测

（1）监理机构对水泥、骨料、外加剂、钢筋、预埋件、混凝土试块等进行跟踪检测，检测频次不少于承包人检测数量的7％。

［《水利工程施工监理规范》（SL 288—2014）第6.2.13条。］

（2）具体跟踪检测的项目和数量应符合监理合同约定。

6.4.2　平行检测

（1）采用现场量测手段进行平行检测，包括：模板结构断面尺寸、轴线位置、垂直度、钢筋焊缝或绑扎搭接长度、钢筋间距和保护层厚度，预埋件规格尺寸、搭接长度，混凝土外观平整度、形体尺寸等，现场测量检测的数量满足单元工程质量评定要求及合同约定要求。

［《水利工程施工监理规范》（SL 288—2014）第6.2.14条第1款及条文说明。］

（2）对水泥、骨料、混凝土试块，委托具有水利资质的检测单位进行平行检测，检测数量不少于承包人的3％，重要部位每种标号的试块至少取1组。

［《水利工程施工监理规范》（SL 288—2014）第6.2.14条第3款。］

（3）具体平行检测的项目和数量应符合监理合同约定。

7 资料和质量评定工作要求

7.1 资料整理工作要求

（1）施工单位应安排专人负责工程档案资料的管理工作，与工程施工同步收集、整理工程资料，三检记录、原始数据、施工日志齐全、完整，与工程实际相符。原材料、施工设备、工序及单元工程报验及时，依据施工承包合同、设计文件、施工规范、质量评定标准及《水利工程建设项目档案管理规定》（水办〔2021〕200号）等对工程资料进行整理、立卷、归档。

〔《水利工程施工监理规范》（SL 288—2014）第6.8.6条第1款。〕

（2）监理机构应按有关规定及监理合同约定，安排专人负责监理档案资料的管理工作。凡要求立卷归档的资料，应按照规定及时预立卷和归档，妥善保管。详见《信息管理专业工作监理实施细则》。

〔《水利工程施工监理规范》（SL 288—2014）第6.8.6条第3款。〕

7.2 单元工程质量评定工作要求

施工单位按《单元工程施工质量验收评定标准》检验工序及单元工程质量，做好书面记录，在自检合格后，填写《水利水电工程施工质量验收评定表》报监理人复核。监理人根据抽检资料复核单元（工序）工程质量等级。重要隐蔽单元工程及关键部位单元工程质量经施工单位自评合格、监理单位抽检后，由项目法人、监理、设计、施工、工程运行管理等单位组成联合小组，共同检查核定其质量等级并填写签证表，报工程质量监督机构核备。

〔《水利水电工程施工质量检验与评定规程》（SL 176—2007）第5.3.1条、第5.3.2条。〕

8 采用的表式清单

8.1 《水利工程施工监理规范》相关用表

按照《水利工程施工监理规范》（SL 288—2014）规定，混凝土工程施工单位、监理机构采用的表式清单见表1和表2。

表1　　　　　　　　　　　施工单位采用的表式清单

序号	表 格 名 称	表格类型	表 格 编 号
1	施工技术方案申报表	CB01	承包〔　〕技案　　号
2	现场组织机构及主要人员报审表	CB06	承包〔　〕机构　　号
3	原材料/中间产品进场报验单	CB07	承包〔　〕报验　　号
4	施工设备进场报验单	CB08	承包〔　〕设备　　号
5	施工放样报验单	CB11	承包〔　〕放样　　号
6	联合测量通知单	CB12	承包〔　〕联测　　号

续表

序 号	表 格 名 称	表格类型	表 格 编 号
7	施工测量成果报验单	CB13	承包〔 〕测量 号
8	分部工程开工申请表	CB15	承包〔 〕分开工 号
9	施工安全交底记录	CB15 附件 1	承包〔 〕安交 号
10	施工技术交底记录	CB15 附件 2	承包〔 〕技交 号
11	混凝土浇筑开仓报审表	CB17	承包〔 〕开仓 号
12	工序/单元工程施工质量报验单	CB18	承包〔 〕质报 号
13	变更申请表	CB24	承包〔 〕变更 号
14	施工进度计划调整申报表	CB25	承包〔 〕进调 号
15	施工月报表（ 年 月）	CB34	承包〔 〕月报 号
16	验收申请报告	CB35	承包〔 〕验报 号
17	报告单	CB36	承包〔 〕报告 号
18	回复单	CB37	承包〔 〕回复 号
19	确认单	CB38	承包〔 〕确认 号

表 2 　　　　　　　　　　监理机构采用的表式清单

序 号	表 格 名 称	表格类型	表 格 编 号
1	分部工程开工批复	JL03	监理〔 〕分开工 号
2	批复表	JL05	监理〔 〕批复 号
3	监理通知	JL06	监理〔 〕通知 号
4	工程现场书面通知	JL09	监理〔 〕现通 号
5	整改通知	JL11	监理〔 〕整改 号
6	变更指示	JL12	监理〔 〕变指 号
7	暂停施工指示	JL15	监理〔 〕停工 号
8	复工通知	JL16	监理〔 〕复工 号
9	施工图纸核查意见单	JL23	监理〔 〕图核 号
10	施工图纸签发表	JL24	监理〔 〕图发 号
11	监理月报	JL25	监理〔 〕月报 号
12	旁站监理值班记录	JL26	监理〔 〕旁站 号
13	监理巡视记录	JL27	监理〔 〕巡视 号
14	工程质量平行检测记录	JL28	监理〔 〕平行 号
15	工程质量跟踪检测记录	JL29	监理〔 〕跟踪 号
16	监理日记	JL33	监理〔 〕日记 号
17	监理日志	JL34	监理〔 〕日志 号
18	会议纪要	JL38	监理〔 〕纪要 号
19	监理机构联系单	JL39	监理〔 〕联系 号
20	监理机构备忘录	JL40	监理〔 〕备忘 号

8.2　单元工程质量验收评定表

按照《水利水电工程单元工程施工质量验收评定标准——混凝土工程》（SL 632—

2012）附录 A，参考《水利水电工程单元工程施工质量验收评定表及填表说明》（2016 年版）以及《水利水电工程施工质量检验与评定规程》（SL 176—2007）的相关表格，采用普通混凝土工程各工序、单元工程施工质量验收评定表（表 3）。

表 3 单元工程质量验收评定表

序号	表格名称	表格类型	表格编号
1	普通混凝土单元工程施工质量验收评定表	混凝土工程	SL 632—2012、填表说明表 2.1
2	普通混凝土基础面处理工序施工质量验收评定表	混凝土工程	SL 632—2012、填表说明表 2.1.1-1
3	普通混凝土施工缝处理工序施工质量验收评定表	混凝土工程	SL 632—2012、填表说明表 2.1.1-2
4	普通混凝土模板制作及安装工序施工质量验收评定表	混凝土工程	SL 632—2012、填表说明表 2.1.2
5	普通混凝土钢筋制作及安装工序施工质量验收评定表	混凝土工程	SL 632—2012、填表说明表 2.1.3
6	普通混凝土预埋件制作及安装工序施工质量验收评定表	混凝土工程	SL 632—2012、填表说明表 2.1.4
7	普通混凝土浇筑工序施工质量验收评定表	混凝土工程	SL 632—2012、填表说明表 2.1.5
8	普通混凝土外观质量检查工序施工质量验收评定表	混凝土工程	SL 632—2012、填表说明表 2.1.6
9	重要隐蔽单元工程（关键部位单元工程）质量等级签证表	SL 176—2007	附录 F

浆砌石护坡工程监理实施细则

×××××××工程
浆砌石护坡工程监理实施细则

审　批：×××

审　核：×××（监理证书号：×××××）

编　制：×××（监理证书号：×××××）

编制单位（机构）名称：××××××××

编制日期：××××年××月

《浆砌石护坡工程监理实施细则》编制目录

1 适 用 范 围

本细则适用于监理机构按施工监理合同约定，开展浆砌石护坡工程的监理工作。浆砌石按照胶结材料划分水泥砂浆、混合砂浆、细石混凝土等类型，本细则主要针对土石坝上游、堤防临水侧等工程部位的水泥砂浆浆砌石护坡类型进行编写，浆砌石护坡工程为其中的一个分部工程，适用于大中型水利工程的施工监理工作，小型工程可参考使用。

本细则对专业工作的相关内容只作简要描述，具体按专业工作监理实施细则实施。

2 编 制 依 据

2.1 有关现行法律法规

(1)《中华人民共和国民法典》。

(2)《中华人民共和国建筑法》。

(3)《中华人民共和国安全生产法》。

(4)《工程建设质量管理条例》(国务院令第 279 号)。

(5)《工程建设安全生产管理条例》(国务院令第 393 号)。

2.2 部门规章、规范性文件

(1)《水利工程质量管理规定》(水利部令第 52 号)。

(2)《水利工程建设监理规定》(水利部令第 28 号)。

(3)《水利工程建设安全生产管理规定》(水利部令第 26 号)。

2.3 技术标准

(1)《水利水电工程施工测量规范》(SL 52—2015)。

(2)《碾压式土石坝施工规范》(DL/T 5129—2013)。

(3)《碾压式土石坝施工技术规范》(SDJ 213—83)。

(4)《堤防工程施工规范》(SL 260—2014)。

(5)《水工混凝土施工规范》(SL 677—2014)。

(6)《土工试验方法标准》(GB/T 50123—2019)。

(7)《水利工程施工监理规范》(SL 288—2014)。

(8)《水利水电工程单元工程施工质量验收评定标准——土石方工程》(SL 631—2012)。

(9)《水利水电工程单元工程施工质量验收评定标准——混凝土工程》(SL 632—2012)。

(10)《水利水电工程单元工程施工质量验收评定标准——堤防工程》(SL 634—2012)。

(11)《水利水电工程施工质量检验与评定规程》(SL 176—2007)。

(12)《水利水电建设工程验收规程》(SL 223—2008)。

(13)《水利水电工程施工安全管理导则》(SL 721—2015)。

（14）《水利工程建设标准强制性条文》（2020 年版）。

（15）其他现行国家及水利行业有关规范、规程、标准等。

2.4　经批准的勘测设计文件（报告、图纸、技术要求）、签订的合同文件

（1）《×××初步设计报告》。

（2）《×××施工图》。

（3）《×××技术要求》。

（4）《×××工程施工承包合同》。

（5）《×××工程施工监理合同》。

2.5　经批准的监理规划、施工相关文件和方案

（1）《×××工程监理规划》。

（2）《×××工程施工组织设计》。

（3）《浆砌石护坡工程施工技术方案》。

3　专业工程特点

　　浆砌石是一种使用胶结材料的块石砌体，通过胶结材料的黏结力、摩擦力和石块本身的重量来保持结构物的稳定性。这种结构具有良好的整体性、密实性和强度，可以有效地防止渗水、漏水，并增加抵抗侵蚀的能力。

　　浆砌石护坡工程的关键点在于对砌体原材料及砂浆质量控制；难点在于浆砌石砌筑过程的内在质量和表观质量双控制。浆砌石护坡须设置排水孔、沉降缝等附属结构，给其施工造成一定的难度，易出现质量稳定性问题，主要表现为石材质量不满足设计要求、石料尺寸偏差过大、砂浆配合比不稳定、使用初凝后的砂浆、砂浆不够饱满、局部填充砂浆过多、砂浆未经捣实、衔接面风蚀或淋雨、浆砌石养护不良、排水孔与沉降缝设置不符合设计要求、勾缝质量等问题，故而在砌筑过程中，监理人员应对石材质量、砂浆配合比、坐浆饱满度、勾缝砂浆质量及养护重点把控。

4　专业工程开工条件检查

　　（1）浆砌石护坡工程常用机械设备包括挖掘机、起重机、破碎机等，主要用于挖掘、运输和加工石料。开工前，监理机构应检查承包人进场施工设备是否满足浆砌石护坡工程施工要求，检查设备操作人员资格是否满足要求。

　　对承包人进场施工设备的检查包括数量、规格、生产能力、完好率是否满足浆砌石护坡工程开工及随后施工的需要。对存在严重问题或隐患的施工设备，要及时书面督促承包人限时更换。量测类仪器仪表还应提供有效期内的检定或校准证书。

　　（2）浆砌石护坡工程主要原材料包括块石、水泥、骨料、水、填缝材料等，工程设备主要是水泥砂浆搅拌机。开工前，监理机构应按要求检查进场原材料、工程设备是否满足设计要求及建设需要。详见《原材料、中间产品和工程设备进场核验和验收监理实施细则》。

[《水利工程施工监理规范》（SL 288—2014）第 5.2.2 条。]

（3）监理机构应检查护坡工程坡面处理情况。浆砌石护坡工程施工前应按设计要求削坡，坡面应平整、坚实；当堤（坝）坡整削完毕因故未做砌护时，应采取措施盖护，通常采用压有重物（块石、沙袋等）的土工布、彩条布等将坡面和坡脚盖护。

[《堤防工程施工规范》（SL 260—2014）第 9.3.1 条。]

（4）监理机构应对承包人的开挖及削坡轮廓点、放样资料进行检查。应测放出设计开挖轮廓点，并用醒目的标志加以标定。详见《测量工作监理实施细则》。

[《水利水电工程施工测量规范》（SL 52—2015）第 7.2.2 条。]

（5）检查承包人提供的砂石料系统、砂浆及混凝土拌和系统或商品混凝土供应方案以及场内道路、供水、供电及其他施工辅助加工厂、设施的准备情况。

[《水利工程施工监理规范》（SL 288—2014）第 5.2.2 条第 6 款。]

（6）分部工程开工。分部工程开工前，承包人向监理机构报送分部工程开工申请表，经监理机构批准后方可开工。

[《水利工程施工监理规范》（SL 288—2014）第 6.1.2 条。]

（7）单元工程开工。第一个单元工程应在分部工程开工批准后开工，后续单元工程凭监理工程师签认的上一单元工程施工质量合格文件方可开工。

[《水利工程施工监理规范》（SL 288—2014）第 6.1.3 条。]

5 现场监理工作内容、程序和控制要点

5.1 现场监理工作内容

（1）核查承包人报送的浆砌石护坡分部工程开工申请资料及开工准备工作，满足开工要求方可批准、施工。

[《水利工程施工监理规范》（SL 288—2014）第 6.1.2 条及附表 CB15"分部工程开工申请表"。]

（2）核验承包人申报的原材料、中间产品的质量，复核工程施工质量，详见《原材料、中间产品和工程设备进场核验和验收监理实施细则》。

（3）监理机构按有关规定和施工合同约定，检查承包人的工程质量检测工作是否符合要求。

（4）监理机构检查承包人的现场组织机构、主要管理人员、技术人员及特种作业人员是否符合要求，对无证上岗、不称职或违章、违规人员，可要求承包人暂停或禁止其在本工程中工作。

（5）监理机构复核承包人的施工放样成果。监理机构可通过现场监督、抽样复测等方法，复核承包人的施工放样成果。

（6）监理机构加强施工过程质量控制。

1）监理机构可通过现场察看、查阅施工记录以及旁站监理、跟踪检测和平行检测等方式，对施工质量进行控制。

2）监理机构应加强重要隐蔽单元工程和关键部位单元工程的质量控制，注意护坡基

座齿槽、垫层料压实、排水孔、分缝等部位的质量控制。

3) 监理机构应要求承包人按施工合同约定及有关规定对工程质量进行自检，合格后方可报监理机构复核。

4) 监理机构应定期或不定期对承包人的人员、原材料、中间产品、施工设备、工艺方法、施工环境和工程质量等进行巡视、检查。

5) 单元工程（工序）的质量评定未经监理机构复核或复核不合格，承包人不得开始下一单元工程（工序）的施工。

6) 需进行地质编录的工程隐蔽部位，承包人应报请设代机构进行地质编录，并及时告知监理机构。

7) 监理机构发现承包人使用的原材料、中间产品、施工设备或其他原因可能导致工程质量不合格或造成质量问题时，应及时发出指示，要求承包人立即采取措施纠正，必要时，责令其停工整改。监理机构应对要求承包人纠正问题的处理结果进行复查，并形成复查记录，确认问题已经解决。

8) 监理机构发现施工环境可能影响工程质量时，应指示承包人采取消除影响的有效措施。必要时，按规定要求其暂停施工。

9) 监理机构应对施工过程中出现的质量问题及其处理措施或遗留问题进行详细记录，保存好相关资料。

［《水利工程施工监理规范》（SL 288—2014）第 6.2 条。］

（7）监督、检查施工进度。

1) 施工进度的检查应符合下列规定：

a. 监理机构应检查承包人是否按照批准的施工进度计划组织施工，资源的投入是否满足施工需要。

b. 监理机构应跟踪检查施工进度，分析实际施工进度与施工进度计划的偏差，重点分析关键路线的进展情况和进度延误的影响因素，并采取相应的监理措施。

2) 施工进度计划的调整应符合下列规定：

a. 监理机构在检查中发现实际施工进度与施工进度计划发生了实质性偏离时，应指示承包人分析进度偏差原因、修订施工进度计划报监理机构审批。

b. 当变更影响施工进度时，监理机构应指示承包人编制变更后的施工进度计划，并按施工合同约定处理变更引起的工期调整事宜。

c. 施工进度计划的调整涉及总工期目标、阶段目标改变，或者资金使用有较大的变化时，监理机构应提出审查意见报发包人批准。

3) 监理机构应在监理月报中对施工进度进行分析，必要时提交进度专题报告。

4) 监理机构应审阅承包人按施工合同约定提交的施工月报、施工年报，并报送发包人。

［《水利工程施工监理规范》（SL 288—2014）第 6.3 条。］

（8）审核工程计量，签发工程进度付款证书，报发包人。详见《计量支付工作监理实施细则》。

［《水利工程施工监理规范》（SL 288—2014）第 6.4 条。］

（9）监督、检查现场施工安全，发现安全隐患及时要求承包人整改或暂停施工。

1）监理机构应按照相关规定核查承包人的安全生产管理机构，以及安全生产管理人员的安全资格证书和挖掘机、起重机、破碎机作业人员操作资格证书，并检查安全生产教育培训情况。

2）施工过程中监理机构的施工安全监理应包括下列内容：

a. 督促承包人对作业人员进行安全交底，监督承包人按照批准的施工方案组织施工，检查承包人安全技术措施的落实情况，及时制止违规施工作业。

b. 定期和不定期巡视检查承包人的用电安全、消防措施、危险品管理和场内交通管理等情况。

c. 核查施工现场挖掘机、起重机、破碎机等常用机械设备安全使用及操作人员资格情况。

d. 检查承包人的度汛方案中对洪水、暴雨、台风等自然灾害的防护措施和应急措施。

e. 检查施工现场各种安全标识和安全防护措施是否符合水利工程建设标准强制性条文及相关规定的要求。

f. 督促承包人进行安全自查工作，并对承包人自查情况进行检查。

g. 参加发包人和有关部门组织的安全生产专项检查。

h. 检查灾害应急救助物资和器材的配备情况。

i. 检查承包人安全防护用品的配备情况。

3）监理机构发现施工安全隐患时，应要求承包人立即整改；必要时，可根据规范要求指示承包人暂停施工，并及时向发包人报告。

4）当发生安全事故时，监理机构应指示承包人采取有效措施防止损失扩大，并按有关规定立即上报，配合安全事故调查组的调查工作，监督承包人按调查处理意见处理安全事故。

［《水利工程施工监理规范》（SL 288—2014）第6.5条。］

（10）监督、检查文明施工情况。

1）监理机构检查承包人文明施工的执行情况，并监督承包人通过自查和改进，完善文明施工管理。

2）监理机构督促承包人开展文明施工的宣传和教育工作，并督促承包人积极配合当地政府和居民共建和谐建设环境。

3）监理机构监督承包人落实合同约定的施工现场环境管理工作。

［《水利工程施工监理规范》（SL 288—2014）第6.6条。］

（11）按合同约定及规范要求，加强处理变更管理。详见《变更工作监理实施细则》。

［《水利工程施工监理规范》（SL 288—2014）第6.7条。］

（12）依据有关规定参与工程质量评定，主持或参与工程验收。

1）监理机构应按有关规定进行工程质量评定，其主要职责应包括下列内容：

a. 审查承包人填报的单元工程（工序）质量评定表的规范性、真实性和完整性，复核单元工程（工序）施工质量等级，由监理工程师核定质量等级并签证认可。

b. 在承包人自评的基础上，复核分部工程的施工质量等级，报发包人认定。

2）浆砌块石护坡分部工程验收中的主要监理工作应包括下列内容：

a. 在承包人提出分部工程验收申请后，监理机构应组织检查分部工程的完成情况、施工质量评定情况和施工质量缺陷处理情况，并审核承包人提交的分部工程验收资料。监理机构应指示承包人对申请被验分部工程存在的问题进行处理，对资料中存在的问题进行补充、完善。

b. 经检查分部工程符合有关验收规程规定的验收条件后，监理机构应提请发包人或受发包人委托及时组织分部工程验收。

c. 监理机构在验收前应准备相应的监理备查资料。

d. 监理机构应监督承包人按照分部工程验收鉴定书中提出的遗留问题处理意见完成处理工作。

［《水利工程施工监理规范》（SL 288—2014）第 6.8 条、第 6.9 条］。

5.2 现场监理工作程序

（1）总监理工程师根据合同约定，选派监理人员开展浆砌石护坡工程监理工作。

［《水利工程施工监理规范》（SL 288—2014）第 3.3.3 条、第 4.1.1 条。］

（2）浆砌石护坡工程监理人员应熟悉工程建设有关法律法规、规章以及技术标准，熟悉浆砌石护坡工程设计文件、施工合同文件。

［《水利工程施工监理规范》（SL 288—2014）第 4.1.2 条。］

（3）由负责浆砌石护坡工程监理工作的监理工程师组织相关专业监理人员编制《浆砌石护坡工程监理实施细则》，报总监理工程师审批，监理实施细则应具有可操作性。

［《水利工程施工监理规范》（SL 288—2014）附录 B.1.1 条。］

（4）实施浆砌石护坡工程施工监理工作。主要监理工作程序包括单元工程（工序）质量控制监理工作程序、质量评定监理工作程序、变更监理工作程序、进度控制监理工作程序、工程款支付监理工作程序等，详见《水利工程施工监理规范》（SL 288—2014）附录 C，变更监理工作程序见图 1。

［《水利工程施工监理规范》（SL 288—2014）附录 C。］

（5）及时整理监理工作档案资料，包括监理日记、监理日志、旁站监理值班记录、监理巡视记录、监理通知、会议纪要、监理月报等。

［《水利工程施工监理规范》（SL 288—2014）第 4.1.7 条。］

5.3 浆砌石护坡工程监理控制要点

（1）砂、水泥、石料、土工布及排水管进场前进行检查验收，砂子级配、细度模数及石料规格满足设计要求，石料质地新鲜无裂隙，石料表面的泥垢、油垢等污物砌筑前应清除干净，并保持湿润。水泥、土工布、排水管及伸缩缝填料规格型号符合设计要求，并附产品合格证及出厂检验报告，施工单位按照合同及规范要求提供的检测结果，对不符合质量要求的材料监理工程师有权拒绝进场。

［《水利工程施工监理规范》（SL 288—2014）第 6.2.3 条、第 6.2.6 条。］

（2）对齿墙开挖断面尺寸、基坑排水及清理情况进行测量、查验，验收合格后进行齿墙混凝土浇筑。齿墙混凝土主要控制拌和物质量、振捣及养护。及时留取混凝土试块，重要部位齿墙的浇筑过程要进行旁站监理，并填写旁站监理值班记录。

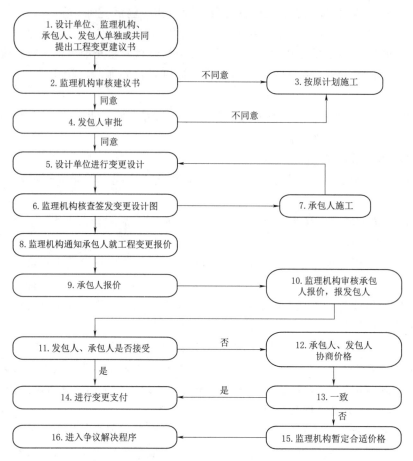

图 1　变更监理工作程序图

（3）监理机构应对坡面处理情况进行检查。

1）堤防浆砌石护坡工程坡面处理应符合下列要求：

a. 应按设计要求削坡；坡面应平整、坚实。

b. 坡脚齿墙应在枯水位时施工；工程规模较大时，坡脚齿槽可分段开挖并及时砌筑。

c. 当堤坡整削完毕因故未做砌护时，应采取措施盖护。

d. 规模较大护坡工程，应分块施工；堤坡稳定性较差段，宜分段先行施工。

［《堤防工程施工规范》（SL 260—2014）第 9.3.1 条。］

2）土石坝浆砌石护坡工程坡面处理应符合下列要求：为保证均质坝或砂砾料坝壳在设计断面内的压实干容重达到设计要求，铺土时上下游坝坡应留有余量，并在铺筑护坡垫层前按设计断面削坡。削坡后，临近坡面约 30cm（水平）范围内的压实干容重，允许低于设计标准，但不合格干容重不得低于设计干容重的 98%。

［《碾压式土石坝施工技术规范》（SDJ 213—83）第 8.1.17 条。］

（4）监理机构应检查垫层的级配、铺设厚度、压实质量等，铺筑块石时，不得破坏垫层。

［《碾压式土石坝施工技术规范》（SDJ 213—83）第 12.4.1 条，《堤防工程施工规

范》（SL 260—2014）第9.3.1条，《水利水电工程单元工程施工质量验收评定标准——堤防工程》（SL 634—2012）第10.0.2条。]

（5）监理机构应检查胶结材料是否满足设计要求。本细则砌筑用的胶结材料，如水泥砂浆、混凝土的强度等级及其配合比等质量指标应符合设计要求，通常应在现场查阅胶结材料的配合比试验报告、原材料的出厂合格证等，并进行取样试验。同标号胶结材料试件的数量28d龄期，每200m³砌体取试件1组3个；设计龄期每400m³砌体取试件1组3个。勾缝砂浆强度等级应高于砌体砂浆，勾缝水泥砂浆每班取试件不少于1组。

［《水利水电工程单元工程施工质量验收评定标准——土石方工程》（SL 631—2012）条文说明第7.1.2条。]

（6）监理机构应检查石料安装砌筑质量。主要控制砂浆拌和物质量、缝宽、坐浆饱满度、浆砌石护坡厚度及坡面平整度；铺浆均匀，无裸露石块；塞缝饱满，砌缝密实，无架空等现象。

1）砌筑前，应将石料上的泥垢冲洗干净，砌筑时保持砌石表面湿润。

2）砌筑分段条埂，铺好垫层或滤层，并按设计要求预设好排水孔。

3）采用坐浆法分层砌筑时，铺浆厚宜3～5cm，随铺浆随砌石，砌缝需用砂浆填充饱满，不应无浆直接贴靠，砌缝内砂浆应插捣密实；不允许先堆砌石块再用砂浆灌缝方式操作。

4）灌砌石护坡应保证混凝土填灌料质量，填充饱满、插（振）捣密实。灌砌石护坡主要步骤：削坡，铺垫层或滤层，摆放块石，填灌细石混凝土，振捣密实，收面。质量控制的关键点是细石混凝土的填灌与插（振）捣，填灌要饱满，插（振）捣要密实。

5）上、下层砌石应错缝砌筑；砌体外露面应平整美观，外露面上的砌缝宜预留不少于3cm深的空隙，以备勾缝处理：水平缝宽应不大于2.5cm，竖缝宽应不大于4cm。

6）水泥砂浆初凝前允许1次连续砌筑两层，介于初凝和终凝之间的砌体不允许扰动，终凝以后，需待胶结材料强度达到2.5MPa以上时方允许继续砌筑；砌筑因故停顿，且砂浆已超过初凝时间，应待砂浆强度达到2.5MPa后才可继续施工；继续砌筑前，应将原砌体表面的浮渣清除；砌筑时应避免振动下层砌体。

7）勾缝作业应符合下列要求：

a. 勾缝前应先清缝，用水冲净并保持缝槽湿润。

b. 砂浆应分次向缝内填塞密实。

c. 勾缝砂浆强度等级应高于砌体砂浆。

d. 按实有砌缝勾平缝，不应勾假缝。

e. 勾缝完毕后应保持砌体表面湿润并做好养护。

f. 砂浆配合比、性能等，应按设计强度等级要求通过试验确定，施工中应在砌筑现场随机制取试件。

［《堤防工程施工规范》（SL 260—2014）第8.5.2条、第9.3.3条。]

（7）排水管主要控制安装位置、数量和反滤层结构型式、尺寸。

（8）伸缩缝主要控制位置、尺寸、间距，缝面应平整、顺直、干燥，伸缩缝填料应符合设计要求。

［《水利水电工程单元工程施工质量验收评定标准——土石方工程》（SL 631—2012）条文说明第 7.3 条。］

（9）监理机构应检查护坡的封顶及护脚质量。土堤浆砌石护坡和堤顶交界处易形成雨水顺垫层的渗流通道，造成堤身的冲刷，所以护坡与堤顶相交处应按设计要求牢固封顶；土石坝浆砌石护坡上部应自坝顶起，当设防浪墙时应与防浪墙连接，下部宜护至坝脚。

6　检查和检验项目、标准和工作要求

6.1　巡视检查要点

（1）是否按照设计文件、施工规范和已批准的施工方案进行施工。

（2）承包人进场的主要材料、中间产品报验及使用情况。

（3）施工机械的使用状态是否运行良好，仪器、仪表是否进行检定或校准。

（4）施工技术管理人员特别是质检员、安全员是否到岗到位，施工人员数量能否满足进度要求。

（5）施工操作人员的技术水平、操作条件是否满足工艺操作要求，电工等特殊工种操作人员是否持证上岗。

（6）施工现场是否存在安全隐患，水土保持和环境保护措施是否落实到位。

（7）已施工部位是否存在质量缺陷。

［《水利工程施工监理规范》（SL 288—2014）第 6.2.10 条第 4 款。］

6.2　旁站监理

（1）旁站监理的部位：齿墙及压顶混凝土浇筑、排水反滤等隐蔽工程、关键部位。

（2）旁站监理内容

1）人员情况：包括管理人员、技术人员、特种作业人员、普通作业人员、质检员等。

2）主要施工设备及运转情况：包括砂浆搅拌机、混凝土运输车、试验检测仪器、用电设备等。

3）主要材料使用情况：包括砂石料、水泥、土工布、商品混凝土、排水管、伸缩缝填料等。

4）施工过程描述：包括砂浆及混凝土拌和、运输、浇筑振捣，土工布铺设，浆砌石勾缝及施工现场安全作业情况。

（3）旁站监理控制要点：砂浆及混凝土拌和质量，混凝土浇筑，排水反滤层规格及厚度。

（4）做好现场旁站监理值班记录，包括工程部位、施工日期和时间、天气情况、施工人员、设备运转、材料使用、施工过程、质量检查与检测、问题处理等。

［《水利工程施工监理规范》（SL 288—2014）第 4.2.3 条、第 6.2.11 条。］

6.3　检测项目、标准和检测要求

（1）水泥：以同一水泥厂、同品牌、同强度等级、同一出厂编号，袋装水泥每 200t

为一检验批，散装水泥每400t为一检验批，不足200t、400t也作为一取样单位。检测指标包括凝结时间、安定性、抗压强度、抗折强度、烧失量等。

[《水工混凝土施工规范》（SL 677—2014）第11.2.3条，《通用硅酸盐水泥》（GB 175—2023）第7条。]

（2）骨料：同料源细骨料每600～1200t为一批，不足600t也取一组；同料源粗骨料每2000t为一批，不足2000t也取一组。细骨料检测指标包括表观密度、细度模数、含水率、含泥量、坚固性、泥块含量、硫化物及硫酸盐含量等，粗骨料检测指标包括超径、逊径、表观密度、压碎指标、吸水率、坚固性、针片状颗粒含量、泥块含量、硫化物及硫酸盐含量等。

[《水工混凝土施工规范》（SL 677—2014）第11.2.4条、第5.3.5条、第5.3.6条。]

（3）块石：不同料源分别检测1～3组，每种材料至少检测1组。检测指标包括饱和单轴抗压强度、软化系数。

（4）土工布：每10000m²为一取样单位，不足10000m²也作为一取样单位。检测指标包括断裂强度、伸长率、幅宽、厚度、单位面积质量、垂直渗透系数、撕破强力、抗酸碱性能、抗氧化性能等。

（5）垫层基面平整度及厚度：每20m²检测一处，基面平整度符合设计要求，厚度允许偏差为±15％设计厚度。

[《水利水电工程单元工程施工质量验收评定标准——堤防工程》（SL 634—2012）第10.0.2条。]

（6）浆砌石坐浆饱满度：每层每10m至少检查1处，坐浆饱满度大于80％。

[《水利水电工程单元工程施工质量验收评定标准——堤防工程》（SL 634—2012）第10.0.7条。]

（7）护坡厚度、坡面平整度：每50～100m²检测一处，护坡厚度与坡面平整度允许偏差均为±5cm。

[《水利水电工程单元工程施工质量验收评定标准——堤防工程》（SL 634—2012）第10.0.7条。]

（8）排水孔：每10孔检测1孔，孔径、孔距允许偏差±5％设计值。

[《水利水电工程单元工程施工质量验收评定标准——堤防工程》（SL 634—2012）第10.0.7条。]

（9）混凝土抗压试块每100m³取样1组，砂浆抗压试块每200m³砌体取样1组。

[《水工混凝土施工规范》（SL 677—2014）第11.5.3条，《水利水电工程单元工程施工质量验收评定标准——土石方工程》（SL 631—2012）条文说明第7.1.2条。]

浆砌石护坡各单元工程检测项目、标准和检测要求应符合《水利水电工程单元工程施工质量验收评定标准》的相关规定。

6.4 跟踪检测和平行检测的数量和要求

6.4.1 跟踪检测

（1）监理机构对水泥、骨料、砂浆试块、混凝土试块进行跟踪检测，检测频次不少于承包人检测数量的7％。

〔《水利工程施工监理规范》（SL 288—2014）第 6.2.13 条。〕

（2）监理机构对土工布进行跟踪检测，检测频次不少于承包人检测数量的 10%。

（3）具体跟踪检测的项目和数量应符合监理合同约定。

6.4.2 平行检测

（1）采用现场量测的方式对齿墙开挖尺寸、垫层厚度、护坡厚度、坡面平整度、排水孔间距、勾缝宽度等进行平行检测，检测数量不少于承包人检测数量的 30%。

（2）对水泥、骨料、砂浆试块、混凝土试块，委托具有水利资质的检测单位进行平行检测，检测数量不少于承包人的 3%，重要部位每种标号的试块至少取 1 组。

〔《水利工程施工监理规范》（SL 288—2014）第 6.2.14 条。〕

（3）监理机构对土工布进行平行检测，检测频次不少于承包人检测数量的 5%。

（4）具体平行检测的项目和数量应符合监理合同约定。

7 资料和质量评定工作要求

7.1 资料整理工作要求

（1）监理单位督促施工单位安排专人负责工程档案资料的管理工作，与工程施工同步收集、整理工程资料，三检记录、原始数据、施工日志齐全、完整，与工程实际相符。原材料、施工设备、工序及单元工程报验及时，依据施工承包合同、设计文件、施工规范、质量评定标准及《水利工程建设项目档案管理规定》（水办〔2021〕200 号）等对工程资料进行整理、立卷、归档。

〔《水利工程施工监理规范》（SL 288—2014）第 6.8.6 条第 1 款。〕

（2）监理机构应按有关规定及监理合同约定，安排专人负责监理档案资料的管理工作。凡要求立卷归档的资料，应按照规定及时预立卷和归档，妥善保管。

〔《水利工程施工监理规范》（SL 288—2014）第 6.8.6 条第 3 款。〕

详见《信息管理专业工作监理实施细则》。

7.2 质量评定工作要求

（1）工序、单元工程质量评定。施工单位按《水利水电工程单元工程施工质量验收评定标准》检验工序及单元工程质量，做好书面记录，在自检合格后，填写《水利水电工程施工质量验收评定表》报监理人复核。监理单位根据抽检资料复核单元（工序）工程质量等级。重要隐蔽单元工程及关键部位单元工程质量经承包人自评合格、监理单位抽检后，由项目法人、监理、设计、施工、工程运行管理等单位组成联合小组，共同检查核定其质量等级并填写签证表，报工程质量监督机构核备。

〔《水利水电工程施工质量检验与评定规程》（SL 176—2007）第 5.3.1 条、第 5.3.2 条。〕

（2）分部工程质量评定。分部工程质量在承包人自评完成后，报监理单位复核，项目法人认定。分部工程验收的质量结论由项目法人报工程质量监督机构核备。

〔《水利水电工程施工质量检验与评定规程》（SL 176—2007）第 5.3.3 条。〕

（3）外观质量评定。单位工程完工后，项目法人组织监理、设计、施工及工程运行管理等单位组成工程外观质量评定组，现场进行工程外观质量检验评定并将评定结论报工程质量监督机构核定。参加工程外观质量评定的人员应具有工程师以上技术职称或相应执业资格。

[《水利水电工程施工质量检验与评定规程》（SL 176—2007）第 4.3.7 条。]

（4）单位工程质量评定。单位工程质量在承包人自评完成后，监理单位结合单位工程外观质量评定情况复核单位工程质量等级，报项目法人认定，质量结论由项目法人报工程质量监督机构核定。

[《水利水电工程施工质量检验与评定规程》（SL 176—2007）第 5.3.4 条。]

8 采用的表式清单

8.1 《水利工程施工监理规范》相关用表

按照《水利工程施工监理规范》（SL 288—2014）规定，浆砌石护坡工程施工单位、监理机构采用的表式清单见表 1 和表 2。

表 1　　　　　　　　　　　施工单位采用的表式清单

序号	表 格 名 称	表 格 类 型	表 格 编 号
1	施工技术方案申报表	CB01	承包〔 〕技案　号
2	现场组织机构及主要人员报审表	CB06	承包〔 〕机构　号
3	原材料/中间产品进场报验单	CB07	承包〔 〕报验　号
4	施工设备进场报验单	CB08	承包〔 〕设备　号
5	施工放样报验单	CB11	承包〔 〕放样　号
6	联合测量通知单	CB12	承包〔 〕联测　号
7	施工测量成果报验单	CB13	承包〔 〕测量　号
8	分部工程开工申请表	CB15	承包〔 〕分开工　号
9	施工安全交底记录	CB15 附件 1	承包〔 〕安交　号
10	施工技术交底记录	CB15 附件 2	承包〔 〕技交　号
11	混凝土浇筑开仓报审表	CB17	承包〔 〕开仓　号
12	工序/单元工程施工质量报验单	CB18	承包〔 〕质报　号
13	变更申请表	CB24	承包〔 〕变更　号
14	施工进度计划调整申报表	CB25	承包〔 〕进调　号
15	施工月报表（　年　月）	CB34	承包〔 〕月报　号
16	验收申请报告	CB35	承包〔 〕验报　号
17	报告单	CB36	承包〔 〕报告　号
18	回复单	CB37	承包〔 〕回复　号
19	确认单	CB38	承包〔 〕确认　号

表 2　　　　　　　　　　　监理机构采用的表式清单

序号	表 格 名 称	表 格 类 型	表 格 编 号
1	分部工程开工批复	JL03	监理〔 〕分开工　号
2	批复表	JL05	监理〔 〕批复　号

序号	表 格 名 称	表格类型	表 格 编 号
3	监理通知	JL06	监理〔　〕通知　　号
4	工程现场书面通知	JL09	监理〔　〕现通　　号
5	整改通知	JL11	监理〔　〕整改　　号
6	变更指示	JL12	监理〔　〕变指　　号
7	暂停施工指示	JL15	监理〔　〕停工　　号
8	复工通知	JL16	监理〔　〕复工　　号
9	施工图纸核查意见单	JL23	监理〔　〕图核　　号
10	施工图纸签发表	JL24	监理〔　〕图发　　号
11	监理月报	JL25	监理〔　〕月报　　号
12	旁站监理值班记录	JL26	监理〔　〕旁站　　号
13	监理巡视记录	JL27	监理〔　〕巡视　　号
14	工程质量平行检测记录	JL28	监理〔　〕平行　　号
15	工程质量跟踪检测记录	JL29	监理〔　〕跟踪　　号
16	监理日记	JL33	监理〔　〕日记　　号
17	监理日志	JL34	监理〔　〕日志　　号
18	会议纪要	JL38	监理〔　〕纪要　　号
19	监理机构联系单	JL39	监理〔　〕联系　　号
20	监理机构备忘录	JL40	监理〔　〕备忘　　号

8.2 单元工程、分部工程、单位工程质量验收评定表

按照《水利水电工程单元工程施工质量验收评定标准——土石方工程》（SL 631—2012）附录 A、《水利水电工程单元工程施工质量验收评定标准——混凝土工程》（SL 632—2012）附录 A 及《水利水电工程单元工程施工质量验收评定标准——堤防工程》（SL 634—2012）附录 A，参考《水利水电工程单元工程施工质量验收评定表及填表说明》（2016 年版）以及《水利水电工程施工质量检验与评定规程》（SL 176—2007）的相关表格，采用土石方工程、混凝土工程及堤防工程各工序、单元、分部及单位工程施工质量验收评定表（表3）。

表3　　　　　　　　　质 量 验 收 评 定 表

序号	表 格 名 称	表格类型	表格编号
1	土方开挖单元工程施工质量验收评定表	土石方工程	SL 631—2012、填表说明表 1.1
2	表土及土质岸坡清理工序施工质量验收评定表	土石方工程	SL 631—2012、填表说明表 1.1.1
3	软基或土质岸坡开挖工序施工质量验收评定表	土石方工程	SL 631—2012、填表说明表 1.1.2
4	岩石岸坡开挖单元工程施工质量验收评定表	土石方工程	SL 631—2012、填表说明表 1.2

序号	表 格 名 称	表格类型	表格编号
5	岩石岸坡开挖工序施工质量验收评定表	土石方工程	SL 631—2012、填表说明表 1.2.1
6	岩石岸坡开挖地质缺陷处理工序施工质量验收评定表	土石方工程	SL 631—2012、填表说明表 1.2.2
7	岩石地基开挖单元工程施工质量验收评定表	土石方工程	SL 631—2012、填表说明表 1.3
8	岩石地基开挖工序施工质量验收评定表	土石方工程	SL 631—2012、填表说明表 1.3.1
9	岩石地基开挖地质缺陷处理工序施工质量验收评定表	土石方工程	SL 631—2012、填表说明表 1.3.2
10	普通混凝土单元工程施工质量验收评定表	混凝土工程	SL 632—2012、填表说明表 2.1
11	普通混凝土基础面处理工序施工质量验收评定表	混凝土工程	SL 632—2012、填表说明表 2.1.1－1
12	普通混凝土施工缝处理工序施工质量验收评定表	混凝土工程	SL 632—2012、填表说明表 2.1.1－2
13	普通混凝土模板制作及安装工序施工质量验收评定表	混凝土工程	SL 632—2012、填表说明表 2.1.2
14	普通混凝土钢筋制作及安装工序施工质量验收评定表	混凝土工程	SL 632—2012、填表说明表 2.1.3
15	普通混凝土预埋件制作及安装工序施工质量验收评定表	混凝土工程	SL 632—2012、填表说明表 2.1.4
16	普通混凝土浇筑工序施工质量验收评定表	混凝土工程	SL 632—2012、填表说明表 2.1.5
17	普通混凝土外观质量检查工序施工质量验收评定表	混凝土工程	SL 632—2012、填表说明表 2.1.6
18	垫层单元工程施工质量验收评定表（有压实指标要求）	土石方工程	SL 631—2012、填表说明表 1.10
19	垫层料铺填工序施工质量验收评定表	土石方工程	SL 631—2012、填表说明表 1.10.1
20	垫层料压实工序施工质量验收评定表	土石方工程	SL 631—2012、填表说明表 1.10.2
21	护坡砂（石）垫层单元工程施工质量验收评定表（无压实指标要求）	堤防工程	SL 634—2012、填表说明表 4.7
22	土工织物铺设单元工程施工质量验收评定表	堤防工程	SL 634—2012、填表说明表 4.8
23	浆砌石护坡单元工程施工质量验收评定表	堤防工程	SL 634—2012、填表说明表 4.12
24	重要隐蔽单元工程（关键部位单元工程）质量等级签证表	SL 176—2007	附录 F
25	分部工程施工质量评定表	SL 176—2007	附录 G－1
26	单位工程施工质量评定表	SL 176—2007	附录 G－2

压力钢管制造与安装工程
监理实施细则

×××××××工程
压力钢管制造与安装工程监理实施细则

审　　批：×××

审　　核：×××（监理证书号：×××××）

编　　制：×××（监理证书号：×××××）

编制单位（机构）名称：×××××××

编制日期：××××年××月

《压力钢管制造与安装工程监理实施细则》编制目录

1 适 用 范 围

本细则适用于监理机构按施工监理合同约定，开展压力钢管制造与安装工程监理工作。压力钢管制造按生产方式主要分为无缝钢管和焊接钢管，安装工程主要施工类型包括开槽施工和不开槽施工两种型式。

本细则主要针对焊接钢管的常规开槽埋管类型进行编写，适用于大中型水利工程的施工监理工作，小型水利工程可参考使用，压力钢管制造与安装工程可视具体合同内容划分分部工程和单位工程。

本细则对专业工作的相关内容只作简要描述，具体按专业工作施工监理实施细则实施。

2 编 制 依 据

2.1 有关现行法律法规

（1）《中华人民共和国民法典》。

（2）《中华人民共和国建筑法》。

（3）《中华人民共和国安全生产法》。

（4）《工程建设质量管理条例》（国务院令第 279 号）。

（5）《工程建设安全生产管理条例》（国务院令第 393 号）。

2.2 部门规章、规范性文件

（1）《水利工程质量管理规定》（水利部令第 52 号）。

（2）《水利工程建设监理规定》（水利部令第 28 号）。

（3）《水利工程建设安全生产管理规定》（水利部令第 26 号）。

2.3 技术标准

（1）《水利工程施工监理规范》（SL 288—2014）。

（2）《水利工程建设标准强制性条文》（2020 年版）。

（3）《水利水电工程设备监理规范》（T/CWEA 25—2024）。

（4）《给水排水管道工程施工及验收规范》（GB 50268—2008）。

（5）《水利工程压力钢管制造安装及验收规范》（SL 432—2008）。

（6）《水工金属结构焊接通用技术条件》（SL 36—2016）。

（7）《水利水电工程施工测量规范》（SL 52—2015）。

（8）《碳素结构钢》（GB/T 700—2006）。

（9）《低合金高强度结构钢》（GB/T 1591—2018）。

（10）《焊缝无损检测 超声检测 技术、检测等级和评定》（GB/T 11345—2023）。

（11）《水利水电工程施工安全管理导则》（SL 721—2015）。

（12）《水工金属结构防腐蚀规范》（SL 105—2007）。

（13）《焊接工艺评定规程》（DL/T 868—2014）。

（14）《土工试验方法标准》（GB/T 50123—2019）。

（15）《水利水电工程单元工程施工质量验收评定标准——土石方工程》（SL 631—2012）。

（16）《水利水电工程单元工程施工质量验收评定标准——混凝土工程》（SL 632—2012）。

（17）《水利水电工程单元工程施工质量验收评定标准——水工金属结构安装工程》（SL 635—2012）。

（18）《水利水电工程施工质量检验与评定规程》（SL 176—2007）。

（19）《水利水电建设工程验收规程》（SL 223—2008）。

（20）其他现行国家及水利行业有关规范、规程、标准等。

2.4 经批准的勘测设计文件（报告、图纸、技术要求）、签订的合同文件

（1）《×××初步设计报告》。

（2）《×××施工图》。

（3）《×××技术要求》。

（4）《×××工程施工承包合同》。

（5）《×××工程施工监理合同》。

2.5 经批准的监理规划、施工相关文件和方案

（1）《×××工程监理规划》。

（2）《×××工程施工组织设计》。

（3）《压力钢管制造与安装工程施工技术方案》。

3 专 业 工 程 特 点

（1）压力钢管制造与安装工程的关键点在于对钢材、焊接材料及防腐材料的质量控制以及安装完成后的水压试验；难点在于压力钢管在制造安装过程中的焊接、防腐处理质量控制。

（2）压力钢管制造工艺复杂，技术性强。钢管制造加工包括材料检验、平板、下料、卷板、焊接、组圆、焊接、防腐、涂装等工序，每道工序检验合格、符合技术标准后，才能进入下道工序，必须规范操作、环环相扣，确保成品质量。

（3）压力钢管安装施工距离长，且安装条件不一。地形情况包括平原、丘陵、盆地等，地质条件包括土层、岩石等，压力钢管包括埋管、顶管、明管等不同的安装方法，对管节定位固定、焊接、防腐、涂装、试压等要求严格，确保管道在设计压力状态下能够长期、高效地安全运行。本监理实施细则主要针对挖槽、埋管型式进行编制。

4 专业工程开工条件检查

4.1 压力钢管制造开工条件检查

（1）监理机构在压力钢管制造开工前，参加或受发包人委托主持设计联络会议，相关单位（包括主要外购外协件单位）应参加会议。其主要内容包括：

1）设计单位进行设计交底，明确设备的主要性能和参数，以及各种接口技术要求。

2）确定管道规格尺寸、试验及检验、运输和交接方案、验收等事项。

3) 确定承包人与相关单位配合事项。

4) 解决其他相关问题。

[《水利水电工程设备监理规范》(T/CWEA 25—2024) 第 6.2.2 条。]

(2) 监理机构审查承包人的开工准备情况,主要包括下列内容:

1) 承包人提出的钢管制造方案,重点审查加工工艺、工艺流程和质量保证措施等。

2) 主要原材料、外购外协件的质量证明文件。

3) 加工设备等准备情况。

4) 承包人提供的技术文件,包括钢管制造车间加工图、焊接工艺、安全技术措施等。

5) 承包人的检测条件或委托的检测机构资质。

6) 钢管制造总体进度计划和分步实施计划。

7) 承包人的技术交底情况。

[《水利水电工程设备监理规范》(T/CWEA 25—2024) 第 6.2.3 条。]

4.2 压力钢管安装开工条件检查

(1) 监理机构组织相关单位召开管道安装技术交底会议,设计单位进行设计交底,项目法人提供管道安装的基准线、基准点等相关资料,并做好交接工作。

审查承包人对发包人提供的测量基准点的复核,以及承包人在此基础上完成施工测量控制网的布设及施工区原始地形图的测绘情况。施工测量控制详见《测量专业工作监理实施细则》。

[《水利工程施工监理规范》(SL 288—2014) 第 5.2.2 条第 5 款。]

(2) 管道安装前,监理机构应审查承包人编制的施工组织设计,承包人配备的人员、安装工器具及检测仪器应满足安装要求。审查与检查应包括下列主要内容:

1) 承包人的组织机构、人员(含特种作业人员)及质量保证体系;承包人派驻现场的主要管理人员、技术人员及特种作业人员是否与施工合同文件一致。

2) 审查管道安装工艺措施及进度计划,包括技术可行性、安全可靠性、经济合理性。

3) 管道安装的重要专项施工方案,包括焊接工艺、吊装方案、钢管水压试验等。

4) 安装人员应具有相关技术和安全培训经历,特种作业人员、无损检测人员等应持有效资格证书。

5) 承包人对设备安装的检测条件或委托进行设备安装质量检测的检测机构资质。

[《水利水电工程设备监理规范》(T/CWEA 25—2024) 第 8.2.2 条、第 8.2.3 条、第 8.2.4 条,《水利工程质量管理规定》(水利部令第 52 号) 第三十三条、第四十四条,《水利工程施工监理规范》(SL 288—2014) 第 5.2.2 条第 1 款、第 9 款及条文说明。]

(3) 原材料/中间产品质量证明文件检查。承包人在钢管安装前向监理人提供碎石、水泥、砂、钢筋、焊接材料、防腐材料等材质证明文件及相应检测报告。进场原材料、中间产品的质量、规格应符合施工合同约定,原材料的储存量及供应计划满足开工及施工进度的需要。

[《水利工程质量管理规定》(水利部令第 52 号) 第三十五条,《水利工程施工监理规范》(SL 288—2014) 第 5.2.2 条第 3 款,《水利工程压力钢管制造安装及验收规范》(SL 432—2008) 第 3.4 条、第 3.5 条。]

（4）施工设备进场报验。承包人进场施工设备的数量、规格和性能是否符合施工合同约定，进场情况和计划是否满足开工及施工进度的要求。

对承包人进场施工设备的检查包括数量、规格、生产能力、完好率及设备配套的情况是否符合施工合同的要求，是否满足工程开工及随后施工的需要。对存在严重问题或隐患的施工设备，要及时书面督促承包人限时更换。

［《水利工程施工监理规范》（SL 288—2014）第 5.2.2 条第 2 款及条文说明。］

（5）检查承包人砂石料系统、混凝土拌和系统或商品混凝土供应方案以及场内道路、供水、供电及其他施工辅助加工厂、设施的准备情况。

［《水利工程施工监理规范》（SL 288—2014）第 5.2.2 条第 6 款。］

（6）检查承包人的检测条件或委托的检测机构是否符合施工合同约定及有关规定，主要包括以下内容：

1）检测机构的资质等级和试验范围的证明文件。

2）法定计量部门对检测仪器、仪表和设备的计量检定证书、设备率定证明文件。

3）检测人员的资格证书。

4）检测仪器的数量及种类。

［《水利工程施工监理规范》（SL 288—2014）第 5.2.2 条第 4 款及条文说明，《水利工程压力钢管制造安装及验收规范》（SL 432—2008）第 3.6 条、第 6.4.2 条。］

（7）对承包人的质量保证体系进行审查、记录，对存在的问题进行督促、落实整改。

检查承包人质量保证体系的内容主要包括：质检机构的组织和岗位责任、质检人员的组成、质量检验制度和质量检测手段等。

［《水利工程施工监理规范》（SL 288—2014）第 5.2.2 条第 7 款。］

（8）审查承包人的安全保证体系，主要内容包括安全生产管理机构和安全措施文件。

［《水利工程施工监理规范》（SL 288—2014）第 5.2.2 条第 8 款。］

（9）监理机构应督促承包人查验与管道安装有关事项是否满足安装要求，确认已提供管槽开挖的验收记录等相关技术资料。

（10）管节或部件运到现场后，监理机构组织相关单位对到货管件按照交货清单的内容进行进场验收，验收合格后各方签认，移交安装承包人。

（11）验收过程中发现管件有变形损坏、丢失等情况，管道制造承包人应负责处理，并报监理机构重新组织验收。

［《水利水电工程设备监理规范》（T/CWEA 25—2024）第 7.4.2 条、第 7.4.3 条。］

4.3　开工条件的控制

（1）分部工程开工。分部工程开工前，承包人向监理机构报送分部工程开工申请表，经监理机构批准后方可开工。

［《水利工程施工监理规范》（SL 288—2014）第 6.1.2 条。］

（2）单元工程开工。第一个单元工程应在分部工程开工批准后开工，后续单元工程凭监理工程师签认的上一单元工程施工质量合格文件方可开工。

［《水利工程施工监理规范》（SL 288—2014）第 6.1.3 条。］

（3）混凝土浇筑开仓。监理机构应对承包人报送的混凝土浇筑开仓报审表进行审批。

符合开仓条件后，方可签发。

[《水利工程施工监理规范》（SL 288—2014）第6.1.4条。]

5 现场监理工作内容、程序和控制要点

5.1 现场监理工作内容

（1）核查压力钢管制造与安装工程的开工准备情况。

（2）原材料、中间产品质量控制。压力钢管制造工程原材料、中间产品主要包括钢材、焊接材料、防腐材料等，安装工程原材料、中间产品主要包括碎石、水泥、砂、钢筋、焊接材料、防腐材料、混凝土拌和物质量。

[《水利工程质量管理规定》（水利部令第52号）第四十五条，《水利工程施工监理规范》（SL 288—2014）第6.2.3条，《水利工程压力钢管制造安装及验收规范》（SL 432—2008）第3.4条、第3.5条。]

（3）施工工序、施工工艺等过程控制。压力钢管制造工艺一般包括平板、下料、卷板、焊接组圆及单元对接、焊缝质量检验、防腐表面预处理、涂装等；压力钢管安装工艺一般包括测量放样、沟槽开挖、基础垫层铺设、管节安装、焊接、防腐表面预处理、涂装、闸阀井混凝土浇筑、闸阀安装、水压试验、管道回填等。

（4）落实施工单位"三检"制。督促承包人认真落实"三检"制，即施工班组自检，施工队复检，质检负责人终检，并填写"三检"记录，作为工序和单元工程质量评定的基础。

（5）施工进度检查。检查压力钢管制造与安装工程施工进度是否满足已批复的进度计划，当发现实际进度滞后于计划进度时，监理工程师组织施工项目部分析原因，采取赶工纠偏措施，在保证质量、安全的前提下，确保施工进度。压力钢管制造与安装工程加快施工进度的措施有：合理增加压力钢管制作流水线及作业人员、安装作业工作面，材料进场及时、充足，现场管理到位。当发现有安全隐患及质量缺陷时，应及时采取应急措施，必要时书面指示暂停施工。

（6）检查施工现场安全、文明作业情况及水土保持、环境保护实施情况。

1）督促承包人对作业人员进行安全交底，检查承包人安全技术措施的落实情况，及时制止违规施工作业。巡视检查承包人的用电安全、消防措施和场内交通管理等情况。检查承包人安全防护用品的配备情况。监理机构发现施工安全隐患时，应要求承包人立即整改；必要时，可指示承包人暂停施工，并及时向发包人报告。监理机构应监督承包人将列入合同安全施工措施的费用按照合同约定专款专用，并在监理月报中记录安全措施费投入及使用情况。

[《水利工程施工监理规范》（SL 288—2014）第6.5条，《水利水电工程施工安全管理导则》（SL 721—2015）第6.2.8条。]

2）监理机构依据有关文明施工规定和施工合同约定，审核承包人的文明施工组织机构和措施。检查承包人文明施工的执行情况，并监督承包人通过自查和改进，完善文明施工管理。督促承包人开展文明施工的宣传和教育工作，积极配合当地政府和居民共建和谐

建设环境。

3）监理机构应监督承包人落实合同约定的施工现场水土保持及环境保护工作。

［《水利工程施工监理规范》（SL 288—2014）第 6.6 条。］

（7）检查承包人的施工日志、现场记录及工程资料整理情况，相关记录须真实、完整。包括施工内容、人员设备情况、材料使用情况、检测试验情况、三检资料、报验资料、评定资料、质量安全检查等。

（8）核实工程计量成果。每一道工序或每一个单元工程施工完成并经验收合格后，及时对工程量进行量测、计算和签认，确保工程进度款计量真实、准确。详见《计量支付监理实施细则》。

（9）填写监理日记和监理日志，编制监理月报。现场监理人员依据各自的工作分工，及时、准确记录并填写监理日记，项目监理机构安排专人按照规范格式与内容汇总填写监理日志。项目监理机构在每月的固定时间向发包人、监理单位报送监理月报。

［《水利工程施工监理规范》（SL 288—2014）第 6.8.5 条。］

5.2 现场监理工作程序

（1）总监理工程师根据合同约定，选派监理人员开展压力钢管制造与安装监理工作。

［《水利工程施工监理规范》（SL 288—2014）第 3.3.3 条、第 4.1.1 条。］

（2）熟悉工程建设有关法律法规、规章以及技术标准，熟悉压力钢管制作与安装工程设计文件、施工合同文件。

［《水利工程施工监理规范》（SL 288—2014）第 4.1.2 条。］

（3）总监理工程师参加或主持设计联络会议；审批钢管制造、运输与交付、管道安装、水压试验等阶段的实施方案；组织确定钢管制造与安装监理控制点，明确钢管制造与安装质量见证项目、见证方式和见证地点；组织钢管出厂及交付验收等。

（4）由钢管制造与安装监理工程师编制《压力钢管制作与安装工程监理实施细则》，报总监理工程师审批，监理实施细则应具有可操作性。

［《水利水电工程设备监理规范》（T/CWEA 25—2024）第 5.3.2 条。］

（5）实施钢管监造、安装施工监理工作。主要监理工作程序包括单元工程（工序）质量控制监理工作程序、质量评定监理工作程序、变更监理工作程序、进度控制监理工作程序、工程款支付监理工作程序等，详见《水利工程施工监理规范》（SL 288—2014）附录 C，变更监理工作程序见图 1。

［《水利工程施工监理规范》（SL 288—2014）附录 C。］

（6）组织、参加压力钢管制作与安装工程验收。组织钢管设备出厂验收及进场交接验收，受项目法人委托主持钢管安装分部工程验收，参加项目法人主持的钢管安装单位工程验收。

（7）及时整理监理工作档案资料，包括分部工程开工批复，原材料、外购外协件审核文件，钢管制造安装质量见证及平行检测成果资料，钢管验收、交接文件，监理通知，监理日记，监理日志，旁站监理值班记录，监理巡视记录，会议纪要，监理月报等。

［《水利工程施工监理规范》（SL 288—2014）第 4.1.7 条，《水利水电工程设备监理规范》（T/CWEA 25—2024）附录 C2。］

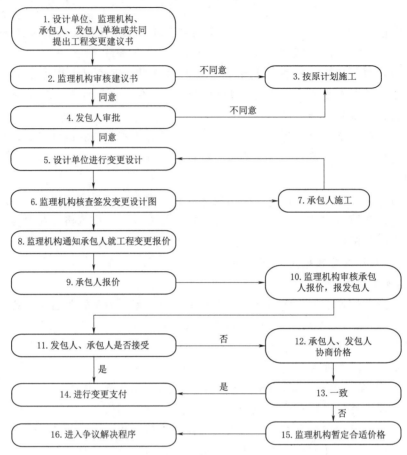

图 1　变更监理工作程序图

5.3　压力钢管制作监理控制要点

（1）钢材、焊接材料、防腐材料进场前进行检查验收。钢板的屈服强度、抗拉强度、断后伸长率、弯曲性能、冲击试验、化学成分要符合设计和规范要求；焊接材料化学成分、力学性能等技术指标，防腐材料的黏结强度、抗压强度等应满足国家和行业相关标准要求。压力钢管制造所需材料验收时需附产品合格证及出厂检验报告，制造生产单位按照合同及规范要求抽样检测，对不符合质量要求的材料监理工程师有权拒绝进场。

［《水利工程施工监理规范》（SL 288—2014）第 6.2.3 条、第 6.2.6 条。］

（2）平板。检查平板后的钢板局部平整度是否达到规范要求。

（3）下料。钢板按设计图标放样，钢板划线后用钢印、油漆分别标出钢管分段、分节、分块的编号，并检查钢管瓦片的坡口线、方位线、水流方向；下料后检查瓦片的长、宽、对角线、矢高等。

［《水利工程压力钢管制造安装及验收规范》（SL 432—2008）第 4.1.1 条、第 4.1.6 条。］

（4）卷板。卷板方向应和钢板的压延方向一致，并采用一定长度的样板检查瓦片的弧度和扭曲度。当碳素钢（含碳量小于 0.22%）钢管内径 $D>33d$、低合金钢钢管内径

$D > 40d$（d 为壁厚）时，瓦片允许冷卷，否则应热卷或冷卷后进行热处理。

［《水利工程压力钢管制造安装及验收规范》（SL 432—2008）第 4.1.12 条。］

（5）焊接工艺。压力钢管制造开工前，承包人应根据设计技术要求、结构特点和母材焊材状态等，按照焊接工艺评定规程针对不同的施焊方式（手工焊、埋弧焊、气保焊等）进行焊接工艺评定，并进行生产性焊接试验，验证焊接工艺程序和工艺参数。

［《水利工程压力钢管制造安装及验收规范》（SL 432—2008）第 6.1 条，《给水排水管道工程施工及验收规范》（GB 50268—2008）第 5.3.1 条。］

（6）组圆及单元对接。管节组圆焊接后实际周长比设计周长差不应超过 ±3D/1000，且绝对值不大于 24mm，相邻管节周长差不大于 10mm，纵缝焊缝坡口错牙不大于 2mm，管节成形后用弧形样板检查弧度，其纵缝处间隙要符合规范要求。钢管圆度（指同端管口相互垂直两直径之差的最大值）的偏差不大于 3D/1000，最大不超过 30mm，每端管口至少测两对直径尺寸。加劲环、支承环和止水环的内圆圈弧度应用样板检查，其间隙应符合规范要求。对伸缩节检验内、外套管间的最大、最小间隙和平均间隙及与主、支管相邻的岔管管口圆度及管口中心等。

［《水利工程压力钢管制造安装及验收规范》（SL 432—2008）第 4.1.15～4.1.17 条、第 4.1.19 条。］

（7）焊缝质量检验。对所有焊缝的外观质量进行检查，对一类、二类焊缝的内部和表面质量采取射线探伤、超声波探伤、磁粉探伤、渗透探伤方式进行检验。

［《水利工程压力钢管制造安装及验收规范》（SL 432—2008）第 6.4.3 条、第 6.4.8 条。］

（8）防腐表面预处理。钢管内外壁用喷砂除锈，检测钢管表面粗糙度和清洁度。

［《水利工程压力钢管制造安装及验收规范》（SL 432—2008）第 8.1 条。］

（9）涂装。除锈后的钢材表面宜在 2h 内进行涂装，晴天和正常大气条件下，时间最长不超过 8h。涂装后进行外观检查，应表面光滑，颜色一致，无皱皮、起泡、流挂、漏涂等缺陷，涂层厚度基本一致，粘着牢固，不起粉状，并对涂装层厚度及表面质量进行检测，对油漆涂层进行表面附着力测试，对面漆进行针孔测试。

［《水利工程压力钢管制造安装及验收规范》（SL 432—2008）第 8.1.8 条，《水工金属结构防腐蚀规范》（SL 105—2007）第 3.4 条。］

5.4 压力钢管安装监理控制要点

（1）测量放样。施工单位按照设计文件进行基准点校核、测量放样，并报送监理单位审核；原始地貌联合测量完成后，进行土方开挖。施工测量的允许偏差，应符合表 1 的规定。

表 1　　　　　　　　　　　　施工测量的允许偏差

项　目		允　许　偏　差
水准测量高程闭合差	平地	$\pm 20\sqrt{L}$（mm）
	山地	$\pm 6\sqrt{n}$（mm）
导线测量相对闭合差	开槽施工管道	1/1000

注　1. L 为水准测量闭合线路的长度，km；
　　　2. n 为水准或导线测量的测站数。

［《给水排水管道工程施工及验收规范》（GB 50268—2008）第 3.1.8 条。］

（2）沟槽开挖。沟槽的开挖断面应符合设计和施工规范的要求，边坡平顺，槽底平整，原状地基土不应扰动；沟槽槽底挖完后，进入下一道工序施工前，保证槽底不受水浸泡或受冻；不良土质地段沟槽开挖时，应采取必要的护坡和防止沟槽坍塌的安全技术措施；槽底土层为杂填土、腐殖土时，应全部挖除并按设计要求进行地基处理。沟槽挖深较大时，应确定分层开挖的深度，人工开挖沟槽的槽深超过 3m 时应分层开挖，每层的深度不超过 2m；人工开挖多层沟槽的层间留台宽度：放坡开槽时不应小于 0.8m，直槽时不应小于 0.5m，安装井点设备时不应小于 1.5m；采用机械挖槽时，沟槽分层的深度按机械性能确定。

沟槽开挖至设计高程后应由建设单位（或监理单位）组织勘察、设计、施工、监理单位共同验槽；发现岩性、土质与地质勘察资料不符或有其他异常情况时，由建设单位组织研究处理措施。沟槽开挖的允许偏差见表 2。

表 2　　　　　　　　　　　　　　　　　沟槽开挖的允许偏差

序号	检查项目	允许偏差		检查数量		检查方法
				范围	点数	
1	槽底高程	土方	±20	两井之间	3	用水准仪测量
		石方	＋20、－200			
2	槽底中线每侧宽度	不小于规定		两井之间	6	挂中线用钢尺量测，每侧计 3 点
3	沟槽边坡	不陡于规定		两井之间	6	用坡度尺量测，每侧计 3 点

［《给水排水管道工程施工及验收规范》（GB 50268—2008）第 4.6.1 条。］

（3）管道基础垫层铺设、压实。主要控制垫层材料质量及铺设的厚度和压实度（或相对密实度）。

［《给水排水管道工程施工及验收规范》（GB 50268—2008）第 5.2.3 条。］

（4）管节安装，调整及加固。主要控制上、下游管口中心高程及里程，上、下游管口垂直度及圆度，管节的加固方式及焊接质量。

（5）焊接工艺，焊缝质量。根据已批准的焊接工艺进行焊接，对所有焊缝的外观质量进行检查，对一类、二类焊缝的内部和表面质量采取射线探伤、超声波探伤、磁粉探伤、渗透探伤方式进行检验。

［《水利工程压力钢管制造安装及验收规范》（SL 432—2008）第 6.4.3 条、第 6.4.8 条。］

（6）除锈。钢管内外壁用喷砂除锈，检测钢管表面粗糙度。

［《水利工程压力钢管制造安装及验收规范》（SL 432—2008）第 8.1 条。］

（7）涂装。除锈后的钢材表面宜在 2h 内进行涂装，晴天和正常大气条件下，时间最长不超过 8h。涂装后进行外观检查，应表面光滑，颜色一致，无皱皮、起泡、流挂、漏涂等缺陷，涂层厚度基本一致，粘着牢固，不起粉状，并对涂装层厚度及表面质量进行检测，对油漆涂层进行表面附着力测试，对面漆进行针孔测试。

［《水利工程压力钢管制造安装及验收规范》（SL 432—2008）第 8.1.8 条，《水工金属

结构防腐蚀规范》（SL 105—2007）第 3.4 条。]

（8）闸阀井混凝土浇筑。混凝土主要控制拌和物质量、振捣及养护。及时留取混凝土试块，重要部位底板及竖墙的浇筑过程要进行旁站监理，并填写旁站监理值班记录。

　　［《水工混凝土施工规范》（SL 677—2014）第 11.3 条，《水利工程施工监理规范》（SL 288—2014）第 4.2.3 条。］

（9）水压试验。除管道接口外，管道两侧及管顶回填土不应小于 0.5m。长距离管道试压应分段进行，分段长度不宜大于 1000m。钢管试验压力为：设计工作压力＋0.5MPa，且不小于 0.9MPa。试验段管道充水时，在其最高处应设置排气管阀，加压前必须排气。加压时应分级加载，先缓缓升至工作压力并保持 30min 以上，此时压力表指针应保持稳定，没有颤动现象，对钢管进行检查，情况正常可继续加压；升至最大试验压力保持 30min 以上，此时压力表指示的压力应无变动；然后下降至工作压力保持 30min 以上。水压试验过程中，钢管应无渗水、镇墩应无异常变位和其他异常情况。水压试验过程中，出现问题需要处理时，应先将管内压力卸至零压力，再将钢管内水排空后方可进行焊接、热切割、热矫型等作业。水压试验完成后，应立即将管内压力卸至钢管内水自重压力，在确认管段上端的排（补）气管阀门打开后，方可进行钢管内水排放作业。压力钢管水压试验渗水量不应大于表 3 的规定。

表 3　　　　　　　　　压力钢管水压试验允许渗水量

管道内径 D/mm	允许渗水量 Q/[L/(min·km)]	管道内径 D/mm	允许渗水量 Q/[L/(min·km)]
≤100	0.28	800	1.35
150	0.42	900	1.45
200	0.56	1000	1.50
300	0.85	1200	1.65
400	1.00	1400	1.75
500	1.10	大于 1400mm	$0.05\sqrt{D}$
600	1.20		

　　［《给水排水管道工程施工及验收规范》（GB 50268—2008）第 9.2.7 条、9.2.11 条，《水利工程压力管道制造安装及验收规范》（SL 432—2008）第 9.3 条、第 9.4 条、第 9.6～9.10 条。］

（10）管道回填。主要控制每层回填厚度及压实度。

1）压力管道水压试验前，除接口外，管道两侧及管顶以上回填高度不应小于 0.5m；水压试验合格后，应及时回填沟槽的其余部分。每层回填土的虚铺厚度，根据所采用的压实机具按照表 4 选取。

表 4　　　　　　　　　每层回填土的虚铺厚度

压实机具	虚铺厚度/mm	压实机具	虚铺厚度/mm
木夯、铁夯	≤200	压路机	200～300
轻型压实设备	200～250	振动压路机	≤400

2）回填料的压实质量按照设计要求以干密度控制，见表5。

表5　　　　　　　　　　　　管道沟槽回填土压实度

槽内部位		压实度 /%	回填材料	检查数量		检查方法
				范围	点数	
管道基础	管底基础	≥90	中砂、粗砂			用环刀法检测或采用现行《土工试验方法标准》(GB/T 50123—2019)中其他方法
	管道有效支撑角范围	≥95		每100m	每侧检测1组（每组3点）	
管道两侧		≥95	中砂、粗砂、碎石屑，最小粒径小于40mm的砂砾或符合要求的原土	两井之间或每1000m²		
管顶以上500mm	管道两侧	≥90				
	管道上部	≥85				
管顶500mm以上		≥90	原土回填			

注　回填土的压实度，除设计要求用重型击实标准外，其他皆以轻型击实标准，试验获得最大干密度为100%。

〔《给水排水管道工程施工及验收规范》（GB 50268—2008）第4.5.1条、第4.5.5条、第4.6.3条。〕

6　检查和检验项目、标准和工作要求

6.1　巡视检查要点

（1）是否按照设计文件、施工规范和已批准的施工方案进行施工。

（2）所使用的材料、中间产品是否已经报验合格。

（3）施工机械的使用状态是否运行良好，仪器、仪表是否进行检定或校准。

（4）施工技术管理人员特别是质检员、安全员是否到岗到位，施工人员数量能否满足进度要求。

（5）施工操作人员的技术水平、操作条件是否满足工艺操作要求，电工、电焊工等特殊工种操作人员是否持证上岗。

（6）施工现场是否存在安全隐患，水土保持和环境保护措施是否落实到位。

（7）已施工部位是否存在质量缺陷。

〔《水利工程施工监理规范》（SL 288—2014）第6.2.10条第4款。〕

6.2　旁站监理工作要求

（1）旁站监理的部位：焊缝检验、防腐检验、水压试验、支墩及闸阀井混凝土浇筑等。

（2）旁站监理内容：对承包人的人员情况、主要施工设备及运转情况、主要材料使用及试验检测情况、施工工艺等，进行跟踪监督检查。

（3）旁站监理要点：焊缝的内部质量检验，防腐表面粗糙度、清洁度检测，支墩及闸阀井混凝土拌和质量、浇筑及养护，水压试验。

（4）做好现场旁站监理值班记录，包括工程部位、施工日期和时间、天气情况、施工人员、设备运转、材料试验、检查与检测、问题处理等。

［《水利工程施工监理规范》（SL 288—2014）第4.2.3条、第6.2.11条。］

6.3 检测项目、标准和检测要求

（1）对进场的钢材、焊接材料、防腐材料等材料的产品规格、数量、试验情况等进行检查验收，并核查相关材料的质量证明文件、外观质量及检测报告。

［《水利工程压力钢管制造安装及验收规范》（SL 432—2008）第3.3条。］

（2）采用钢尺、钢板尺、垂球或激光指向仪、经纬仪、水准仪、全站仪等对始装节管口里程、始装节管口中心、钢管圆度及环缝对口径向错边量等管节安装工序主控项目进行检测，检测标准见表6。

表6   **管道安装质量检测标准**   单位：mm

序号	钢管内径 D	始装节管口中心的允许偏差	始装节管口中心	始装节两端管口垂直度	钢管圆度	环缝对口径向错边量
1	$D \leqslant 2000$	± 5.0（合格）；± 4.0（优良）	5（合格）；4（优良）	3	$\dfrac{5D}{1000}$，且不大于40（合格）$\dfrac{4D}{1000}$，且不大于30（优良）	板厚 $\delta \leqslant 30$，不大于 $15\% \delta$，且不大于3（合格）；不大于 $10\% \delta$，且不大于3（优良）
2	$2000 < D \leqslant 5000$					$30 < \delta \leqslant 60$，不大于 $10\% \delta$（合格）；不大于 $5\% \delta$（优良）
3	$5000 < D \leqslant 8000$					$\delta > 60$，不大于6（合格）；不大于6（优良）
4	$D > 8000$					不锈钢复合钢板焊缝，任意板厚 δ：不大于 $10\% \delta$，且不大于1.5（合格）；不大于 $5\% \delta$，且不大于1.5（优良）

［《水利水电工程单元工程施工质量验收评定标准——水工金属结构安装工程》（SL 635—2012）第4.2.4条。］

（3）对焊缝裂纹、表面夹渣、咬边、表面气孔、未焊满等外观质量工序主控项目进行检查，其中裂纹不允许出现。

对焊缝内部质量采取射线探伤、超声波探伤、磁粉探伤、渗透探伤方式进行检验，检验标准见表7。

表7   **焊缝内部质量检验标准**

检验项目	合格标准	优良标准
射线探伤	一类焊缝不低于Ⅱ级，合格；二类焊缝不低于Ⅲ级，合格	一次合格率不低于90%
超声波探伤	一类焊缝不低于Ⅰ级，合格；二类焊缝不低于Ⅱ级，合格	一次合格率不低于95%
磁粉探伤	一类、二类焊缝不低于Ⅱ级，合格	一次合格率不低于95%
渗透探伤	一类、二类焊缝不低于Ⅱ级，合格	一次合格率不低于95%

［《水利水电工程单元工程施工质量验收评定标准——水工金属结构安装工程》（SL 635—2012）第4.3.3条、第4.3.4条。］

（4）对钢管表面清除、钢管局部凹坑焊补等表面防腐蚀工序中的主控项目进行检查，检查标准见表8。

表 8　　　　　　　　　　　　钢管表面防腐蚀检查标准

检查项目	合格标准	优良标准
钢管表面清除	管壁临时支撑割除，焊疤清除干净	管壁临时支撑割除，焊疤清除干净并磨光
钢管局部凹坑焊补	凡凹坑深度大于板厚10%或大于2.0mm应焊补	凡凹坑深度大于板厚10%或大于2.0mm应焊补并磨光

［《水利水电工程单元工程施工质量验收评定标准——水工金属结构安装工程》（SL 635—2012）第4.4.3条。］

（5）混凝土抗压试块每100m³取样1组。

［《水工混凝土施工规范》（SL 677—2014）第11.5.3条第1款。］

（6）管道回填压实度每单元工程每层每侧检测1组（每组3点）。［《给水排水管道工程施工及验收规范》（GB 50268—2008）第4.6.3条。］

压力钢管制造与安装单元工程各检测项目、标准和检测要求应符合《水利工程压力钢管制造安装及验收规范》（SL 432—2008）和水利水电工程单元工程施工质量验收评定标准的相关规定。

6.4　跟踪检测和平行检测的数量和要求

6.4.1　跟踪检测

（1）监理机构对钢管原材跟踪检测，检测频次不少于承包人检测数量的7%。

（2）监理机构对水泥、骨料、混凝土试块进行跟踪检测，检测频次不少于承包人检测数量的7%。

（3）管道回填铺土厚度、压实度或相对密度跟踪检测频次不少于承包人检测数量的10%。

（4）其他跟踪检测的项目和频次应符合监理合同约定。

［《水利工程施工监理规范》（SL 288—2014）第6.2.13条。］

6.4.2　平行检测

（1）对于水泥、砂石料及抗压试块，委托具有水利资质的检测单位进行平行检测，检测数量不少于承包人的3%，重要部位每种标号的试块至少取1组。

（2）管道回填铺土厚度、压实度平行检测频次不少于承包人检测数量的5%。

（3）其他平行检测的项目和频次应符合监理合同约定。

［《水利工程施工监理规范》（SL 288—2014）第6.2.14条。］

7　资料和质量评定工作要求

7.1　资料整理工作要求

（1）监理单位督促施工单位安排专人负责工程档案资料的管理工作，与工程施工同步收集、整理工程资料，三检记录、原始数据、施工日志齐全、完整，与工程实际相符。原材料、施工设备、工序及单元工程报验及时，依据施工承包合同、设计文件、施工规范、质量评定标准及《水利工程建设项目档案管理规定》（水办〔2021〕200 号）等对工程资料进行整理、立卷、归档。

[《水利工程施工监理规范》（SL 288—2014）第 6.8.6 条第 1 款。]

（2）监理机构应及时收集和整理钢管制造、运输、安装等过程中形成的各种工程信息资料，按有关规定及监理合同约定，安排专人负责监理档案资料的管理工作。凡要求立卷归档的资料，应按照规定及时预立卷和归档，妥善保管。

[《水利工程施工监理规范》（SL 288—2014）第 6.8.6 条第 3 款。]

详见《信息管理专业工作监理实施细则》。

7.2 质量评定工作要求

（1）工序、单元工程质量评定。承包人按《单元工程施工质量验收评定标准》检验工序及单元工程质量，做好书面记录，在自检合格后，填写《水利水电工程施工质量验收评定表》报监理人复核。监理人根据抽检资料复核单元（工序）工程质量等级。重要隐蔽单元工程及关键部位单元工程质量经承包人自评合格、监理单位抽检后，由项目法人、监理、设计、施工、工程运行管理等单位组成联合小组，共同检查核定其质量等级并填写签证表，报工程质量监督机构核备。

[《水利水电工程施工质量检验与评定规程》（SL 176—2007）第 5.3.1 条、第 5.3.2 条。]

（2）分部工程质量评定。分部工程质量在承包人自评完成后，报监理单位复核，项目法人认定。分部工程验收的质量结论由项目法人报工程质量监督机构核备。

[《水利水电工程施工质量检验与评定规程》（SL 176—2007）第 5.3.3 条。]

（3）单位工程质量评定。单位工程质量在承包人自评完成后，监理单位复核单位工程质量等级，报项目法人认定，质量结论由项目法人报工程质量监督机构核定。

[《水利水电工程施工质量检验与评定规程》（SL 176—2007）第 5.3.4 条。]

8 采用的表式清单

8.1 《水利工程施工监理规范》相关用表

按照《水利工程施工监理规范》（SL 288—2014）规定，压力钢管制造与安装工程施工单位、监理机构采用的表式清单见表 9 和表 10。

表 9　　　　　　　　　　　　施工单位采用的表式清单

序号	表 格 名 称	表格类型	表 格 编 号		
1	施工技术方案申报表	CB01	承包〔　〕技案		号
2	现场组织机构及主要人员报审表	CB06	承包〔　〕机构		号
3	原材料/中间产品进场报验单	CB07	承包〔　〕报验		号
4	施工设备进场报验单	CB08	承包〔　〕设备		号
5	施工放样报验单	CB11	承包〔　〕放样		号
6	联合测量通知单	CB12	承包〔　〕联测		号

序号	表 格 名 称	表格类型	表 格 编 号			
7	施工测量成果报验单	CB13	承包〔 〕测量		号
8	分部工程开工申请表	CB15	承包〔 〕分开工		号
9	施工安全交底记录	CB15 附件 1	承包〔 〕安交		号
10	施工技术交底记录	CB15 附件 2	承包〔 〕技交		号
11	混凝土浇筑开仓报审表	CB17	承包〔 〕开仓		号
12	工序/单元工程施工质量报验单	CB18	承包〔 〕质报		号
13	变更申请表	CB24	承包〔 〕变更		号
14	施工进度计划调整申报表	CB25	承包〔 〕进调		号
15	施工月报表（ 年 月）	CB34	承包〔 〕月报		号
16	验收申请报告	CB35	承包〔 〕验报		号
17	报告单	CB36	承包〔 〕报告		号
18	回复单	CB37	承包〔 〕回复		号
19	确认单	CB38	承包〔 〕确认		号

表 10　　　　　　　　　　　**监理机构采用的表式清单**

序号	表 格 名 称	表格类型	表 格 编 号		
1	分部工程开工批复	JL03	监理〔 〕分开工		号
2	批复表	JL05	监理〔 〕批复		号
3	监理通知	JL06	监理〔 〕通知		号
4	工程现场书面通知	JL09	监理〔 〕现通		号
5	整改通知	JL11	监理〔 〕整改		号
6	变更指示	JL12	监理〔 〕变指		号
7	暂停施工指示	JL15	监理〔 〕停工		号
8	复工通知	JL16	监理〔 〕复工		号
9	施工图纸核查意见单	JL23	监理〔 〕图核		号
10	施工图纸签发表	JL24	监理〔 〕图发		号
11	监理月报	JL25	监理〔 〕月报		号
12	旁站监理值班记录	JL26	监理〔 〕旁站		号
13	监理巡视记录	JL27	监理〔 〕巡视		号
14	工程质量平行检测记录	JL28	监理〔 〕平行		号
15	工程质量跟踪检测记录	JL29	监理〔 〕跟踪		号
16	监理日记	JL33	监理〔 〕日记		号
17	监理日志	JL34	监理〔 〕日志		号
18	会议纪要	JL38	监理〔 〕纪要		号
19	监理机构联系单	JL39	监理〔 〕联系		号
20	监理机构备忘录	JL40	监理〔 〕备忘		号

8.2 单元工程、分部工程、单位工程质量验收评定表

按照《水利水电工程单元工程施工质量验收评定标准——土石方工程》（SL 631—2012）附录 A、《水利水电工程单元工程施工质量验收评定标准——混凝土工程》（SL 632—2012）附录 A、《水利水电工程单元工程施工质量验收评定标准——堤防工程》（SL 634—2012）附录 A 及《水利水电工程单元工程施工质量验收评定标准——水工金属结构安装工程》（SL 635—2012）附录 A，参考《水利水电工程单元工程施工质量验收评定表及填表说明》（2016年版）以及《水利水电工程施工质量检验与评定规程》（SL 176—2007）的相关表格，采用土石方工程、混凝土工程、堤防工程及水工金属结构安装工程各工序、单元、分部及单位工程施工质量验收评定表（表 11）。

表 11　　　　　　　　　　　　质 量 验 收 评 定 表

序号	表 格 名 称	表格类型	表格编号
1	土方开挖单元工程施工质量验收评定表	土石方工程	SL 631—2012、填表说明表 1.1
2	表土及土质岸坡清理工序施工质量验收评定表	土石方工程	SL 631—2012、填表说明表 1.1.1
3	软基或土质岸坡开挖工序施工质量验收评定表	土石方工程	SL 631—2012、填表说明表 1.1.2
4	岩石地基开挖单元工程施工质量验收评定表	土石方工程	SL 631—2012、填表说明表 1.3
5	岩石地基开挖工序施工质量验收评定表	土石方工程	SL 631—2012、填表说明表 1.3.1
6	岩石地基开挖地质缺陷处理工序施工质量验收评定表	土石方工程	SL 631—2012、填表说明表 1.3.2
7	普通混凝土单元工程施工质量验收评定表	混凝土工程	SL 632—2012、填表说明表 2.1
8	普通混凝土基础面处理工序施工质量验收评定表	混凝土工程	SL 632—2012、填表说明表 2.1.1-1
9	普通混凝土施工缝处理工序施工质量验收评定表	混凝土工程	SL 632—2012、填表说明表 2.1.1-2
10	普通混凝土模板制作及安装工序施工质量验收评定表	混凝土工程	SL 632—2012、填表说明表 2.1.2
11	普通混凝土钢筋制作及安装工序施工质量验收评定表	混凝土工程	SL 632—2012、填表说明表 2.1.3
12	普通混凝土预埋件制作及安装工序施工质量验收评定表	混凝土工程	SL 632—2012、填表说明表 2.1.4
13	普通混凝土浇筑工序施工质量验收评定表	混凝土工程	SL 632—2012、填表说明表 2.1.5
14	普通混凝土外观质量检查工序施工质量验收评定表	混凝土工程	SL 632—2012、填表说明表 2.1.6

续表

序号	表 格 名 称	表格类型	表格编号
15	垫层单元工程施工质量验收评定表	土石方工程	SL 631—2012、 填表说明表 1.10
16	垫层料铺填工序施工质量验收评定表	土石方工程	SL 631—2012、 填表说明表 1.10.1
17	垫层料压实工序施工质量验收评定表	土石方工程	SL 631—2012、 填表说明表 1.10.2
18	压力钢管单元工程安装质量验收评定表	水工金属结构安装	SL 635—2012、 填表说明表 5.1
19	土料填筑单元工程施工质量验收评定表	堤防工程	SL 634—2012、 填表说明表 4.2
20	土料摊铺工序施工质量验收评定表	堤防工程	SL 634—2012、 填表说明表 4.2.1
21	土料碾压工序施工质量验收评定表	堤防工程	SL 634—2012、 填表说明表 4.2.2
22	重要隐蔽单元工程（关键部位单元工程）质量等级签证表	SL 176—2007	附录 F
23	分部工程施工质量评定表	SL 176—2007	附录 G-1
24	单位工程施工质量评定表	SL 176—2007	附录 G-2

计量支付工作监理实施细则

××××××××工程
计量支付工作监理实施细则

审　　批：×××

审　　核：×××（监理证书号：×××××）

编　　制：×××（监理证书号：×××××）

编制单位（机构）名称：×××××××

编制日期：××××年××月

《计量支付工作监理实施细则》编制目录

1 适 用 范 围

本细则适用于施工合同所约定的施工范围内的单价合同计量支付监理工作。（可根据合同内容详细描述。）

2 编 制 依 据

2.1 有关现行规程、规范和规定

（1）《水利工程施工监理规范》（SL 288—2014）。

（2）《水利工程建设标准强制性条文》（2020 年版）。

（3）《水利水电工程施工测量规范》（SL 52—2015）。

（4）《水利工程工程量清单计价规范》（GB 50501—2007）。

（5）《水利水电工程施工质量检验与评定规程》（SL 176—2007）。

（6）《水利水电建设工程验收规程》（SL 223—2008）。

（7）水行政主管部门颁布的涉及本工程的其他政策法规等。

（8）《水利水电工程标准施工招标文件技术标准和要求（合同技术条款）》（2009 年版）。

2.2 有关合同文件、设计文件与图纸、施工措施方案、技术说明及资料

（1）施工合同文件。

（2）监理合同文件。

（3）工程建设勘察设计图纸、文件。

（4）监理规划。

（5）经过监理机构批准的施工组织设计及技术措施（作业指导书）。

（6）由生产厂家提供的有关材料、构配件和工程设备的使用技术说明。

（7）工程测量、现场签证、验收等技术资料等。

（8）工程设备的安装、调试、检验等技术资料等。

（9）工程其他资料。

3 专业工作特点和控制要点

3.1 工程计量支付工作特点

工程计量支付是合同管理的核心内容，是承包人获得工程费用的唯一途径，是监理工程师对工程施工质量、进度、资金控制的重要手段，是提高工程投资效益及工程管理水平的重要手段。工程计量的正确与否直接关系到工程施工质量、进度、资金控制，直接关系到发承包双方的经济利益。各专业监理工程师均应遵循"守法、诚信、公正、科学"的原则，依据施工合同，结合工程实际情况，对工程施工进行科学、严格的监理，维护发包人和承包人的合法权益。

3.2　工程计量支付监理控制要点

（1）经监理机构签认，属于合同工程量清单中的项目，或发包人同意的变更项目以及计日工。

（2）所计量工程是承包人实际完成的并经监理机构确认质量合格。

（3）计量方式、方法和单位等符合合同约定。

（4）将施工合同金额（包含暂列金额和暂估价）确定为计量支付投资控制的目标值。

（5）尽量避免导致工程建筑安装工程费用突破合同价格事件的发生。

（6）严格按照施工合同专用条款约定的物价波动、法律变化、政策性调整引起的价格调整范围和方式进行投资控制。

（7）严防工程进度款超前或超量支付。

（8）正确、及时地签发监理指令、审批承包人报送的各类文件，避免造成违约和索赔的条件，减少或避免索赔事件的发生。

［《水利工程施工监理规范》（SL 288—2014）第 6.4.3 条第 1 款。］

4　监理工作内容、技术要求和程序

4.1　计量支付审核内容

监理工程师应对工程进度付款申请进行认真审核。主要审核工作内容如下：

（1）工程进度付款申请填写是否符合相关规范要求，支持性证明文件是否齐全、完整。

（2）申请计量工程项目是否符合合同工程量清单中的工程项目划分，编号及项目名称，即确定是否属于合同内约定的结算项目。

（3）工程计量是否属实，是否符合工程测量、计量有关规定，计算是否准确，监理工程师应对项目部的测量计量成果进行抽查复测。

（4）计量单位是否与合同文件相符。

（5）结算总价是否正确。

（6）合同外工程量计量的依据是否完备正确，以及合同外项目单价的审核。

（7）其他应审核的内容。

［《水利工程施工监理规范》（SL 288—2014）第 6.4.3 条第 2 款。］

4.1.1　工程预付款支付申请主要审核工作内容

预付款支付应符合下列规定：

（1）监理机构收到承包人的工程预付款申请后，按合同约定核查承包人获得工程预付款的条件和金额，具备支付条件后，签发工程预付款支付证书。监理机构应在核查工程进度付款申请单的同时，核查工程预付款应扣回的额度。在进度付款证书的累计金额达到施工合同规定的扣回条件后，开始按工程进度以施工合同约定的扣回方式，分期从各月的进度付款证书中扣回，全部金额在进度付款证书的累计金额达到签约合同价格比例时扣完。

（2）监理机构收到承包人的材料预付款申请后，应按合同约定核查承包人获得材料预付款的条件和金额，具备支付条件后，按照约定的额度随工程进度付款一起支付。

[《水利工程施工监理规范》（SL 288—2014）第 6.4.4 条。]

4.1.2 工程进度付款申请主要审核工作内容

工程进度付款应按照下列要求完成审核：

（1）监理机构应在收到承包人报送的《工程进度付款申请单》后，在规定时间内完成审核。

（2）监理机构对承包人报审的《工程计量报验单》进行审核并签署审核意见；对合同分类分项项目进度付款明细进行审核，支付工程量应与经审核的《工程计量报验单》结果一致，分项单价应与合同约定的单价一致；对合同措施项目进度付款明细进行审核，措施项目完成量应提供形象进度描述及实际照片；对变更项目进度付款明细进行审核，主要审核变更审批程序的规范性、审批手续完备性，对变更项目量、价计算进行审核；对计日工项目进度付款明细进行审核，主要对计日工签证手续、计日工单价进行审核；根据相关规定，对安全生产费用进度付款明细进行审核，主要对经批准的安全生产工作计划（含安全生产费使用范围）、措施落实情况（需提供票据等支撑材料）进行审核；对索赔进行审核，主要对索赔内容合理性、索赔金额准确性进行审核；对工程进度付款汇总表进行审核。

（3）承包人在合同约定的结算日，收到《工程进度付款申请单》后，监理机构应及时审核、严格把关，工程量审核、项目支付审核情况应详细记录留档。

（4）工程进度付款属于施工合同的中间支付。监理机构出具工程进度付款证书，不视为监理机构已同意、批准或接受了该部分工作。在对以往历次已签发的工程进度付款证书进行汇总和复核中发现错、漏或重复的，监理机构有权予以修正，承包人也有权提出修正申请。

（5）变更款可由承包人列入工程进度付款申请单，由监理机构审核后列入工程进度付款证书。

（6）承包人向监理机构递交《工程进度付款申请单》，其应包括以下内容：

1）截至上次付款周期末已实施工程的价款。

2）本次付款周期已实施工程的价款。

3）应增加或扣减的变更金额。

4）应增加或扣减的索赔金额。

5）应支付和扣减的预付款。

6）应扣减的质量保证金。

7）价格调整金额。

8）根据合同约定应增加或扣减的其他金额；须同时附下列内容：工程进度付款汇总表、已完工程量汇总表、合同分类分项项目进度付款明细表、合同措施项目进度付款明细表、变更项目进度付款明细表、计日工项目进度付款明细表、安全生产费用进度付款明细表、材料价差调整付款明细表、索赔确认单、工程计量报验单（作为已完工程量汇总表的附件）、工程量计算说明书（包括文字说明、简图、计算公式、计算过程，作为工程计量报验单的附件）、发包人或监理机构要求报送或补充报送的其他资料。

（7）监理机构收到工程进度付款申请单需要在规定的时间内，完成审查签证，并将工程进度付款审核汇总表、工程进度付款证书及承包人申报的资料一并报送发包人。

4.1.3 计日工支付主要审核工作内容

计日工支付应符合下列规定：

（1）监理部经发包人批准，可指示项目经理部以计日工方式实施零星工作或紧急工作。

（2）在以计日工方式实施工作的过程中，监理部应每日审核承包人提交的计日工工程量签证单，包括下列内容：

1）工作名称、内容和数量。

2）投入该工作所有人员的姓名、工种、级别和耗用工时。

3）投入该工程的材料类别和数量。

4）投入该工程的施工设备型号、台数和耗用台时。

5）监理部要求提交的其他资料和凭证。

（3）计日工由承包人汇总后列入工程进度付款申请单，由监理部审核后列入工程进度付款证书。

［《水利工程施工监理规范》（SL 288—2014）第6.4.7条。］

4.1.4 完工付款主要审核工作内容

完工付款应符合下列规定：

（1）监理机构应在施工合同约定期限内，完成对承包人提交的完工付款申请单及相关证明材料的审核，同意后签发完工付款证书，报发包人。

（2）监理机构应审核下列内容：

1）完工结算合同总价。

2）发包人已支付承包人的工程价款。

3）发包人应支付的完工付款金额。

4）发包人应扣留的质量保证金。

5）发包人应扣留的其他金额。

［《水利工程施工监理规范》（SL 288—2014）第6.4.8条。］

4.1.5 最终结清付款主要审核工作内容

最终结清应符合下列规定：

（1）监理机构应在施工合同约定期限内，完成对承包人提交的最终结清申请单及相关证明材料的审核，同意后签发最终结清证书，报发包人。

（2）监理机构应审核下列内容：

1）按合同约定承包人完成的全部合同金额。

2）尚未结清的名目和金额。

3）发包人应支付的最终结清金额。

（3）若发包人和承包人双方未能就最终结清的名目和金额取得一致意见，监理机构应对双方同意的部分出具临时付款证书，只有在发包人和承包人双方有争议的部分得到解决后，方可签发最终结清证书。

［《水利工程施工监理规范》（SL 288—2014）第6.4.9条。］

4.1.6 保证金退还申请表审核

监理机构应按合同约定审核质量保证金退还申请表，签发质量保证金退还证书。

［《水利工程施工监理规范》(SL 288—2014) 第 6.4.10 条。]

4.1.7 施工合同解除后的支付

施工合同解除后的支付应符合下列规定：

（1）因承包人违约造成施工合同解除的支付。合同解除后，监理机构应按照合同约定完成下列工作：

1）商定或确定承包人实际完成工作的价款，以及承包人已提供的原材料、中间产品、工程设备、施工设备和临时工程等的价款。

2）查清各项付款和已扣款金额。

3）核算发包人按合同约定应向承包人索赔的，由于解除合同给发包人造成的损失。

（2）因发包人违约造成施工合同解除的支付。监理机构应按合同约定核查承包人提交的下列款项及有关资料和凭证：

1）合同解除日之前所完成工作的价款。

2）承包人为合同工程施工订购并已付款的原材料、中间产品、工程设备和其他物品的金额。

3）承包人为完成工程所发生的，而发包人未支付的金额。

4）承包人撤离施工场地以及遣散承包人人员的金额。

5）由于解除施工合同应赔偿的承包人损失。

6）按合同约定在解除合同之前应支付给承包人的其他金额。

（3）因不可抗力致使施工合同解除的支付。监理机构应根据施工合同约定核查下列款项及有关资料和凭证：

1）已实施的永久工程合同金额，以及已运至施工场地的材料价款和工程设备的损害金额。

2）停工期间承包人按照监理机构要求照管工程和清理、修复工程的金额。

3）各项已付款和已扣款金额。

（4）发包人与承包人就上述解除合同款项达成一致后，出具最终结清证书，结清全部合同款项；未能达成一致时，按照合同争议处理。

［《水利工程施工监理规范》(SL 288—2014) 第 6.4.11 条。]

4.1.8 价格调整

监理机构应按施工合同约定的程序和调整方法，审核单价、合价的调整。当发包人与承包人因价格调整不能协商一致时，应按照合同争议处理，处理期间监理机构可依据合同授权暂定调整价格。调整金额可随工程进度付款一同支付。

［《水利工程施工监理规范》(SL 288—2014) 第 6.4.12 条。]

4.1.9 工程付款

工程付款涉及政府投资资金的，应按照国库集中支付等国家相关规定和合同约定办理。

［《水利工程施工监理规范》(SL 288—2014) 第 6.4.13 条。]

4.2 工程计量支付的技术要求

4.2.1 工程量计量

（1）工程项目开工前，监理机构应监督承包人按有关规定或施工合同约定完成原始地形的测绘，并审核测绘成果。

（2）在接到承包人提交的工程计量报验单和有关计量资料后，监理机构应在合同约定时间内进行复核，确定结算工程量，据此计算工程价款。当工程计量数据有异议时，监理机构可要求与承包人共同复核或抽样复测；承包人未按监理机构要求参加复核，监理机构复核或修正的工程量视为结算工程量。

（3）监理机构认为有必要时，可通知发包人和承包人共同联合计量。

（4）当承包人完成了工程量清单中每个子目的工程量后，监理机构应要求承包人派员共同对每个子目的历次计量报表进行汇总和总体量测，核实该子目的最终计量工程量；承包人未按监理机构要求派员参加的，监理机构最终核实的工程量视为该子目的最终计量工程量。

1）说明。

a. 工程项目应按合同专用合同条款的约定进行计量。计量方法应符合技术条款各章的有关规定。

b. 承包人应提供所需的一切计量设备和用具，并保证提供的一切计量设备和用具符合国家度量衡标准的精度要求。

c. 除合同另有约定外，凡超出施工图纸和合同技术条款规定的有效工程量以外的超挖、超填工程量，加工、运输损耗量等均不予计量。

d. 根据合同完成的有效工程量，由施工单位按施工图纸计算，或采用标准的计量设备进行称量，并经监理工程师签认后，列入施工单位的每月工程量报表。当分次结算累计工程量与按完成施工图纸所示及合同文件规定计算的有效工程量不一致时，以按完成施工图纸所示及合同文件规定计算的有效工程量为准。

e. 分次结算工程量的测量工作，应在监理工程师在场的情况下，由施工单位负责。必要时，监理工程师有权指示施工单位对结算工程量重新进行复核测量，并由监理工程师核查确认。

2）重量计量。

a. 按施工图纸所示计算的有效重量以吨（t）或千克（kg）为单位计量。

b. 凡以重量计量并须称量的材料，由施工单位合格的测量人员使用经国家计量监督部门检验合格的称量设备，根据合同约定，在监理人指定的地点进行称量。

c. 钢材的计量应按施工图纸所示的净值计量。钢筋应按监理工程师批准的钢筋下料表，以直径和长度计算，不计入钢筋损耗和架设定位的附加钢筋量；预应力钢绞线、预应力钢筋和预应力钢丝的工程量按锚固长度与工作长度之和计算重量；钢板和型钢钢材按制成件的成型净尺寸和使用钢材规格的标准单位重量计算其工程量，不计下料损耗量和施工安装等所需的附加钢材用量。施工附加量均不单独计量，而应包括在有关钢筋、钢材和预应力钢材等各自的单价中。

3）面积计量。按施工图纸所示施工轮廓尺寸或结构物尺寸计算的有效面积以平方米（m²）为单位计量。

4）体积计量。

a. 按施工图纸所示施工轮廓尺寸或结构物尺寸计算的有效体积以立方米为单位计量。经监理工程师批准，大体积混凝土中所设体积小于 0.1m³ 的孔洞、排水板、预埋管和凹槽等工程量不予扣除，按施工图纸和指示要求对临时孔洞进行回填的工程量不重复计算。

b. 混凝土工程量的计量，应按监理工程师签认的已完工程的净尺寸计算；土石方填筑工程量的计量，应按完工验收时实测的工程量进行最终计量。

5）长度计量。按施工图纸所示施工轮廓尺寸或结构物尺寸计算的有效长度以米（m）为单位计量。

4.2.2 施工临时设施

（1）水利工程施工临时设施是指合同约定的设计、施工及其附属设备的采购和配置、安装、运行、维护、管理和拆除等全部工作。其工作项目包括：现场施工测量、现场试验、施工交通、施工供电、施工供水、施工供风、施工照明、施工通信、邮政服务、混凝土生产系统、机械修配厂、加工厂、仓库、存料场、弃料场以及施工现场办公和生活建筑设施等。

（2）计量和支付。

1）除合同另有约定外，承包人根据合同要求完成以下施工作业所需的费用，由发包人按《工程量清单》相应项目的总价支付：现场施工测量、施工及生活供电设施、施工及生活供水设施、施工通风设施、施工照明设施、施工通信和邮政设施、砂石料生产系统、混凝土生产系统、附属加工厂、仓库和存料场、临时生产管理和生活设施。

2）施工单位现场所做一切试验的费用均应包含在相应项目单价中，不另行计量和支付。

3）施工交通设施。

a. 承包人根据合同要求完成场内施工道路的建设和施工期的管理维护工作所需的费用，按《工程量清单》相应项目的工程单价或总价支付。

b. 场外公共交通的费用，除合同约定由承包人为场外公共交通修建和（或）维护的临时设施外，承包人在施工场地外的一切交通费用，均由承包人自行承担，不另行计量和支付。

c. 承包人承担的超大、超重件的运输费用，均由承包人自行负责，不另行计量和支付。超大、超重件的尺寸或重量超出合同约定的限度时，增加的费用由发包人承担。

4）承包人使用弃渣场过程中的一切费用均包含在渣料开挖单价及相应的环保及水保项目单价或措施费中，不另行计量和支付。

5）其他临时设施。未列入《工程量清单》的其他临时设施，承包人根据合同要求完成这些设施的建设、移置、维护管理和拆除工作所需的费用，包含在相应永久工程项目的工程单价或总价中，不另行计量和支付。

4.2.3 施工安全措施

（1）工程施工现场的安全管理工作包括：现场施工劳动保护、消防施工作业保护、防洪度汛和气象灾害保护、施工安全监测等。

（2）计量和支付。安全保护措施、文明施工措施所需的费用，应在《工程量清单》以总价形式专项列报，经监理工程师检查确认实施情况后，由发包人按项审批支付。

4.2.4 施工导流工程

（1）主体工程的施工导流工程，包括施工导流挡水和泄水建筑物、截流、基坑排水和导流建筑物拆除等工程项目及其工作内容。

（2）计量和支付

1）承包人按合同要求完成基坑排水工作（含基坑初期排水和经常性排水）所需的费用，按《工程量清单》相应项目的总价支付。

2）除合同另有约定外，施工单位完成临时导流泄水建筑物的建设、拆除（或封堵）以及运行维护等工作所需的费用，由业主按《工程量清单》相应项目的工程单价支付。

4.2.5 土石方明挖

（1）土石方明挖包括永久和临时工程建筑物的基础、边坡、土料场和砂石料场、石料场以及合同约定的其他明挖工程。

（2）计量和支付。

1）场地平整、塌方清理所发生一切费用包含在《工程量清单》相应土方明挖项目有效工程量的每立方米工程单价中，不另行计量和支付。

2）一般土石方开挖、淤泥流砂开挖、沟槽开挖和基坑开挖按施工图纸所示开挖轮廓尺寸计算的有效自然方体积以立方米为单位计量，按《工程量清单》相应项目有效工程量的每立方米工程单价支付。

3）土石方明挖工程单价包括施工单位按合同要求完成场地清理，测量放样，土石方开挖、装卸和运输，边坡整治和稳定观测，基础、边坡面的检查和验收，以及将开挖可利用或废弃的土石方运至设计要求的堆放区并加以保护、处理等工作所需的费用。

4）土石方明挖按施工图纸所示的轮廓尺寸计算，有效自然方体积以立方米（m³）为单位计量，按《工程量清单》相应项目有效工程量的每立方米工程单价支付。施工过程中增加的超挖量和施工附加量所需的费用，应包含在《工程量清单》相应项目有效工程量的每立方米工程单价中，不另行计量和支付。

5）临时性排水措施（包括排水设备的安拆、运行和维修），按《工程量清单》措施费总价支付。

6）承包人在弃渣场使用结束后进行的防护及绿化等工作所需的费用，包含在《工程量清单》"环境保护和水土保持"相应项目的工程单价或总价中，不另行计量和支付。

4.2.6 土石方填筑

（1）土石方填筑是指合同约定的堤防填筑、碾压式土坝和土石坝、土石围堰等的堰体填筑及其防渗体（包括土工合成材料防渗体）的施工。作业内容包括：填筑料运输、现场碾压试验、填筑料的摊铺和碾压、排水和护坡设施等。

（2）计量和支付。

1）填筑按施工图纸所示尺寸计算的有效压实方体积以立方米（m³）为单位计量，按《工程量清单》相应项目有效工程量的每立方米工程单价支付。

2）填筑全部完成后，最终结算的工程量应是经过施工期间压实并经自然沉陷后按施工图纸所示尺寸计算的有效压实方体积。若分次支付的累计工程量超出最终结算的工程量，应扣除超出部分工程量。

3）上、下游面块石护坡按施工图纸所示尺寸计算的有效体积以立方米（m³）为单位计量，按《工程量清单》相应项目有效工程量的每立方米工程单价支付。

4）除合同另有约定外，施工单位对料场（土料场、石料场和存料场）进行复核、复勘、取样试验、地质测绘以及工程完建后的料场整治和清理等工作所需的费用，包含在每立方米（t）材料单价或《工程量清单》相应项目工程单价或总价中，不另行计量和支付。

4.2.7　混凝土工程

（1）永久和临时建筑物的各类混凝土（含钢筋混凝土）工程的施工包括普通混凝土、预制混凝土、预应力混凝土、水下混凝土及泵送混凝土等。施工作业内容包括：混凝土生产（包括混凝土材料、配合比设计、混凝土拌制及混凝土的取样和检验等），管路和预埋件施工，止水、伸缩缝和坝体排水施工，混凝土运输、浇筑以及温度控制和混凝土养护等；还包括混凝土工程各种类型的模板与钢筋的制作和安装，模板中包括钢筋混凝土模板、钢模板、悬臂模板和特种模板等。

（2）计量和支付。

1）除合同另有约定外，现浇混凝土的模板及其支撑系统、混凝土预制构件模板等费用，包含在《工程量清单》相应混凝土或钢筋混凝土项目有效工程量的每立方米工程单价中，不另行计量和支付。

2）按施工图纸所示钢筋强度等级、直径和长度计算的有效重量以吨（t）为单位计量、按《工程量清单》相应项目有效工程量的每吨工程单价支付。施工架立筋、搭接、套筒连接、加工及安装过程中操作损耗等所需费用，除合同另有约定外，均包含在《工程量清单》相应项目有效工程量的每吨工程单价中，不另行支付。

3）普通混凝土。

a. 普通混凝土按施工图纸所示尺寸计算的有效体积以立方米（m³）为单位计量，按《工程量清单》相应项目有效工程量的每立方米工程单价支付。

b. 混凝土有效工程量不扣除设计单体体积小于 0.1m³ 的圆角或斜角，单体占用的空间体积小于 0.1m³ 的钢筋和金属件单体横截面积小于 0.1m² 的孔洞、排水管、预埋管和凹槽等所占的体积，按设计要求对上述孔洞回填的混凝土也不予计量。

c. 混凝土在冲（凿）毛、拌和、运输和浇筑过程中的操作损耗，各项混凝土试验费（不包括以总价形式支付的混凝土配合比试验费），混凝土温度控制措施费（包括冷却水管埋设及通水冷却费用、混凝土收缩缝和冷却水管的灌浆费用，以及混凝土坝体的保温费用），混凝土体内预埋排水管及一期埋件所需的费用均包含在《工程量清单》相应项目有效工程量的每立方米工程单价中，不另行计量和支付。

d. 止水、止浆、伸缩缝等按施工图纸所示各种材料数量以米（或平方米）为单位计量，按《工程量清单》相应项目有效工程量的每米（或平方米）工程单价支付。

4）预制混凝土。预制混凝土构件的预制和安装，模板费用、钢筋费用，除合同另有约定外，承包人完成预制混凝土构件的吊装、运输、就位、固定、填缝灌浆、复检、焊接等工作所需的费用，包含在《工程量清单》相应预制混凝土安装项目有效工程量的每立方米工程单价中，不另行计量和支付。

按施工图纸所示尺寸计算的有效体积以立方米为单位计量，按《工程量清单》相应项目有效工程量的每立方米工程单价支付。

5）预应力混凝土。

a. 预应力混凝土按施工图纸所示尺寸计算的有效单位计量，按《工程量清单》相应项目有效工程量的单价支付。

b. 预应力混凝土的锚索及其附件费用，包含在《工程量清单》相应预应力混凝土项目有效工程量的单价中，不另行计量和支付。

4.2.8 砌体工程

（1）砌体工程项目包括坝、厂房、永久生活建筑、护坡和排水沟等建筑物的石砌体（包括浆砌石、干砌石砌体）工程，以及混凝土小砌块砌体和砖砌体工程。

（2）计量和支付。

1）浆砌石、干砌石、混凝土预制块和砖砌体按施工图纸所示尺寸计算的有效砌筑体积以立方米为单位计量，按《工程量清单》相应项目有效工程量的每立方米工程单价支付。

2）砌体建筑物的基础清理和施工包括排水、砂浆、拉结筋、垫层、排水管、止水设施、伸缩缝、沉降缝及埋设件等费用，包含在《工程量清单》相应砌筑项目有效工程量的每立方米工程单价中，不另行计量和支付。

4.2.9 屋面和地面建筑工程

（1）本合同施工图纸所示的屋面建筑工程和地面建筑工程。根据水利水电工程的需要，屋面建筑工程列入了钢筋混凝土屋面的防水和保温、隔热工程。地面建筑工程编入了地基基层铺设和楼层地面铺设。

（2）计量和支付（分屋面和地面建筑工程）

1）房屋建筑安装工程内容包括房屋的土建、装饰、水、电、暖、通、消防等全部作业及质量检查、检验和验收等所有费用。

2）房屋建筑安装工程按照监理工程师审核的实际进度分期支付。

4.2.10 钢结构的制作和安装

（1）钢结构的制作和安装包括施工图设计所示的大坝、厂房及附属建筑物的所有钢结构制作和安装。

（2）计量和支付。

1）钢结构按施工图纸所示尺寸计算的有效重量以吨为单位计量，由业主《工程量清单》相应项目有效工程量的每吨工程单价支付。

2）钢结构有效重量不扣减切肢、切边和孔眼损失的重量，也不计入电焊条、铆钉和螺栓增加的重量。

3）施工架立件、搭接、焊接、套筒连接、操作损耗、涂装和检验试验等所需费用，均包含在《工程量清单》相应项目有效工程量的每吨工程单价中，不另行计量和支付。

4.2.11 钢闸门及启闭机的安装

（1）各种钢闸门及启闭机的安装项目包括各类钢闸门及其拦污栅和门（栅）槽，以及各种型式启闭机设备及其承载平台和基础埋件等。

（2）计量与支付

1）钢闸门安装工程按施工图纸所示尺寸计算的闸门本体有效重量以吨为单位计量。钢闸门附件安装、附属装置安装钢闸门本体及附件涂装、试验检测和调试校正等工作所需费用，包含在《工程量清单》相应钢闸门安装项目有效工程量的每吨工程单价中，不另行计量和支付。

2）门槽（楣）安装工程按施工图纸所示尺寸计算的有效重量以吨为单位计量，二次埋件、附件安装、涂装、调试校正等工作所需费用，均包含在《工程量清单》相应门槽（楣）安装项目有效工程量的每吨工程单价中，不另行计量和支付。

3）启闭机安装工程按施工图纸所示启闭机数量以台为单位计量。除合同另有约定外，基础埋件安装、附属设备（起吊梁或平衡梁、供电系统、控制操作系统、液压启闭机的液压系统等）安装、与闸门连接和调试校正等工作所需费用，均包含在《工程量清单》相应启闭机安装项目每台工程单价中，不另行计量和支付。

4.2.12 预埋件埋设及支座安装

（1）包括水力机械辅助设备系统、通风与空气调节系统、建筑给排水系统、消防系统、各类电缆和接地装置，以及其他设施和设备的预埋管道和预埋件的埋设。

（2）预埋件埋设计量和支付。除合同另有约定外，预埋管道、接地系统的预埋件等按施工图纸所示尺寸计算有效长度（重量）以米（或吨）为单位计量，按《工程量清单》相应项目有效工程量的每米（或吨）工程单价支付。永久设备预埋件的安装费用包含在《工程量清单》相应设备安装项目有效工程量的工程单价中，不另行计量和支付。

4.2.13 机电设备安装

（1）该项工作内容包括水利水电工程永久机电设备的安装以及机组启动试运行等工作。

（2）计量和支付。

1）各项设备的安装，按施工图纸所示设备数量以相应的单位计量，按《工程量清单》相应项目的工程单价或总价支付。

2）上款所述《工程量清单》的总价项目，由承包人按批准的安装进度计划对总价项目进行分解，分解结果经发包人批准后作为合同支付的依据。

3）由承包人按合同要求采购的装置性材料及其安装，按施工图纸所示装置性材料的有效数量以相应单位计量，按《工程量清单》相应项目有效工程量的工程单价或总价支付。

4）机电设备安装工作所进行的开箱检查、验收、清扫、仓储保管、安装现场运输、主体设备及随机成套供应的管路与附件安装、涂装、现场试验、调试、试运行和移交生产前的维护保养等工作所需的费用，均包含在《工程量清单》相应机电设备安装项目的工程单价或总价中。

4.2.14　绿化工程

（1）绿化工程的工作内容包括：土方开挖、场地平整、更换种植土、土方外运、绿化采购种植、完工验收前的维护养护，以及现场清理、废弃物处理等工作。

（2）计量与支付。

1）按施工图纸或监理工程师签认的轮廓线内实际发生的工程量，并按《工程量清单计价表》所列相应项目的单价进行支付。支付包括工程实施所需的全部材料的采购、精选、修剪、运输、检验、储存、材料损耗以及槽穴开挖、混播实验、种植、浇水、换土、肥料、养护和辅助工作所需的人工、材料及使用设备和辅助设施等一切费用。

2）上述支付还包括各类质量检查和验收等所需的全部人工、材料，以及使用设备和辅助设施的费用。

4.2.15　沥青混凝土工程

（1）沥青混凝土工程主要包括沥青混凝土心墙施工、沥青混凝土道路施工。

（2）计量与支付。

1）沥青混凝土芯墙、沥青混凝土道路按施工图设计的工程量，按《分类分项工程量清单》所列项目的单价支付。

2）各项材料和配合比试验、现场试验以及生产性试验以及透层油等所需的费用，均包括在相应项目的单价中，不再单独进行计量和支付。

4.2.16　工程安全监测

（1）安全监测工作内容：监测仪器设备及材料的采购、运输、验收和保管；监测仪器和设备的率定、调试、安装、埋设、调试和维护及相关的土建工程、电缆敷设；与土建施工单位的配合工作；施工期间及竣工验收前的数据采集、资料整编、分析工作及安全评价、观测设施和观测资料的移交及人员培训；还包括原型观测科研项目的观测仪器采购、率定、安装、现场监测、数据整理与初步分析，并为发包人永久观测人员接收施工期观测工作提供必要的条件等。

（2）计量和支付。

1）各项监测仪器设备，应按《工程量清单报价表》中所列各项目规定的单位计量。其支付工程量，应按施工图设计的现场安装埋设数量计算，并按《工程量清单报价表》中所列的各项目单价进行支付。

2）该单价应包括监测仪器设备（包括备品备件）的采购、运输和保管，为完成全部监测仪器设备的安装埋设作业所需的未单列土建费用、人工、材料和辅助设施及仪器设备的率定（检验）和仪器设备维护、安装、质量检查和验收等各项工作所需的全部费用和要求获得的利润，以及应由承包人承担的义务、责任、风险和考虑本工程气象特点、工期、冬季施工因素所发生的一切费用。

3）工作基点、水准点及其他测量标志监测墩，应按施工图设计的现场埋设规格及数量实施，以《工程量清单报价表》所列项目的计量单位和单价进行计量支付。该单价应包括为完成上述项目所需的未单列的土建费用、人工、材料及使用设备和辅助设施等的全部费用，以及施工单位选定埋设位置的费用和要求获得的利润。

4）监测仪器的电缆，应按施工图设计的现场实际埋设数量计量，并按《工程量清单报价表》所列项目的单价进行支付。该单价包括电缆材料的采购、运输和保管、电缆沟开挖和回填，以及现场敷设等所需的人工、材料和使用设备、辅助设施等的一切费用。

4.3　计量支付的程序

4.3.1　支付预付款程序

总监理工程师在收到并已经监理工程师确认的承包人提出的预付款申请，依据承包合同协议，按照合同文件的规定审签，批准监理工程师填写预付款金额的支付说明。总监理工程师签证后报发包人。

4.3.2　进度款支付程序

承包人应在合同约定的日期前每月 18 日将上月完成的，并已由监理工程师签认的工程计量表格、资料和经过批准的工程变更文件等，按规定格式填报"工程进度付款申请"并提交计量监理工程师核对。应从以下几个方面进行确认：

（1）承包人申请中是否已详细、规范地列明按照合同条款认为有权得到的款项。

（2）工程进度付款申请表格中，申请所涉及的计量内容和款项已经过监理工程师的认可。

（3）申请的格式和内容，均已符合合同文件的要求。

（4）各项资料、证明文件内容规范，手续齐全。

（5）对所报的各项原始数据和工程内容进行复审或复查，所列项目计算汇总应正确无误。

（6）对不应计量和不应付的款项或特殊情况的支付，应签署意见说明，提出（文字方式）处理意见。

（7）汇总本期支付金额并填写签证工程进度付款证书和工程进度付款审核汇总表在规定时间内呈报总监理工程师。

总监理工程师在收到计量（合同）工程师呈报的工程进度付款审核汇总表（复审过）后处理如下事项：

（1）审定报表，并将审定结果通知计量（合同）工程师，如有补充，可在下期计量支付中予以处理。

（2）对报表中发现的问题，在本期工程进度付款证书中予以删除或核减。

（3）对已经填写的工程进度付款证书中的错误加以纠正。

（4）总监理工程师签发后呈报发包人。

（5）发包人可将工程进度付款审核汇总表中的意见反馈给总监理工程师。

（6）总监理工程师指示计量（合同）工程师定期清理"计量支付"中的遗留问题。

4.3.3　最终支付程序（应符合规范和合同约定）

在颁发缺陷责任后，计量（合同）工程师在收到承包人，在合同规定的时间之内提交的完工付款/最终结清申请表后，完成以下复审工作：

（1）申请的格式和内容均应符合合同规定，以及工程监理格式和内容的要求。

（2）与此相应的分列结算清单，必须规范、清晰、完整、齐全，而且相互逻辑关系清楚。并规范过去的计量、支付遗留问题已经处理完善。

（3）与此相应的各分部（单项）工程质量均符合设计文件，合同标准和有关验收规范的规定，承包人必须按合同文件和验收规范的要求，编制好竣工图纸和文字报告，印制、装订质量和数量均符合要求，并且签证手续齐全。

（4）承包单位已按合同文件，国家和地方性法规履行或补充履行了全部职责。

（5）应确定所有的计量与支付均无遗漏或重复，并且计量精度准确，汇总清楚无误。

（6）若发现未计入的但根据合同文件应予确认的费用，应即通知承包人，在规定的时限之内及时补充认证，承包商备齐所需的资料与证明。

（7）填写完工付款/最终结清证书和合同解除付款核查报告。

总监理工程师在收到已经计量（合同）工程师审核过的完工付款/最终结清证书和合同解除付款核查报告后，处理好以下工作：

1）审定完工付款/最终结清证书是否已按照监理机构和发包人都已同意的意见进行了完全、彻底的修改。

2）与发包人进行磋商并沟通意见。

3）由总监理工程师签证后呈报发包人。

5 采用的表式清单

施工单位和监理机构计量支付工作采用《水利工程施工监理规范》（SL 288—2014）相关表式，表式清单见表 1 和表 2。

表 1　　　　　　　　　　　承包人常用表格

序号	表格名称	表格类型	表格编号
1	工程材料预付款报审表	CB10	承包〔　　〕材预付　　号
2	变更项目价格申报表	CB27	承包〔　　〕变价　　号
3	工程计量报验单	CB30	承包〔　　〕计报　　号
4	计日工单价报审表	CB31	承包〔　　〕计价　　号
5	计日工工程量签证单	CB32	承包〔　　〕计签　　号
6	工程进度付款申请单	CB33	承包〔　　〕进度付　　号
7	工程进度付款汇总表	CB33 附表 1	承包〔　　〕进度总　　号
8	已完工程量汇总表	CB33 附表 2	承包〔　　〕量总　　号
9	合同分类分项项目进度支付明细表	CB33 附表 3	承包〔　　〕分类价　　号
10	合同措施项目进度支付明细表	CB33 附表 4	承包〔　　〕措施价　　号
11	变更项目进度付款明细表	CB33 附表 5	承包〔　　〕变更付　　号
12	计日工项目进度付款明细表	CB33 附表 6	承包〔　　〕计付　　号
13	合同完成额月汇总表	CB34 附表 8	承包〔　　〕完成额　　号
14	（一级项目）完成合同额月统计表	CB34 附表 8_	承包〔　　〕完成额月　　号

表 2 监理机构常用表格目录

序号	表格名称	表格类型	表格编号		
1	工程进度付款证书	JL19	监理〔 〕进度付 号		
2	工程进度付款审核汇总表	JL19 附表 1	监理〔 〕付款审 号		
3	合同解除付款核查报告	JL20	监理〔 〕解付 号		
4	完工付款/最终结清证书	JL21	监理〔 〕付结 号		
5	质量保证金退还证书	JL22	监理〔 〕保退 号		

工程验收监理实施细则

×××××××工程
工程验收监理实施细则

审　　批：×××

审　　核：×××（监理证书号：×××××）

编　　制：×××（监理证书号：×××××）

编制单位（机构）名称：×××××××

编制日期：××××年××月

《工程验收监理实施细则》编制目录

1 适 用 范 围

本细则适用于施工合同所约定的施工范围内的单元工程评定及验收、分部工程验收、单位工程验收、合同完工验收、阶段验收、专项验收、完工验收等。

2 编 制 依 据

2.1 有关现行规程、规范和规定

(1)《水利工程施工监理规范》(SL 288—2014)。

(2)《水利工程建设标准强制性条文》(2020 年版)。

(3)《水利水电工程施工测量规范》(SL 52—2015)。

(4)《水利水电工程施工质量检验与评定规程》(SL 176—2007)。

(5)《水利水电建设工程验收规程》(SL 223—2008)。

(6)《水利水电工程单元工程施工质量验收评定标准——土石方工程》(SL 631—2012)。

(7)《水利水电工程单元工程施工质量验收评定标准——混凝土工程》(SL 632—2012)。

(8)《水利水电工程单元工程施工质量验收评定标准——地基处理与基础工程》(SL 633—2012)。

(9)《水利水电工程单元工程施工质量验收评定标准——堤防工程》(SL 634—2012)。

(10)《水利水电工程单元工程施工质量验收评定标准——水工金属结构安装工程》(SL 635—2012)。

(11)《水利水电工程单元工程施工质量验收评定标准——水轮发电机组安装工程》(SL 636—2012)。

(12)《水利水电工程单元工程施工质量验收评定标准——水力机械辅助设备系统安装工程》(SL 637—2012)。

(13)《水利水电工程单元工程施工质量验收评定标准——发电电气设备安装工程》(SL 638—2013)。

(14)《水利水电工程单元工程施工质量验收评定标准——升压变电电气设备安装工程》(SL 639—2013)。

(15)监理合同有效期内，水行政主管部门颁布的涉及本工程的其他政策法规等。

2.2 有关合同文件、设计文件与图纸、施工措施方案、技术说明及资料

(1)监理合同文件。

(2)施工合同文件。

(3)工程建设勘察设计图纸、文件。

(4)监理规划。

（5）经过监理机构批准的施工组织设计及技术措施（作业指导书）。

（6）由生产厂家提供的有关材料、构配件和工程设备的使用技术说明。

（7）工程设备的安装、调试、检验等技术资料。

（8）经质量监督机构核备的工程项目划分。

3　验收工作特点和控制要点

3.1　验收工作特点

（1）验收依据的多样性：验收工作依据包括国家有关法律法规、规章和技术标准，有关主管部门的规定，经批准的工程立项文件、初步设计文件、调整概算文件，经批准的设计文件及相应的工程变更文件，施工图纸及主要设备技术说明书等。此外，法人验收还应以施工合同为依据。

［《水利水电建设工程验收规程》（SL 223—2008）第 1.0.4 条。］

（2）验收类型的多样性：水利工程建设项目验收按验收主持单位性质不同分为法人验收和政府验收两类。法人验收是指在项目建设过程中由项目法人组织进行的验收，是政府验收的基础。政府验收是指由有关人民政府、水行政主管部门或者其他有关部门组织进行的验收，包括专项验收、阶段验收和竣工验收。

［《水利水电建设工程验收规程》（SL 223—2008）第 1.0.6 条。］

（3）验收过程的规范性：验收主持单位应当成立验收委员会（验收工作组）进行验收，验收结论应当经三分之二以上验收委员会（验收工作组）成员同意。验收委员会（验收工作组）成员应当在验收鉴定书上签字。对验收中发现的问题，其处理原则由验收委员会（验收工作组）协商确定。主任委员（组长）对争议问题有裁决权。如果半数以上验收委员会（验收工作组）成员不同意裁决意见，法人验收应当报请验收监督管理机关决定，政府验收应当报请竣工验收主持单位决定。

［《水利水电建设工程验收规程》（SL 223—2008）第 1.0.7 条。］

（4）验收内容的全面性：工程验收应包括检查工程是否按照批准的设计进行建设，已完工程在设计、施工、设备制造安装等方面的质量及相关资料的收集、整理和归档情况，工程是否具备运行或进行下一阶段建设的条件，工程投资控制和资金使用情况，对验收遗留问题提出处理意见，以及对工程建设做出评价和结论。

［《水利水电建设工程验收规程》（SL 223—2008）第 1.0.5 条。］

这些特点共同构成了水利工程验收工作的基本框架和要求，确保了水利工程的质量和安全，同时也为水利工程建设项目的顺利推进提供了保障。

3.2　验收工作控制要点

（1）工程验收按阶段和范围不同划分为：单元（工序）工程验收、分部工程验收、阶段验收、部分工程投入使用验收、单位工程验收和合同项目工程完工验收以及竣工验收。

（2）监理机构应根据抽检资料核定单元（工序）工程质量等级。发现不合格单元（工序）工程，应要求承包人及时进行处理，合格后才能进行后续工程施工。对施工中的质量缺陷应书面记录备案，进行必要的统计分析，并在相应单元（工序）工程质量评定表"评定意见"栏内注明。

 [《水利水电工程施工质量检验与评定规程》（SL 176—2007）第 4.3.5 条。]

 （3）重要隐蔽单元工程及关键部位单元工程质量经承包人自评合格、监理机构抽检后，由发包人（或委托监理）、监理、设计、施工、工程运行管理（施工阶段已经有时）等单位组成联合小组，共同检查核定其质量等级并填写签证表，报工程质量监督机构核备。重要隐蔽单元工程及关键部位单元工程质量等级签证表见《水利水电工程施工质量检验与评定规程》（SL 176—2007）附录 F。专业工程中的重要隐蔽单元工程及关键部位单元工程质量验收详见专业工程监理实施细则。

 [《水利水电工程施工质量检验与评定规程》（SL 176—2007）第 5.3.2 条。]

 （4）分部工程质量，在承包人自评合格后，由监理机构复核，发包人认定。分部工程验收的质量结论由发包人报工程质量监督机构核备。大型枢纽工程主要建筑物的分部工程验收的质量结论由发包人报工程质量监督机构核定。分部工程施工质量评定表见《水利水电工程施工质量检验与评定规程》（SL 176—2007）附录 G 表 G-1。

 [《水利水电工程施工质量检验与评定规程》（SL 176—2007）第 5.3.3 条。]

 （5）单位工程质量，在承包人自评合格后，由监理机构复核，发包人认定。单位工程验收的质量结论由发包人报工程质量监督机构核定。

 [《水利水电工程施工质量检验与评定规程》（SL 176—2007）第 5.3.4 条。]

 （6）工程项目质量，在单位工程质量评定合格后，由监理机构进行统计并评定工程项目质量等级，经发包人认定后，报工程质量监督机构核定。

 [《水利水电工程施工质量检验与评定规程》（SL 176—2007）第 5.3.5 条。]

 （7）各类验收工作均应及时进行，工程经验收合格后才能进行后续阶段的施工，未经验收或验收不合格的工程，不能列入完工项目和进行工程结算。合同项目工程全部完工后，承包人必须在合同或验收规程限定的时间内，申请合同项目完工验收。凡承包人未按规定时限申请工程验收而造成工程验收延误，由此引起的一切合同责任和经济损失，均由承包人承担。

4 监理工作内容、技术要求和程序

4.1 监理工作内容

4.1.1 组织

 （1）各工序的检查验收和一般单元工程的验收和签证，由监理工程师负责进行。

 （2）重要单元工程（涉及隐蔽工程、关键部位和重要工序）的检查验收签证，由监理机构组织设计、承包人和发包人参加的联合验收小组进行联合验收；分部工程的验收，由发包人或监理机构组织参建各方参加的联合验收小组进行验收。

 （3）单位工程验收、合同项目完工验收，由发包人主持并组织验收委员会（或验收领导小组）进行。验收委员会（或验收领导小组）由业主、设计、监理、承包人和其他有关单位、部门的代表组成。监理机构协助发包人进行工程验收的组织工作。

 （4）阶段验收及竣工验收由竣工验收主持单位或其委托的单位主持。阶段验收委员会由验收主持单位、质量和安全监督机构、运行管理单位的代表以及有关专家组成；必要时，可邀请地方人民政府以及有关部门参加。监理单位应派代表参加阶段验收，并作为被验收单位在验收鉴定书上签字。

4.1.2　职责

项目监理机构协助发包人组织和进行工程验收工作，其职责如下：

（1）协助发包人制定验收计划、安排验收工作。

（2）按照工程验收有关规定提交工程建设监理工作报告，并准备相应的监理备查资料。报告至少应包括以下内容：

1）工程概况。

2）监理规划及监理制度的建立、组织机构的设置、检测采用的方法和主要设备等。

3）监理过程的"四控制""二管理""一协调"情况。

4）对工程质量的评定结果及分析评价意见。

5）对工程量计量及进度控制的监理工作成效进行综合评价。

6）经验与建议。

7）监理机构的设置与主要工作人员情况。

8）工程建设监理大事记。

［《水利工程施工监理规范》（SL 288—2014）第 6.9.2 条，附录 D.4。］

（3）参加或受发包人委托主持分部工程验收，参加发包人主持的单位工程验收、水电站（泵站）中间机组启动验收和合同工程完工验收。签署工程质量等级评定和复核意见。

（4）参加阶段验收、竣工验收，解答验收委员会提出的问题，并作为被验单位在验收鉴定书上签字。

（5）负责督促施工单位按计划完成验收资料整理工作。

（6）监督承包人按照分部工程验收、单位工程验收、合同工程完工验收、阶段验收等验收鉴定书中提出的遗留问题处理意见完成处理工作。

（7）工程验收是合同项目工程建设中的重要程序，监理机构应重视并做好施工过程中工程资料的收集、整理和总结工作，建立健全的技术档案制度，以确保工程验收的顺利进行。

4.2　监理工作技术要求

4.2.1　工序和单元工程检查验收

（1）工序验收是指按规定的施工程序、在下道工序开工（如混凝土浇筑、灌浆等）前，对所有前道工序所完成的施工结果进行的验收。其目的是确保各工种每道工序都能按规定工艺和技术要求进行施工，判断下一道工序能否进行施工，并对工序质量等级进行评定。有关工序验收的程序、检查内容、质量标准、验收表格等，按各专业监理细则或专业监理工程师制定相应"验收办法"执行。对于施工过程相对简单的项目，工序验收也可和单元工程验收合并进行。

（2）工序验收均在施工现场进行，首先必须经承包人"三检"合格后，填写好"三检"检查记录表，交监理工程师申请工序验收。监理工程师在接到验收申请后的 8h 以内赴现场对工序进行检查验收，特殊情况（如控制爆破的装药和连网）则在现场立即进行检查验收。在确认施工质量和原材料等符合设计要求后签发开仓（开钻、开灌）证，允许进入下道工序施工。

（3）单元工程验收以工序检查验收为依据。只有在组成该单元工程的所有工序均已完成，且工序验收资料、原材料材质证明和抽检试验成果、测量资料等所有验收资料都齐全的情况下，才能进行单元工程验收。各种单元工程验收所需的"三检"表，质量检查和评定表、施工质量合格证（开仓证、准灌证等）的试样，按有关专业监理实施细则或规范要求执行。

（4）一般单元工程由专业监理工程师会同施工单位质检人员进行验收和质量评定。通常单元工程验收和质量评定，可配合月进度款结算每月进行一次。未经验收或质量评为不合格的单元工程，不给予质量签证。对于当月评为不合格的单元工程，承包人应按监理工程师的处理意见（必要时还应征求设计单位的意见）进行处理。处理完毕，经监理工程师验收合格，填写缺陷处理验收签证，则该单元工程可列入下个月验收的范围内。

（5）隐蔽工程、关键部位或重要单元工程的检查验收，须特别给予重视，其验收程序如下：

1）基础验收参见基础验收监理实施细则。

2）其余重要隐蔽、关键部位单元工程的检查验收，由监理机构组织参建各方有关人员组成的验收小组进行验收和质量评定，承包人"三检"合格后，填写好"三检"表，填报验收申请报监理机构申请验收。监理机构在接到验收申请后，审查工序验收资料、原材料材质证明和抽检试验成果、测量资料等是否符合要求。如符合要求，则组织联合验收小组进行现场检查及验收签证。

（6）对于有质量缺陷或发生施工事故的单元工程，应记录出现缺陷和事故的情况、原因、处理意见、处理情况和对处理结果的鉴定意见，作为单元工程验收资料的一部分。出现质量缺陷，或发生质量事故的单元工程，其质量不得评为优良。

（7）对于出现质量事故的单元工程，则应按照事故处理程序的有关规定执行，在最终完成质量事故处理后，由发包人主持召开质量事故处理专题验收会，验收合格，由专题验收组会签"质量事故处理专题验收签证书"。

（8）单元工程验收资料的原件、复印件份数及其移交时间等，按业主资料室的归档要求执行。

4.2.2　分部工程验收

（1）分部工程验收签证是工程阶段验收、单位工程及合同项目工程完工（交工）验收的基础。分部工程验收应具备的条件是该分部工程所有单元工程全部完建且质量全部合格。当合同项目施工达到某一关键阶段（如截流、蓄水等），在进行阶段（中间）验收前，发包方或监理机构及时组织联合验收小组，主持分部工程的验收签证工作。

（2）分部工程检查验收的主要任务，是检查施工质量是否符合设计要求，并在单元工程验收基础上，按有关规程和标准评定分部工程质量等级。

（3）分部工程验收前，监理机构应对承包人提交以下资料进行审查：

1）分部工程的完工图纸、设计要求和变更说明。

2）施工原始记录、原材料和半成品的试验鉴定资料和出厂合格证。

3）工程质量检查、试验、测量、观测等记录。

4）单元工程验收签证及质量评定资料。

5）承包人对分部工程自检合格的资料。

6）特殊问题处理说明书和有关技术会议纪要。

7）其他与验收签证有关的文件和资料。

（4）上述验收资料须经监理工程师审查后，承包人应在限定的时间内，按照审查意见完成资料的修改、补充和完善，并编写施工管理报告。

（5）承包人在完成验收资料整理和施工管理报告编写之后，即向监理机构提交分部工程验收申请报告，并提交施工报告和全部验收资料。

（6）监理机构在接到承包人的验收申请之后，应及时做好对资料的再审查，组织联合验收组进行现场检查，并主持进行分部工程验收签证。

（7）联合验收组进行现场检查的主要内容如下：

1）建筑物部位、高程、轮廓尺寸、外观是否与设计相符。

2）建筑物运行环境是否与设计情况相符。

3）各项施工记录是否与实际情况相符。

4）建筑物是否存在缺陷，施工过程中出现质量缺陷或事故处理是否符合要求。

（8）分部工程验收鉴定书，正本一式 8 份，除送交发包人、监理机构各 1 份外，其余 6 份暂存承包人，作为阶段验收、单位工程和完工验收资料的一部分。

（9）对分部工程验收的有关资料和签证书，承包人及监理机构应按发包人要求进行归档。

［《水利水电建设工程验收规程》（SL 223—2008）第 3 条。］

4.2.3 单位工程验收

（1）在承包人提出单位工程验收申请后，监理机构应组织检查单位工程的完成情况和施工质量评定情况、分部工程验收遗留问题处理情况及相关记录，并审核承包人提交的单位工程验收资料。监理机构应指示承包人对申请被验单位工程存在的问题进行处理，对资料中存在的问题进行补充、完善。

（2）经检查单位工程符合有关验收规程规定的验收条件后，监理机构应提请发包人及时组织单位工程验收。

（3）监理机构应参加发包人主持的单位工程验收，并在验收前提交工程建设监理工作报告，准备相应的监理备查资料。

（4）监理机构应监督承包人按照单位工程验收鉴定书中提出的遗留问题处理意见完成处理工作。

（5）单位工程投入使用验收后工程若由承包人代管，监理机构应协调合同双方按有关规定和合同约定办理相关手续。

（6）单位工程验收鉴定书格式见《水利水电建设工程验收规程》（SL 223—2008）附录 G。正本数量可按参加验收单位、质量和安全监督机构、法人验收监督管理机关各 1 份以及归档所需要的份数确定。自验收鉴定书通过之日起 30 个工作日内，由项目法人发送有关单位并报法人验收监督管理机关备案。

［《水利水电建设工程验收规程》(SL 223—2008) 第6.9.4条。］

4.2.4 合同工程完工验收

(1) 承包人提出合同工程完工验收申请后，监理机构应组织检查合同范围内的工程项目和工作的完成情况、合同范围内包含的分部工程和单位工程的验收情况、观测仪器和设备已测的初始值和施工期观测资料分析评价情况、施工质量缺陷处理情况、合同工程完工结算情况、场地清理情况、档案资料整理情况等。监理机构应指示承包人对申请被验合同工程存在的问题进行处理，对资料中存在的问题进行补充、完善。

(2) 经检查已完合同工程符合施工合同约定和有关验收规程规定的验收条件后，监理机构应提请发包人及时组织合同工程完工验收。工程完工验收应具备以下条件:

1) 工程已按合同规定和设计文件的要求完建。

2) 工程经分部工程验收、阶段(中间)验收和单位工程验收合格，在质保期内已及时完成剩余尾工和质量缺陷处理，施工现场清理完成。

3) 各项独立运用的工程已具备正常运行的条件。

4) 工程运行已经过至少一个洪水期考验，最高库水位已经达到或基本达到正常高水位，各单位工程运行正常。

5) 工程安全鉴定单位已提出工程安全鉴定报告，并有可以安全运行的结论意见。

6) 验收要求的各种报告，资料已经整理就绪，并经监理机构及业主审查通过。

［《水利水电建设工程验收规程》(SL 223—2008) 第6.9.5条。］

(3) 监理机构应参加发包人主持的合同工程完工验收，并在验收前提交工程建设监理工作报告，准备相应的监理备查资料。

(4) 合同工程完工验收通过后，监理机构应参加承包人与发包人的工程交接和档案资料移交工作。

(5) 监理机构应监督承包人按照合同工程完工验收鉴定书中提出的遗留问题处理意见完成处理工作。

(6) 合同工程完工验收鉴定书格式见《水利水电建设工程验收规程》(SL 223—2008)附录 H。正本数量可按参加验收单位、质量和安全监督机构以及归档所需要的份数确定。自验收鉴定书通过之日起30个工作日内，由项目法人发送有关单位，并报送法人验收监督管理机关备案。

［《水利水电建设工程验收规程》(SL 223—2008) 第5.0.7条。］

4.2.5 阶段(中间)验收

(1) 工程建设进展到枢纽:工程导(截)流、水库下闸蓄水、引(调)排水工程通水、水电站(泵站)首(末)台机组启动或部分工程投入使用之前，监理机构应核查承包人的阶段验收准备工作，具备验收条件的，提请发包人安排阶段验收工作。

(2) 各项阶段验收之前，监理机构应协助发包人检查阶段验收具备的条件，并提交阶段验收工程建设监理工作报告，准备相应的监理备查资料。

(3) 监理机构应参加阶段验收，解答验收委员会提出的问题，并作为被验单位在阶段验收鉴定书上签字。

(4) 监理机构应监督承包人按照阶段验收鉴定书中提出的遗留问题处理意见完成处理

工作。

（5）工程建设具备阶段验收条件时，项目法人应向竣工验收主持单位提出阶段验收申请报告，其格式见《水利水电建设工程验收规程》（SL 223—2008）附录 I。竣工验收主持单位应自收到申请报告之日起 20 个工作日内决定是否同意进行阶段验收。阶段验收应包括以下主要内容：

1）检查已完工程的形象面貌和工程质量。

2）检查在建工程的建设情况。

3）检查后续工程的计划安排和主要技术措施落实情况，以及是否具备施工条件。

4）检查拟投入使用工程是否具备运行条件。

5）检查历次验收遗留问题的处理情况。

6）鉴定已完工程施工质量。

7）对验收中发现的问题提出处理意见。

8）讨论并通过阶段验收鉴定书。

（6）阶段验收鉴定书格式见《水利水电建设工程验收规程》（SL 223—2008）附录 K。数量按参加验收单位、法人验收监督管理机关、质量和安全监督机构各 1 份以及归档所需要的份数确定。自验收鉴定书通过之日起 30 个工作日内，由验收主持单位发送有关单位。

［《水利水电建设工程验收规程》（SL 223—2008）第 6 条。］

4.3 监理工作程序

（1）工序验收和单元工程验收是所有后续各项验收的基础，监理工程师应按规定的程序和要求，认真做好工序和单元工程的验收签证工作。

（2）各类验收的一般程序为：承包人经过自检，认为已达到相应的验收条件要求，并做好各项验收准备工作，即可按合同文件和各方协商确定的时限，向监理机构或发包人提交验收申请；发包人或监理机构在接到验收申请，应在规定的时间内对工程的完成情况、验收所需资料和其他准备工作进行检查，必要时应组织初验；经审查认为具备验收条件后，除工序验收和一般单元工程由监理工程师验收签证外，其余均应组织相应的验收委员会（验收小组）进行验收。

（3）承包人申请工程验收时，应提交的工程验收资料，包括施工报告以及质量记录、原材料试验资料、质量等级评定资料、检查验收签证资料等。阶段（中间）验收、单位工程验收和合同项目完工验收前，监理机构应提交相应的施工监理报告。

（4）各种验收均以前一阶段的验收签证为基础，相互衔接，依次进行。对前阶段验收已签证部分，除有特殊情况外，一般不再复验。

（5）工程验收中所发现的问题，由验收委员会（验收小组）与有关方面协商解决，验收主持单位对有争议的问题有最终裁决权，同时应对裁决意见负有相应的责任。验收中遗留的问题，各有关单位应按验收委员会（验收小组）的意见按期处理完成。

（6）在水工建筑物或构筑物已按合同完成，但未通过完工验收正式移交业主单位以前，应由承包人管理、维护和保养，直至完工验收和合同规定的所有责任期满。

5　采用的表式清单

（1）竣工资料的整理及编制按业主单位有关竣工资料整编规定及《水利水电工程施工质量检验与评定规程》（SL 176—2007）执行。

（2）各阶段验收、单位工程验收、竣工验收鉴定书格式，参照《水利水电建设工程验收规程》（SL 223—2008），由承包人填写并报送监理机构及业主单位审查确定。

6　其　　他

（1）完工资料的整理及编制按建设单位有关完工资料整编规定及《水利水电建设工程验收规程》（SL 223—2008）执行。

（2）各阶段（中间）验收、单位工程验收、完工验收鉴定书格式，参照《水利水电建设工程验收规程》（SL 223—2008），由施工单位制定并报送监理机构及业主单位审查确定。

（3）本细则未尽事宜，按照《水利水电建设工程验收规程》（SL 223—2008）及施工合同文件有关规定执行。

（4）对本细则与施工合同文件相违背之处，以施工合同文件要求为准。

脚手架工程安全监理实施细则

××××××××工程
脚手架工程安全监理实施细则

审　批：×××

审　核：×××（监理证书号：×××××）

编　制：×××（监理证书号：×××××）

编制单位（机构）名称：×××××××

编制日期：××××年××月

《脚手架工程安全监理实施细则》 编制目录

1 适 用 范 围

本细则适用于施工监理合同明确的工程范围内的脚手架工程施工监理工作，如落地式钢管脚手架、满堂式脚手架。

2 编 制 依 据

2.1 有关现行规程、规范和规定

(1)《施工脚手架通用规范》(GB 55023—2022)。

(2)《建筑施工脚手架安全技术统一标准》(GB 51210—2016)。

(3)《建筑施工安全技术统一规范》(GB 50870—2013)。

(4)《安全网》(GB 5725—2009)。

(5)《水利水电工程施工安全管理导则》(SL 721—2015)。

(6)《水利水电工程施工通用安全技术规程》(SL 398—2007)。

(7)《水利水电工程施工安全防护设施技术规范》(SL 714—2015)。

(8)《水利工程建设标准强制性条文》(2020年版)。

(9)《建筑施工扣件式钢管脚手架安全技术规范》(JGJ 130—2011)。

(10)《建筑施工高处作业安全技术规范》(JGJ 80—2016)。

(11)《建筑施工安全检查标准》(JGJ 59—2011)。

2.2 有关合同文件、设计文件与图纸、施工措施方案、技术说明及资料

(1)监理合同文件。

(2)施工合同文件。

(3)《监理规划》。

(4)经过监理机构批准的施工组织设计及技术措施（作业指导书）。

(5)设计图纸及相关技术资料。

(6)脚手架安全监理实施细则。

(7)由生产厂家提供的有关材料、构配件的使用技术说明。

3 施 工 安 全 特 点

(1)脚手架是由多个稳定结构单元组成的。按照使用功能划分为作业脚手架和支撑脚手架。在工程施工过程中，脚手架结构不得发生改变，这是对脚手架使用过程中保持基本性能的要求。

(2)脚手架是采用工具式周转材料搭设的，且作为施工设施使用的时间较长，在使用期间，节点及杆件受荷载反复作用，极易松动、滑移而影响脚手架的承载性能。

(3)作业脚手架是由按计算和构造要求设置的剪刀撑、斜撑杆、连墙件等将架体分割成若干个相对独立的稳定结构单元，这些相对独立的稳定结构单元牢固连接组成了作业脚

手架。

（4）支撑脚手架是由按构造要求设置的竖向（纵、横）和水平剪刀撑、斜撑杆及其他加固件将架体分割成若干个相对独立的稳定结构单元，这些相对独立的稳定结构单元牢固连接组成了支撑脚手架。只有当架体是由多个相对独立的稳定结构单元体组成时，才可能保证脚手架是稳定结构体系。脚手架的承力结构件基本上都是长细比较大的杆件，其结构件必须是在组成空间稳定的结构体系时，才能充分发挥作用。

（5）不同的脚手架使用功能和环境，对于脚手架的结构、构造等重要参数的设计要求不同。因此在设计脚手架前，应对其使用功能、使用环境进行调查，开展针对性的设计工作。

［《施工脚手架通用规范》（GB 55023—2022）第 2.0.1 条、第 2.0.2 条。］

4 安全监理工作内容和控制要点

4.1 监理工作内容

监理机构应对脚手架搭设和拆除专项施工方案进行审核，参加超过一定规模的脚手架专项方案的专家论证会；应指定专人对专项施工方案实施情况进行旁站监理，发现未按专项施工方案施工的，应要求其立即整改；总监理工程师应定期对专项施工方案实施情况进行巡查；在脚手架使用过程中，开展日常检查，发现隐患督促施工单位整改，参加脚手架使用前的验收工作。

4.2 施工准备阶段安全监理控制要点

4.2.1 审查施工单位编制的专项施工方案

（1）承包人应当根据施工作业要求在施工组织设计中编制脚手架搭设和拆除的安全技术措施方案，对达到一定规模的危险性较大的脚手架工程应当编制专项施工方案，并附具安全验算结果，经施工单位技术负责人签字以及总监理工程师核签后实施，由专职安全生产管理人员进行现场监督实施。

（2）专项施工方案应由施工单位技术负责人组织施工、技术、安全、质量等部门的专业技术人员进行审核。经审核合格的，应由施工单位技术负责人签字确认。实行分包的，应由总承包单位和分包单位技术负责人共同签字确认。不需要专家论证的专项施工方案，经施工单位审核合格后应报监理单位，由总监理工程师审核签字，并报项目法人备案。

（3）超过一定规模的危险性较大的单项工程专项施工方案，应由施工单位组织召开审查论证会。审查论证会应就下列主要内容进行审查论证，并提交论证报告。

1）专项施工方案是否完整、可行，质量、安全标准是否符合工程建设标准强制性条文规定。

2）设计计算书是否符合有关标准规定。

3）施工的基本条件是否符合现场实际等。

（4）根据审查论证报告修改完善专项施工方案，经施工单位技术负责人、总监理工程师、项目法人单位负责人审核签字后，方可组织实施。专项施工方案应当包括以下内容：

1）工程概况：施工平面布置、施工要求和技术保证条件。

2）编制依据：相关法律法规、规范性文件、标准、规范及图纸（国标图集）、施工组织设计等。

3）施工计划：包括施工进度计划、材料与设备计划。

4）施工工艺技术：技术参数、工艺流程、施工方法、检查验收等。

5）施工安全保证措施：组织保障、技术措施、应急预案、监测监控等。

6）劳动力计划：专职安全生产管理人员、特种作业人员等。

7）计算书及相关图纸：验算项目及计算内容包括支撑系统的主要结构强度和截面特征、各项荷载设计值和荷载组合及支撑系统的刚度计算，立杆稳定性计算，立杆基础承载力验算，支撑系统支撑层承载力验算，转换层下支撑层承载力验算等。每项计算列出计算简图和截面构造大样图，注明材料尺寸、规格、纵横支撑间距。附图包括支模区域立杆、纵横水平杆平面布置图，支撑系统立面图、剖面图，水平剪刀撑布置平面图及竖向剪刀撑布置投影图，梁板支模大样图，支撑体系监测平面布置图及连墙件布设位置及节点大样图等。

［《水利水电工程施工安全管理导则》（SL 721—2015）第7.3.2条。］

4.2.2 对进场的材料进行检验

监理机构应对施工单位进场的脚手架材料和构配件进行检验，主要检验内容如下：

（1）脚手架材料与构配件的性能指标应满足脚手架使用的需要，质量应符合国家现行相关标准的规定。

（2）脚手架材料与构配件应有产品质量合格证明文件。

（3）脚手架所用杆件和构配件应配套使用，并应满足组架方式及构造要求。

（4）脚手架材料与构配件在使用周期内，应及时检查、分类、维护、保养，对不合格品应及时报废，并应形成文件记录。

（5）对于无法通过结构分析、外观检查和测量检查确定性能的材料与构配件，应通过试验确定其受力性能。

［《施工脚手架通用规范》（GB 55023—2022）第3条。］

4.2.3 检查施工人员上岗证

脚手架安装与拆除人员必须是经考核合格的专业架子工，架子工应持证上岗。脚手架搭设前，施工单位应将搭设人员资格向监理组进行报审。高大模板支撑架体的搭设作业人员必须经过培训，取得建筑施工脚手架特种作业操作资格证书后方可上岗。其他相关施工人员应掌握相应的专业知识和技能。

［《建筑施工脚手架安全技术统一标准》（GB 51210—2016）第11.1.3条。］

4.2.4 交底

脚手架搭设和拆除作业前，应将脚手架专项施工方案向施工现场管理人员及作业人员进行安全技术交底。脚手架使用过程中，不应改变其结构体系。当脚手架改变结构应对专项施工方案进行修改，修改后的方案应经审批后实施，并向施工作业人员进行安全技术交底。

［《建筑施工脚手架安全技术统一标准》（GB 51210—2016）第9.0.2条。］

4.3 脚手架施工阶段控制要点

4.3.1 个人防护

（1）搭设和拆除脚手架作业应有相应的安全措施，操作人员应佩戴个人防护用品，应穿防滑鞋。

（2）在搭设和拆除脚手架作业时，应设置安全警戒线、警戒标志，并应由专人监护，严禁非作业人员入内。

（3）当在脚手架上架设临时施工用电线路时，应有绝缘措施，操作人员应穿绝缘防滑鞋；脚手架与架空输电线路之间应设有安全距离，并应设置接地、防雷设施。

（4）当在狭小空间或空气不流通空间进行搭设、使用和拆除脚手架作业时，应采取保证足够的氧气供应措施，并应防止有毒有害、易燃易爆物质积聚。

4.3.2 搭设

脚手架应按顺序搭设，并应符合下列规定：

（1）落地作业脚手架搭设应与主体结构工程施工同步，一次搭设高度不应超过最上层连墙件2步，且自由高度不应大于4m。

（2）剪刀撑、斜撑杆等加固杆件应随架体同步搭设。

（3）构件组装类脚手架的搭设应自一端向另一端延伸，应自下而上按步逐层搭设；并应逐层改变搭设方向。

（4）每搭设完一步距架体后，应及时校正立杆间距、步距、垂直度及水平杆的水平度。

4.3.3 脚手架构造措施

脚手架构造措施应合理、齐全、完整，并应保证架体传力清晰、受力均匀。杆件连接节点应具备足够强度和转动刚度，架体在使用期内节点应无松动，间距、步距应通过设计确定。

4.3.4 脚手架作业层

脚手架作业层应采取安全防护措施，并应符合下列规定：

（1）作业脚手架、满堂支撑脚手架作业层应满铺脚手板，并应满足稳固可靠的要求。当作业层边缘与结构外表面的距离大于150mm时，应采取防护措施。

（2）采用挂钩连接的钢脚手板，应带有自锁装置且与作业层水平杆锁紧。

（3）木脚手板、竹串片脚手板、竹芭脚手板应有可靠的水平杆支承，并应绑扎稳固。

（4）脚手架作业层外边缘应设置防护栏杆和挡脚板。

（5）作业脚手架底层脚手板应采取封闭措施。

（6）沿所施工建筑物每3层或高度不大于10m处应设置1层水平防护。

（7）作业层外侧应采用安全网封闭。当采用密目安全网封闭时，密目安全网应满足阻燃要求。

（8）脚手板伸出横向水平杆以外的部分不应大于200mm。

4.3.5 作业脚手架连墙件

作业脚手架连墙件安装应符合下列规定：

（1）连墙件应采用能承受压力和拉力的刚性构件，并应与工程结构和架体连接牢固。

（2）连墙点的水平间距不得超过 3 跨，竖向间距不得超过 3 步，连墙点之上架体的悬臂高度不应超过 2 步。

（3）在架体的转角处、开口型作业脚手架端部应增设连墙件，连墙件竖向间距不应大于建筑物层高，且不应大于 4m。

（4）连墙件的安装应随作业脚手架搭设同步进行；当作业脚手架操作层高出相邻连墙件 2 个步距及以上时，在上层连墙件安装完毕前，应采取临时拉结措施。

4.3.6　脚手架安全防护网和防护栏杆

脚手架安全防护网和防护栏杆等防护设施应随架体搭设同步安装到位。

4.3.7　作业脚手架剪刀撑设置

作业脚手架的纵向外侧立面上应设置竖向剪刀撑，并应符合下列规定：

（1）每道剪刀撑的宽度应为 4～6 跨，且不应小于 6m，也不应大于 9m；剪刀撑斜杆与水平面的倾角应在 45°～60°之间。

（2）当搭设高度在 24m 以下时，应在架体两端、转角及中间每隔不超过 15m 各设置一道剪刀撑，并应由底至顶连续设置；当搭设高度在 24m 及以上时，应在全外侧立面上由底至顶连续设置。

4.3.8　支撑脚手架控制要点

（1）支撑脚手架独立架体高宽比不应大于 3.0。

（2）支撑脚手架应设置竖向和水平剪刀撑，剪刀撑的设置应均匀、对称；每道竖向剪刀撑的宽度应为 6～9m，剪刀撑斜杆的倾角应在 45°～60°之间。

（3）支撑脚手架的水平杆应按步距沿纵向和横向通长连续设置，且应与相邻立杆连接稳固。

（4）脚手架可调底座和可调托撑调节螺杆插入脚手架立杆内的长度不应小于 150mm、间隙不应大于 2.5mm，且调节螺杆伸出长度应经计算确定。当插入的立杆钢管直径为 42mm 时，伸出长度不应大于 200mm；当插入的立杆钢管直径为 48.3mm 及以上时，伸出长度不应大于 500mm。

4.4　检查和验收

（1）对搭设脚手架的材料、构配件质量，应按进场批次分品种、规格进行检验，检验合格后方可使用。

（2）脚手架材料、构配件质量现场检验应采用随机抽样的方法进行外观质量、实测实量检验。

（3）脚手架搭设过程中，应在下列阶段进行检查，检查合格后方可使用；不合格应进行整改，整改合格后方可使用：

1）基础完工后及脚手架搭设前。

2）首层水平杆搭设后。

3）作业脚手架每搭设一个作业层高度。

4）搭设支撑脚手架，高度每 2～4 步或不大于 6m。

（4）脚手架搭设达到设计高度或安装就位后，应进行验收，验收不合格的，不得使用。脚手架的验收应包括下列内容：

1）材料与构配件质量。

2）搭设场地、支承结构件的固定。

3）架体搭设质量。

4）专项施工方案、产品合格证、使用说明及检测报告、检查记录、测试记录等技术资料。

脚手架验收（检查）记录表见表1，安全检查记录见表2，安全监理细则交底记录见表3。

表1 **脚手架验收（检查）记录表**

脚手架类型：　　　　　　　　　　　　　　　　　　　　　　　　　搭设部位：

序号	检查验收内容	检查（实测）	验收结果
1	专项技术方案是否经施工单位技术负责人、总监理工程师审批（超高、超重脚手架方案是否经专家审查论证）		
2	材料选用是否符合专项施工方案设计的要求		
3	脚手架前是否进行技术交底		
4	脚手架立杆基础、底部垫板等是否符合专项施工方案的要求		
5	立杆纵向、横向间距是否符合专项施工方案设计的要求		
6	立杆垂直度是否大于1/200		
7	纵横向扫地杆设置是否齐全		
8	大、小横杆步距是否符合专项施工方案设计的要求		
9	剪刀撑设置是否符合专项施工方案设计的要求		
10	连墙杆件设置是否符合专项施工方案设计的要求，且不大于3步3跨		
11	架身整体稳固，有无摇晃		
12	脚手板是否满铺并固定，有无探头板		
13	护身栏杆搭设是否符合专项施工方案设计的要求		
14	安全网是否符合专项施工方案设计的要求且挂设完好		
15	作业层楼层临边与外架之间是否设置安全防护		

验收（检查）意见：

年　月　日

项目经理：（章）　　　　　项目技术负责人：　　　　　　　　　施工员：

表 2 安全检查记录

（监理〔 　 〕安检 　 号）

合同名称： 合同编号：

日　　期		检查人			
时　　间		天气		温度	
检查部位					
人员、设备、施工作业及环境和条件等					
危险品及危险源安全情况					
发现的安全隐患及消除隐患的监理指示					
承包人的安全措施及隐患消除情况（安全隐患未消除的，检查人必须上报）					

检查人：（签名）

日期： 　年 月 日

说明：1. 本表可用于监理人员安全检查的记录。

　　　2. 本表单独汇编成册。

表3 安全监理细则交底记录

工程名称：

交底单位		交底内容	脚手架工程安全监理 实施细则交底
被交底单位		交底时间	

交底内容提要：

一、监理依据：

《建设工程安全生产管理条例》、《建筑施工高处作业安全技术规范》（JGJ 80）、《建筑施工安全检查标准》（JGJ 59）、《钢管扣件水平模板的支撑系统安全技术规程》（DG/T J08—016）、《建筑施工扣件式钢管脚手架安全技术规范》（JGJ 130）。

二、控制要点：

1. 审核高大模板工程专项方案，提出修改意见；
2. 审核施工方案是否经企业技术负责人审核；
3. 模板支撑系统的荷载应符合设计要求；
4. 审核特种作业人员是否持证上岗；
5. 督促施工单位对作业人员进行安全教育和技术交底；
6. 钢管、扣件必须经检测合格；
7. 搭设和拆除作业时由专人现场监护；
8. 支撑底部严禁用砖块或脆性材料铺垫；
9. 模板支撑系统经验收合格后方可使用；
10. 吊装模板时应在模板稳定后方可摘钩；
11. 悬空作业时应有牢靠的立足作业面，支杆3m以上高度的模板时应搭设工作台；
12. 严格控制模板支撑系统的荷载，施工中应有专人监护；
13. 严格执行模板拆除（安全）令；
14. 拆除作业时严禁随意抛掷，防止落物伤人。

交底人：	被交底人：

4.5 使用

（1）脚手架作业层上的荷载不得超过荷载设计值。

（2）雷雨天气、6级及以上大风天气应停止架上作业；雨、雪、雾天气应停止脚手架的搭设和拆除作业，雨、雪、霜后上架作业应采取有效的防滑措施，雪天应清除积雪。

（3）严禁将支撑脚手架、缆风绳、混凝土输送泵管、卸料平台及大型设备的支承件等固定在作业脚手架上。严禁在作业脚手架上悬挂起重设备。

（4）脚手架在使用过程中，应定期进行检查并形成记录，脚手架工作状态应符合下列规定：

1）主要受力杆件、剪刀撑等加固杆件和连墙件应无缺失、无松动，架体应无明显变形。

2）场地应无积水，立杆底端应无松动、无悬空。

3）安全防护设施应齐全、有效，应无损坏缺失。

4）附着式升降脚手架支座应稳固，防倾、防坠、停层、荷载、同步升降控制装置应处于良好工作状态，架体升降应正常平稳。

5）悬挑脚手架的悬挑支承结构应稳固。

（5）当遇到下列情况之一时，应对脚手架进行检查并形成记录，确认安全后方可继续使用：

1）承受偶然荷载后。

2）遇有 6 级及以上强风后。

3）大雨及以上降水后。

4）冻结的地基土解冻后。

5）停用超过 1 个月。

6）架体部分拆除。

7）其他特殊情况。

（6）脚手架在使用过程中出现安全隐患时，应及时排除；当出现下列状态之一时，应立即撤离作业人员，并应及时组织检查处置：

1）杆件、连接件因超过材料强度破坏，或因连接节点产生滑移，或因过度变形而不适于继续承载。

2）脚手架部分结构失去平衡。

3）脚手架结构杆件发生失稳。

4）脚手架发生整体倾斜。

5）地基部分失去继续承载的能力。

（7）支撑脚手架在浇筑混凝土、工程结构件安装等施加荷载的过程中，架体下严禁有人。

（8）在脚手架内进行电焊、气焊和其他动火作业时，应在动火申请批准后进行作业，并应采取设置接火斗、配置灭火器、移开易燃物等防火措施，同时应设专人监护。

（9）脚手架使用期间，严禁在脚手架立杆基础下方及附近实施挖掘作业。

（10）附着式升降脚手架在使用过程中不得拆除防倾、防坠、停层、荷载、同步升降控制装置。

（11）当附着式升降脚手架在升降作业时或外挂防护架在提升作业时，架体上严禁有人，架体下方不得进行交叉作业。

4.6 拆除

（1）脚手架拆除前，应清除作业层上的堆放物。

（2）脚手架的拆除作业应符合下列规定：

1）架体拆除应按自上而下的顺序按步逐层进行，不应上下同时作业。

2）同层杆件和构配件应按先外后内的顺序拆除；剪刀撑、斜撑杆等加固杆件应在拆卸至该部位杆件时拆除。

3）作业脚手架连墙件应随架体逐层、同步拆除，不应先将连墙件整层或数层拆除后再拆架体。

4）作业脚手架拆除作业过程中，当架体悬臂段高度超过 2 步时，应加设临时拉结。

（3）作业脚手架分段拆除时，应先对未拆除部分采取加固处理措施后再进行架体拆除。

（4）架体拆除作业应统一组织，并应设专人指挥，不得交叉作业。

（5）严禁高空抛掷拆除后的脚手架材料与构配件。

5　安全监理的方法和措施

脚手架作业安全的控制应遵循"预防为主、动态管理、跟踪监控"的原则。应按监理规划的要求对工程项目脚手架施工搭设质量进行全过程安全控制。对脚手架搭设的关键工序和重点部位的安装过程进行旁站监理。

5.1　安全监理工作方法

（1）现场记录。监理机构记录脚手架安拆和使用等的施工作业现场的人员、原材料、中间产品、工程设备、施工设备、天气、施工环境、施工作业内容、存在的问题及其处理情况等。

（2）发布文件。监理机构采用通知、指示、批复、确认等书面文件开展脚手架施工监理工作。

（3）旁站监理。监理机构按照监理合同约定和监理工作需要，在脚手架施工现场对工程重要部位和关键工序的施工作业实施连续性的全过程监督、检查和记录。

（4）巡视检查。监理机构对所监理工程的施工进行的定期或不定期的监督与检查。

（5）跟踪检测。监理机构对承包人提供的资料不能证明脚手架搭设材料、构配件质量的，要求承包人进行检测，监理机构对质量检测中的取样和送样进行监督。

5.2　安全监理措施

（1）审查承包人的质量保证和质量、安全管理体系。

（2）查验承包人的脚手架基础现场放线；施工测量放线完成后，报监理机构审查，监理机构委派测量专业监理工程师对测量放线内容进行复核，复核结果满足相关规范要求后方可进行下道工序施工。

（3）检查进场的材料是否符合要求，不合格的材料要求退场。

（4）检查特殊工种上岗证。

（5）监理机构对施工现场有目的地进行巡视检查；对搭设过程关键工序、重点部位和关键控制点进行旁站；对成品保护进行检查。对所发生的问题签发《监理通知》。承包人将整改措施及结果书面回复，监理工程师对整改结果进行复核。

6　采用的表式清单

脚手架工程监理工作中采用的表式清单见表4和表5。

表4　　　　　　　《水利工程施工监理规范》（SL 288—2014）的表式

序号	表格名称	表格类型	表格编号	页码
1	施工技术方案申报表	CB01	承包〔　〕技案　号	P67
2	原材料/中间产品进场报验单	CB07	承包〔　〕报验　号	P73

续表

序号	表格名称	表格类型	表格编号	页码
3	施工放样报验单	CB11	承包〔　〕放样　　号	P77
4	施工测量成果报验单	CB13	承包〔　〕测量　　号	P79
5	施工安全交底记录	CB15 附件 1	承包〔　〕安　　号	P82
6	监理巡视记录	JL27	监理〔　〕巡视　　号	P162
7	工序＼单元工程报验单	CB18	承包〔　〕安报　　号	P82

表 5　　　　　《水利水电工程施工安全管理导则》（SL 721—2015）的表式

序号	表格名称	表格类型	表格编号	页码
1	扣件式钢管脚手架验收表		E.0.3-33	P120
2	安全技术交底单		E.0.3-16	P102
3	专项施工方案专家论证审查表		E.0.3-15	P100
4	专项施工方案报审表		E.0.3-15	P99